圖書館出版品
編目資料

府上有肉豆蔻嗎？/ 伊麗莎白・大衛（Elizabeth David）著；黃芳田譯.
- 初版. -台北市：麥田出版：城邦文化發行，2004[民93] 面； 公分. --
（百里香飲食文學；3）譯自：Is there a nutmeg in the house?
ISBN 986-7537-84-X（平裝）
1.烹飪 - 文集 2.食譜
427 93007911

飲食文學 03
有肉豆蔻嗎？

伊麗莎白・大衛（Elizabeth David）
黃芳田
劉玲君
羅珮芳
涂玉雲
麥田出版
台北市信義路二段213號11樓
電話：(02) 2351-7776 傳真：(02) 2351-9179
城邦文化事業股份有限公司
台北市民生東路二段141號2樓
電話：(02) 2500-0888 傳真：(02) 2500-1938
網址：www.cite.com.tw Email: service@cite.com.tw
18966004
城邦文化事業股份有限公司
城邦（香港）出版集團有限公司
香港北角英皇道310號雲華大廈4/F, 504室
電話：(852) 2508-6231 傳真：(852) 2578-9337
城邦（馬新）出版集團
Cite (M) Sdn. Bhd. (458372U)
11, Jalan 30D / 146, Desa Tasik, Sungai Besi,
57000 Kuala Lumpur, Malaysia.
電話：(603) 9056-3833 傳真：(603) 9056-2833
中原造像股份有限公司
2004年8月
986-7537-84-X
450元

百里香
飲食文學

百里香是藥草也是香料；
英文Thyme源自希臘文Thumos，
意指芳香四溢、香氣襲人。
百里香也是人類廚房裏最早的食材；
西元前三〇〇〇年，兩河流域的蘇美人即開始使用百里香，
醫學之父希波克拉底傳世的四百多種藥草中亦有此物，
他建議人們在餐後飲用它，幫助消化。
百里香也是激發勇氣、增進信心的象徵；
它被繡在羅馬軍人的披肩上激發勇氣，並解百毒以增進信心。
中世紀瘟疫蔓延全歐洲，它是治療疫病的聖藥。

百里香飲身文學書系，
引介中外飲食文學的經典之作，
精選的作家與作品堪稱當代飲食文化的先鋒、
從飲食體現生命熱情的傳奇高手。

一如百里香，我們透過閱讀飲食文學，
激發勇氣，增益信心，
重新開啓知覺與五感，

一家讀書，百里傳香。

府上有肉豆蔻嗎?

黃芳田 譯

國家圖
預行

百里香館

府上有

作者
譯者
編輯協力
責任編輯
發行人
出版

發行

郵撥帳號

香港發行所

馬新發行所

印刷
初版
ISBN
售價

致謝辭

非常感謝Jack Andrews、Gerald Asher、April和Jim Boyes、George Elliot、Johnny Grey、Rosi Hanson和John Ruden，他們鼓勵我、給我點子，並且寄來舊剪報食譜，還有以前收到過的伊麗莎白來信、短簡、食譜等副本。Jack Andrews 還給了我已故Lesley O'Malley遺物中的文件副本。伊麗莎白的外甥Johnny Grey並且同意我們使用設計圖與照片來搭配伊麗莎白「夢想中」的廚房一文。

特別要感謝Paul Breman 協助整理選擇文稿、將幾乎難以辨讀的舊剪報影印打字成文，並且彙編成索引；感謝Jenny Dereham不斷支持我，給予實用的建議，仔細周到又費盡心思地編輯亂無頭緒、複雜的打字稿。

書中繪圖除了特別標示出處者之外，其餘皆爲Marie Alix爲《一〇七道食譜．烹調珍藏》所繪製。該書由Paul Poiret編輯，一九二八年由Henri Jouquieres公司於巴黎出版。

吉兒．諾曼　二〇〇〇年六月

致謝詞

英文版編輯室報告

由一九五〇年（英國仍處在配給度日的年頭）的《地中海料理》（*A Book of Mediterranean Food*），到一九七七年精湛的《英式麵包和酵母烘焙》（*English Bread and Yeast Cookery*），伊麗莎白・大衛終其一生出版過八本書；尤其《地中海料理》與《英式麵包和酵母烘焙》這兩本，更是各有不同的深遠影響。一九八四年，她出版了堪稱爲本書上集的《蛋卷與美酒》（*An Omelette and a Glass of Wine*），回顧了她三十年來廣受歡迎的成功撰稿生涯。她在人生最後那十一年裏，專心致志於一項不斷擴展且永無休止的寫作計畫，因此在一九九二年去世之後，才會仍有作品面世：專門談冰塊和冰淇淋社會史的《寒月的禮贈》（*Harest of the Cold Months*）。

透過兩部截然不同的傳記以及有分量的電視節目，伊麗莎白・大衛繼續讓她的長期支持者著迷，同時也迷住了年輕的一代，讓他們發現這位一代名媛的存在，感受到她所使用的語言以及傳達的信息如此引人共鳴；她的寫作天賦，更充分地將她深喜深惡的許多方面栩栩如生地呈現出來。

吉兒・諾曼（Jill Norman）開闢了企鵝烹飪叢書系列，不斷出版新書，最後自己也寫出了同樣出色的作品。她是伊麗莎白・大衛的編輯兼友人，兩人的關係維持了二十五年以上；如今則是伊麗莎白・大衛的著作財產受託人。她監製了伊麗莎白去世後才出版的《寒月的禮贈》，又說服了很多伊麗莎白的友人與支持者，爲《南風吹過廚房》這本選集裏最喜歡的文章撰寫隨筆，現在更完成伊麗莎白臨終前未了之出書計畫裏的最後一本書。

吉兒・諾曼是位當之無愧的作者，她的最新作品是《新編企鵝烹飪書》。

英文版編者序

一九八〇年代初期，伊麗莎白和我很愜意地共度了許多選取文章的時光，那些文章後來收錄在她第一本選集《蛋卷❶與美酒》，於一九八四年出版。她位於哈爾西街（Halsey Street）住家的廚房裏擺滿了各種器皿用具，而其他廳房、走廊等牆面卻全都被書架與架子占滿。那是她的資料庫，包括有烹飪、歷史、旅行以及參考方面的書，還有衆多擺了五花八門剪報的檔案和資料夾，多到幾乎堆不下了。我們從其中翻出了好些塵封的檔案，裏面有以前發表在《旁觀者》、《時尚》、《住家與花園》、《美酒與美食》等雜誌的文章，或者幫酒商目錄所寫的特稿。這些材料對我來說大部分都很新，因爲當初文章首次刊登出來時我無緣目睹，只在伊麗莎白的書中見過她提及：某些內容是根據早期發表的文章寫成的。

我們的慣例做法是各自拿若干檔案，從中選取最能激發與表達美食樂趣、而且依然能吸引讀者的文章，然後互相比較所做的筆記。這是我做過編輯工作中最有樂趣的其中一回：讀那些文章是件樂事；伊麗莎白看著其中許多文章又回想起蒐集資料與寫作過程的點滴，我們經常就這樣聊到深夜。

---

❶ 蛋卷：omelette或omelete，亦稱煎蛋餅。乃蛋加調味品，有時也加水或牛奶，打勻之後用牛油煎熟，表層可放各種配料如乳酪、火腿、洋菇、甜椒、香腸等，可煎成餅狀或捲起裹住配料。甜味配料則可放果醬、奶糊、水果等。

做完這項工程時，發現材料實在太多了，因此我們決定先擱置某些文章，以後再另出成一本書。最後，這部分成書了：她生前最後那幾年裏，大部分精力都用在為《寒月的禮贈》一書蒐集材料，這本書在她去世後完成，於一九九四年出版。到了那時期，她哈爾西街宅中原有堆積如山、五花八門的文字資料都已搬到了我家裏，絕大部分是靠著外子保羅·布瑞門耐心整理分類，才能進一步評估內容，選出製作這本新選集的材料。十六年前伊麗莎白和我挑出來擺在一邊的文章都在這裏，其他的則等以後再出版。現在選出的文章包括曾在《膳食瑣談》❷刊登過的學術與歷史性角度的論文，以及一九八〇年代中期馬克·鮑克瑟邀她每月替《Tatler》寫的專欄：她可以隨意發揮當時想寫的題材，例如馬鈴薯被當成春藥、壓蒜泥器等多此一舉的廚具、英國大廚與酒席承辦人東施效顰而成的披薩和鹹蛋塔、「熬克燒」高湯塊背後的故事等。往往一篇文章的重點就是針對出版不久的書所寫成的書評。

伊麗莎白向來就廣泛閱讀早期的烹飪著作，包括英文、法文和義大利文版，而且也很喜歡依照書上的食譜試做。經她改寫的很多英國名家食譜，原都出現在她的英文藏書中。而在這本書裏，則收錄了她改寫成文的〈文藝復興時期的開胃醬〉，食譜採自她最愛作品之一，由教皇庇護五世的廚子斯卡皮所著的《廚藝選集》❸，一五七〇年出版；還有一七六八年出版的《配膳室

---

❷《膳食瑣談》：*Petits Propos Culinaires*，簡稱PPC，Alan Davidson 創辦，乃專門研究食物及其歷史背景、烹飪書籍等等的期刊，堪稱半學術性飲食學的刊物。

製冰淇淋祕訣》，其中有艾米記錄的冰淇淋做法；有些做法簡單的蔬菜類則來自斯泰法尼所著的《烹飪巧藝》，一六六二年出版；以及很多其他作家的文章，包括費拉爾——留易斯鎮白公鹿客棧的老闆；諾特——斯圖亞特王朝末期食譜辭書的編纂者；謎樣的肯特伯爵夫人——《一位眞貴婦之樂事》便是獻給她的；以及豪情奔放的梭耶，這位善於自我宣傳的十九世紀大廚，足以讓今天電視上某些廚師相形見絀，跟他一比，這些廚師就像小巫見大巫。

一九六五年，伊麗莎白開了她的「廚事之店」（kitchen shop），接下來那幾年裏自行印製了食譜小冊子透過這家店出售。其中《烹飪大綱》、《水果凝》、《英式罐封肉》❹以及《魚醬》❺，都收錄在《蛋卷與美酒》一書裏；其他小冊子食譜則重現於本書中。

在我和伊麗莎白合作的那二十五年裏，她一直不斷實驗並嘗試做新菜，有時是爲了要寫一本書，有時則因爲她自己或朋友特別喜歡吃的食物正好當季，又或者是有道菜她還想再變出更多花樣。等到那食譜她試到滿意了，最後定稿也打字成文之後，她習慣將食譜副本分贈朋友，通常還在上面簽名並

---

❸ 《廚藝選集》：*Opera dell'Arte del Cucinare*，這是這本書的原書名加上副標所結合成的新書名。斯卡皮這本作品最早的版本叫《作品》（*Opera*），幾次再版後加上了副標題《烹調技藝》（*The Are of Cookery / L'Arte del Cucinare*）；再之後的版本就結合副標題成爲新書名《廚藝選集》。

❹ 英式罐封肉：English Potted Meats，potted meats爲中世紀流傳下來保存肉食的方法之一，將肉類與辛香料煮過之後放在容器內例如陶盅等，待其凝結如肉凍而食之。

❺ 魚醬：主要用來塗在三明治上。

寫上日期。這些食譜有很多到後來都收錄在她後期出版的書中，而沒有出版過的現在都收錄在這本書裏。我從她家裏搬來的資料夾裏找出了很多未出版過的食譜，偶爾還夾雜著文章。在籌備出版《寒月的禮贈》期間，伊麗莎白原本做了一個檔案，專門放冰淇淋和果汁冰沙❻做法。但是到最後，她對冰塊用途的好奇心勝過了其他，結果蒐集的冰淇淋做法就沒有用上，如今收錄在這本書中算是首次面世。

除了少數幾個例外，本書所用的材料都不曾以書籍形式面世。那少數幾個例外是談優格（見59頁）、蛋黃醬（見193頁）、水煮荷包蛋（見200頁）做法的幾篇隨筆，是她爲一本名爲《高級講習班》的小書所撰的稿，該書出版於一九八二年，早已絕版。

伊麗莎白所寫的食譜都是有可讀性的文本，而非如時下一般食譜寫法，列出所需烹飪材料以便按照連串步驟說明去運用。通常她會在第一段列出最主要的材料和分量，以及你不見得在家裏碗櫃或冰箱找得到而得去採購的材料。她簡扼的食譜寫法甚至可能一開始就乾脆把材料和做法結合：「把$\frac{1}{2}$磅豆子浸一個晚上。瀝乾豆子，連同$\frac{1}{2}$個洋蔥、1塊洋芹菜、1～2瓣大蒜、2～3片新鮮鼠尾草葉一起放在陶煲內……。」伊麗莎白一九七〇年代前寫的食譜都未曾把公制算法列在內，等到寫《英式麵包和酵母烘焙》的時候，她決定公制和英制兩者並用，於是食譜裏就出現英制分量的說明，接著換算成公制的分量。這是仿效艾克彤小姐（Eliza Acton）寫《平常人家現代烹飪法》的方

❻ 果汁冰沙：water ice，以果汁、糖、水製成，與雪糕（見448頁）近似。

式，說明每道食譜做法之後再寫下烹飪材料內容及分量。伊麗莎白於一九七〇年代末期與一九八〇年代寫成的食譜，或者從其他來源翻譯、改編的食譜，都採用了上述方式。但這本書所收錄的這部分食譜，爲了保持全書的連貫性而重新編輯過，因此是把材料說明放在做法說明之前。

我盡量找出未曾出版的文章與食譜寫成的大概日期，線索主要是靠伊麗莎白所記得的每個不同階段在從事什麼，還有看寫作內容的風格、看她有否包括公制算法在內，甚至看打字稿打得怎麼樣（這點通常都能提供線索知道是誰打的字）。

如今我們買食品都以公制計算分量，因此我在本書食譜裏先擺公制後擺英制。而且由於我們買的分量都以「500公克」或「1公斤」爲單位，爲了便於採購，所以我就以這些爲換算基本單位，而不用較常用（而且也更精準）的「450公克等於1磅」的算法。因爲照這本書裏的食譜去做，就算多出那麼些公克，做出來的菜也一樣會成功，不會有什麼差別的。

餐桌上的女作家——伊麗莎白·大衛

韋振豐

一九九二年二月二十二日，英國美食作家伊麗莎白·大衛（Elizabeth David）蒙主恩召，享年七十九歲。兩年後，目前隸屬於LVMH集團的菲利普拍賣公司，開始出清她生前留下的廚具和餐桌。一時之間，英國各地的廚師和民衆蜂擁而至，目的就是要參與競標。女作家蕾斯（Leith）還以四千九百英鎊標下她的餐桌。其實，這張餐桌早已老舊不堪，但它曾伴隨伊麗莎白完成許多著作，從而發揮不小的影響力。例如，她開始在報章雜誌發表文章後，大力推介異國料理和食材，知名的哈洛茲百貨公司開始大量進口法國食品，而索茲伯利連鎖超市也供應義大利的橄欖油、香料和巴爾瑪乳酪。

對於英國，伊麗莎白介於愛與不愛之間。她不敢恭維英國的料理和氣候，但也因爲深愛英國，所以大力推介異國的料理和食材，使得英國人腦中建構美麗的夢想，並願意下廚試一試自己的手藝。她除了經常爲文字媒體撰文外，鑒於英國的廚具十分貧乏，她還與一些好友經營廚具公司。有時候也會抽空到法國，目的就是爲顧客挑選他們所訂購的廚具。

伊麗莎白的母親史黛拉（Stella）發現她從小就有藝術天分，因此在她十六歲時，便送她到法國索邦大學，研究法國歷史、文學、建築。留學期間，她寄宿於羅伯多特太太家中，但她個人並不喜歡這位嘮叨的太太，偶爾會溜到外面用餐，而一回來，老太太便會問她外食的菜名，伊麗莎白往往支支吾吾。回到英國後她才恍然大悟，發現這家人是如何費盡心思地想把法國飲食文化灌輸給寄宿在他們家的英國人。不過，那時目睹這位老太太每天親自到巴黎的中央市場挑選奶油、食材和波爾多紅酒的情景，卻讓她印象深刻。後來她到德國慕尼黑遊學，學會了做德國甜點。回到英國後，她曾到馬耳他島一遊，認識了廚師安吉拉。他能夠善用當地貧乏的食材，做出一道道可口的料理，這種神奇的廚藝對於伊麗莎白有不小的影響。

二戰期間，她浪跡於埃及的開羅和亞力山卓、雅典、印度。其間她認識了《亞歷山大四重奏》的作者勞倫斯・杜雷爾（Lawrence Durrell），後來又結識了旅遊作家諾曼・道格拉斯（Norman Douglas）。兩人雖然相差四十六歲，卻發展出一段感人的戀情。此外，道格拉斯的博學和見識對於伊麗莎白日後的寫作生涯也奠定深厚的基礎。不過伊麗莎白在埃及認識了英國軍官東尼・大衛，相戀不久後兩人便結婚，後來還在印度停留一年。一九四六年，兩人返回英國後，大衛離開部隊，因其平時拙於理財投資，加上成天縱情於賽馬，家中經濟開始債臺高築。當時伊麗莎白認爲這位丈夫軟弱無能，因此兩人日漸貌合神離。長久以來，她勤於鍛鍊廚藝，旅居埃及期間，也經常到圖書館找尋相關資料，因此等到她開始在報章雜誌嶄露頭角時，可以說早已準備就緒。

伊麗莎白先後曾爲《每日快報》、《每日電訊報》、《週日泰晤士報》、《哈潑》、《Vogue》撰寫專欄。此後她的文章也就經常見報，當時的小說家杜雷爾曾去函讚賞一番。經過一段時間後，她有意將發表過的文章結集成書。一九四九年，約翰・列曼出版公司的老闆約翰十分賞識她的文章，因此爲她推出處女作——《地中海料理》。後來她推出《義大利菜》時，名作家伊伕林・沃（Evelyn Waugh）更撰寫了一篇書評，對她推崇有加。

一九五六年，《哈潑》雜誌主編奧黛麗・溫德斯 (Audrey Winters) 轉職《Vogue》後，更力邀伊麗莎白寫稿，並鼓勵她介紹各地市場的食材和法國料理背後的故事。她也得到旅費補助，先後到普羅旺斯、亞爾薩斯、洛林、勃艮地、里昂等地從事實地調查。後來這些內容便收在《法國地方美食》一書中。

其實，善於說故事是她文章的特色。例如，在《府上有肉豆蔻嗎？》中，有一段她除了介紹石榴冰的食譜外，更談到它的來龍去脈。首先石榴是由阿拉伯人傳到西班牙，接著，她強調這道冰的名稱來自於吉利耶所著的《法國甜品師傅》，該書出版於一七五一年。他曾任斯坦尼斯拉斯的甜食師傅兼蒸餾師傅，斯氏是波蘭國王，也是最後一任的巴爾和洛林的公爵，而且是法王路易十五的岳父。吉利耶的石榴冰叫做「石榴雪」，美味而清新，顏色深紅又帶有肉紅色，而且呈一縷縷狀。在享用時，可以用厚而透明的高腳杯來盛冰。

她平時搜集很多歷代的廚藝名著，雖然從中獲益良多，但並不受制於書中的內容，有時候爲方便現代讀者上手，往往會加以改寫，以達到化繁爲簡的目的。此外，她有時也會在文中加入遊記內容，使讀者更能從中獲得閱讀的樂趣。然而，她偶爾也會賣關子，對於書中的一些食譜並沒有完全說清楚、講明白。她指出，身爲一位理想的美食作家不但要讓讀者願意下廚，並告訴他們如何去做；接著也要留點空白，使讀者動動腦筋，以便做菜時有新發現，否則只會剝奪他們的一些樂趣。

伊麗莎白在寫作生涯中，一直能夠調整腳步，時時更新。某日，她對編輯好友吉兒．諾曼說，她要開始推介印度的香辛料理，因爲當時印度獨立後，返英的軍人爲數不少，而這些異國料理還可以融入傳統的英國料理中。一九七〇年，她推出的《英倫廚房中的香料》就是這個階段的成績。

過去，她對於美國行十分排斥，後來在一些好友和品酒專家休．強森（Hugh Johnson）的建議下，終於在一九八一年春天拜訪美國加州。她十分讚賞當地的市場和二手書店。此外，頗能代表加州菜的Chez Panisse餐廳的老闆Alice Waters更是當面恭維她一番，並坦承受到她的影響。有趣的是，當時M. F. K. 費雪很想和她見面，但伊麗莎白卻一口回絕，箇中原因倒是耐人尋味。

一個國家要是充滿活力的話，必定會有一些先見之人，看清自己國家的不足，從而大力推介異國文化。例如，一九六〇年代，蘇珊．宋泰格（Susan Sontag）在美國引進法國新浪潮電影和新小說，而喬治．史坦納（George Steiner）也在英國介紹歐陸小說。至於法國思想家喬治．巴塔耶（Georges Bataille）和好友布朗修（Maurice Blanchot）更創辦雜誌讓法國人瞭解英語世界的文化動向。顯然，伊麗莎白．大衛可以和這些評論家並駕齊驅。

幸福的閱讀——伊麗莎白的《府上有肉豆蔻嗎？》

王宣一

伊麗莎白．大衛是早期的英國食譜作家，《府上有肉豆蔻嗎？》是她過世之後，朋友在她數量龐大的遺稿中，整理她未出版過的作品，並集結過去曾出版或發表過的文章所編輯出來的一本書。書中有大篇幅的食譜，同時也有伊麗莎白對其他食譜的書評；她對廚房、廚具甚至速食罐頭都有她獨特的見解和看法。

這本書內容相當豐富，可以說是給有興趣探究英國料理、法國料埋及地中海料理者的入門書，當中深入淺出提供了爲數不少的基本料理食譜。食譜部分以食材分類，湯類、沙拉類、海鮮類、肉類、麵飯類、甜點等等，詳細介紹每一種食材的基本處理應用方法，以及食物的保存辦法甚或經驗之談，可以說是相當基本與實用。然而不止如此，讀者還可由伊麗莎白．大衛的字裏行間，伴隨著對食物細微的描述，感受到她獨特的人文風格，一種通過對食材的研究，自然對地理環境產生的理解；對於烹飪的熟稔與講究，產生出的敏銳思考與對精緻品味的追求；藉由味蕾的挑剔與經驗，辨別口味與土地的溯源及關聯。

事實上，伊麗莎白．大衛在書寫她前面幾本飲食之書時，還是戰爭及戰後物質缺乏的時代，但她藉由飲食書寫與閱讀，因而對於歷史文化變遷風貌有特別的見識。在她輕快流利的描述之中，不經意的流露出深厚的人文素養，即使是引經據典，透過歷史背景描述，也不枯燥生澀。

例如我們看到她在談到法國菜時說，「在法國鄉間，聖誕子夜彌撒後的宵夜，不論桌上其他飲食多高級，也必然會包括幾樣很鄉土風味的食品，例如豬血腸……。」在戰後一意追求現代化、物質豐美及高品質生活的當時，有能力反省回顧而認識民族意義的食評家並不多見。又如她在談到做菜最基本的香料時說：「要是以爲所有新鮮香草就一定比乾燥的要好，根據事實來看，這可是一廂情願的想法。因爲某些香草或香草植物的某部分只能在乾燥或經其他加工後才可以使用。」如果不是很認眞的追求味蕾的精緻，一味相信他人的見解，也是不容易分辨出來的。而在說到米飯時，她語帶幽默的說：「以下所列出的食譜都是可以在做好之後等上一段時間才上菜的，當然不是等到天長地久，不過也長到夠你有機會在開飯前坐下來喝杯飲料，而不需要老是去看著爐火。」至於在講到聖誕大餐時，如何避開馬拉松般的買菜，不至於每年從俗的吃喝過度，卻又還能感受到過節的氣氛，而且最後處理剩菜的方法，也是很重要的食譜之一呢。更實用的部分，例如當她談到布丁時，說了一個自己的失敗經驗；她說做布丁不可以貪心，一次她用了三倍分量的大盤子去烤，結果客人吃到的是乳酪雞蛋湯。讀到這裏，有相同經驗的人也必然莞爾。

更令人發噱的是，伊麗莎白在提到壓大蒜器時，說它是完全無用的發明。做西式料理，道具特多，切洋蔥的、壓蒜頭的、剁香料的道具各自不同，不像中國人做菜，一把大菜刀，從剁骨切肉削皮切絲都可以做到，吃飯時，一雙筷子搞定，不必刀呀叉呀的，什麼器具要怎麼用，隨各人習慣。只是愛烹飪或甚至不常下廚的人，往往到了賣家用品的店裏，不自覺的就被那些新奇的發明吸引，早五十年的伊麗莎白就說過，還好她已經戒除食評家喜歡亂買烹飪器具的這項癖好了。

伊麗莎白．大衛就將她的看法娓娓道來，像個老祖母說故事，一切由食物談起，飲食文化與人和環境和時代的種種關係，如果不是對文化和歷史有深刻的體認，如果不是在嘗試過種種民族風味的烹調手法後所累積的經驗，是很難表現得恰到好處的。因此即使對做菜沒有興趣的讀者，也可以像閱讀故事般慢慢翻看，也許就像她的另一本經典名作《南風吹過廚房》一樣，細細的讀慢慢的看，陽光午后，是溫和的微風飄過來，是蔬菜湯的香味、是烤布丁的甜味、是燉煮高湯的幸福滋味、是身心同等享受的閱讀樂趣。

一本文字優美精確的書，翻譯是另一項艱鉅的工作，尤其是飲食文章，有時會因爲譯名不一而有不一樣的瞭解。以食材的翻譯來說，坊間譯名的不統一性是最大問題，同樣的材料parsley，有譯巴西利，有譯西洋芹、荷蘭芹，有譯西洋香菜或義大利香菜。也許談西式料理或其他地區料理的中文書籍數量還不夠多，所以許多譯名還無法統一。

事實上伊麗莎白也在書中提到，一種食材在不同的地方有不同的稱謂，像義大利麵條，長的、扁的、圓的、蝴蝶狀的、貝殼狀的、車輪狀的……，那麼多五花八門且色彩繽紛的義大利麵，不但因地而異，也因廠牌不同而有不同的名稱，或兩三種不同的麵，卻被不同的地區選用同一種名稱；何況很多食材或器材，經過時代及地理的變遷又更加混亂。在飲食相關書籍被大量翻譯之初，出版食譜的出版業者及翻譯者，若能及早在部分譯名上採取共識，也許就能避免今日譯名太過龐雜混亂的局面了。

伊麗莎白．大衛雖然是生長在上個世代的食譜作家，她的食譜沒有美麗的圖片，有些食材可能也已經產生許多變化，和書中描述不盡相同，做法步驟經過日新月異的烹飪器材改革，也有很大的不同，但她對飲食代表的文化傳承，她對食材的敬畏，對烹飪的認眞態度，一直是我心目中最偉大的飲食文學作家之一。即使隔了半個世紀，在現代化的廚房裏，不論你是否打算下廚、不論你是不是美食愛好者，她的書都是能讀、好讀且有意思的飲食文章。

目次　CONTENTS

廚房及其廚子

我跟三個姊妹是在蘇塞克斯郡（Sussex）的莊園大宅裏長大的，但是回顧過去，我卻一點也不懷念那個鋪磚地面的古老廚房。廚娘和廚房裏的幫傭已經忙得團團轉了，哪裏還吃得消有小孩子在她們跟前跑進跑出！所以要是我們不受廚房歡迎，這是很可以理解的。廚房每天得要分別準備四組飲食，包括飯廳的四餐：早餐、午餐、下午茶和正式晚餐；兒童室❶的午餐和便餐晚飯（早餐和下午茶則由保母和兒童室女僕負責準備）；家教室的午餐、下午茶以及用托盤送去給女家教的簡餐晚飯；僕役廳的早餐、午餐、下午茶和簡餐晚飯。每樣都是在燒煤塊的多眼爐灶上烹煮出來的，而煮蔬菜則在食器貯藏洗滌間裏；從早到晚都有個黑色大鐵壺在爐上煨著，以便隨時可以有熱水泡茶，供應戶外僕役，例如送蔬菜水果到屋裏的園丁，或者進到宅裏的馬廄僮僕。此外還有從七哩外市區駕貨車來送雜貨和家常儲糧的各式人等，以及從這條路另一頭三哩遠處村子送麵包和肉食來的麵包師傅與肉商、從村裏郵局來的送包裹郵差與電報投遞員等，只要上門，統統都會有茶、餅乾、麵包和乳酪、蛋糕等招待他們。

然而，如今我反而覺得奇怪了！既然廚房整個上午和下午都已經忙著應付這些不是做飯的事情，又怎麼能有工夫做出正式又像樣的幾頓飯呢？我想

❶ 兒童室：nursery，私人家庭中專供兒童遊戲、進餐等活動的房間。

答案在於：儘管廚房聽起來好像多采多姿，但其實真正做出來端上桌的飯菜大多只是基本做法。我們常吃的是做法一成不變的羊肉和牛肉，配以做法單調的蔬菜。水煮的馬鈴薯通常用一種稱為壓粒器❷的用具壓擠過，因此送到兒童室的時候，變成了一層層乾巴巴的一堆東西。葫蘆瓜類煮得發黃而且水淋淋的。此外還有蕪菁葉❸、菠菜、菊芋❹、歐洲防風❺，我統統都討厭吃。各種布丁❻也好不到哪裏去；奶糊黏厚又滑溜溜的，果醬布丁捲❼油膩膩的，還有一種叫做「碎米布丁」❽的，又乾又容易撐飽肚子，最難吃的則是木薯布丁，發明這種東西簡直就是為了要折磨小孩子。早餐和下午茶一定要喝一馬克杯牛奶，這完全就是苦行，雖然這一點是很難怪到廚子或任何廚房幫傭頭上的。

我母親大概是和保母同一陣線，規定我們喝那些杯很討厭的牛奶；而做給她女兒們的布丁和蔬菜這麼難吃，她也視若無睹。然而，我們一個接一個

---

❷ 壓粒器：ricer，用來把煮熟的馬鈴薯壓擠成米粒狀的用具。

❸ 蕪菁葉：turnip tops，俗稱大頭菜。

❹ 菊芋：Jerusalem artichoke，台灣或稱「雪蓮」，大陸或稱「洋薑」。菊科宿根性草本植物。原產北美洲，塊莖可食。

❺ 歐洲防風：parsnip，產於歐洲，米白色，類似細長形胡蘿蔔，但不像胡蘿蔔可生吃，多經過烹煮才食用。

❻ 布丁：pudding，此處指英國布丁，材料以麵粉、牛奶、雞蛋等為主；或指蒸焗而成的糊狀食品，但不一定是甜食，也有鹹口味。

❼ 果醬布丁捲：roly-poly pudding，以麵粉與板油（豬的體腔內壁呈板狀的脂肪）混成麵團後擀成方形，抹上果醬，捲成管狀，放進烤爐烤成。

❽ 碎米布丁：ground rice pudding，以磨碎的米加入布丁材料烘烤而成。

長大升格到可以跟大人一起喝下午茶之後，就發現了另一個相當不同的世界。當年英國鄉下宅邸確有此風，一到下午五點鐘，母親就坐在長桌首位主持下午茶，酒精燈上放了裝熱水的銀壺，她面前則擺了銀茶壺。當然還有一小盅牛奶，不過那是給客人用的——我們大到可以脫離兒童室之後，母親就很言行不一致了，此時她反倒認爲她那上等中國好茶絕對不宜加奶，更不宜加糖，檸檬倒是可以，除此之外什麼都不該加。我不知道幾個姊妹怎麼想，起碼我對於可以從那受罪的喝牛奶下午茶中解脫出來感到謝天謝地。五點鐘的茶點也很好吃。

我不記得有什麼特別精美豪華的點心，但桌上永遠都擺滿了簡單且有益健康的茶點，例如塗了牛油的薄麵包片、司康鬆餅（scone）、自製果凍（有海棠❾、榲桲❿或黑莓等口味）、黃瓜三明治、海綿蛋糕等。有貴賓上門時，就會準備美味的橙味糖霜蛋糕，這蛋糕必然是家傳招牌蛋糕，一任廚子傳授一任。總之，我的童年時代以及學校假期裏的記憶都有蛋糕存在。

到今天我還是有一點想不透：怎麼可能有人能夠靠那燒煤塊多眼爐灶的烤爐做出如此沒得挑剔的美味糕點？也可以這麼來看：一個廚子怎麼可能一手做出那種糟透的蔬菜和令人敬謝不敏的布丁，讓我們在這樣的食物中度過兒童室的歲月，另一手卻又做出精緻糕點和漂亮的果醬與果凍？回想起來，

---

❾ 海棠：crab apple，類似小蘋果，味酸，不宜當食用水果，但適合做果醬與果凍。

❿ 榲桲：quince，或稱金蘋果，黃色，味酸，需烹煮後食用，多用來做成果醬或果凍。

我想最簡單的解釋就是：兒童室的飲食一定是留給廚房女傭去做，廚娘本人則忙著做果醬、蜜餞等加工食品以及糕點。

我記得的好吃東西不只是香橙蛋糕，更有櫻桃蛋糕和巧克力蛋糕——母親一輩子都是個標準巧克力迷。我還記得一次令人難忘的不愉快情況：家裏養的那條金毛拾獵犬竟然自行鑽進了食品室，剛出爐沒多久的整個巧克力蛋糕被人發現已所剩無幾，而牠還正狼吞虎嚥吃著剩下的部分。是誰讓食品室的門開著的？連續幾天大家互相責備與爭辯，年紀最小的幾個小孩免不了最受懷疑，從此之後，廚房範圍更加嚴禁我們涉足。

不過老實說，我童年時代的廚房以及廚房裏做出來的東西沒幾樣留下光輝記憶。還有另一件我記得的是在兒童室裏進行的「非法烹飪」：一種黏呼呼的乳脂軟糖類，我們稱之爲「那玩意兒」（如今聽起來倒像是在講某種上癮藥物），那是保母的拿手美食之一。她在兒童室的火上做這種東西，以茶匙舀起，用茶碟或肥皂盤承住給我們吃。此外還有香蕈，在住家附近的野地上採來的，我們小孩子都很清楚往哪裏去找長得最好的香蕈，採回來帶到兒童室裏等早餐時候吃。保母用很好很濃的鮮奶油來煮香蕈（這種鮮奶油家裏很多），從那之後我這輩子再沒有嘗過那麼神奇的香蕈。盛夏時節最多美食樂趣，花園裏有又大又肥美的甜醋栗⓫、紅醋栗、覆盆子，保母通常把它們放在平底煮鍋裏加上糖，在兒童室的火上很快熱一下，然後不時給我們吃一些。這些熱過的水

⓫ 甜醋栗：原文爲red gooseberry，疑應指紅色的sweet gooseberry，較一般醋栗甜得多。

果更凸顯了夏日風味，誠如每個人所知道的，童年的夏日時光比起後來人生路上的時光總是要來得長些、陽光也更燦爛些。

十八歲那年，我離家加入了牛津固定劇目演出團當學員，掃舞台、沏茶（還得有人教我怎麼個沏法），偶爾也演出個小角色，一面演習以便爲稍微大一點的角色當候補演員，同時還要到處搜尋一些古靈精怪的道具，譬如恩林・威廉斯（Emlyn Williams）的《夜幕需落》（*Night Must Fall*）裏那個引人注目的帽盒（盒裏有個斷頭腦袋，或至少要讓觀衆以爲有個斷頭腦袋）。我在牛津好幾個地方寄宿過，包括班貝立路與波蒙街，其他地方則已經不記得了，但是住在牛津的那兩年裏很難得做飯。總之，寄宿處很少包括可以名正言順稱爲「廚房」的設備。

我大概二十出頭搬去倫敦，在攝政公園的露天劇場工作。在一位阿姨位於徹斯特門的家中住了一段時間後，轉而在櫻草花山的一棟大房子裏租下部分廳房（不能算是整戶公寓），包括有高大窗戶的大客廳、一間很局促的臥室、一間浴室，還有廚房——嚴格來說其實是利用樓梯口湊合成的。我在這裏架設了煤氣爐，擺了一個有打洞金屬櫃面的老式食物櫃（如今只能在廢舊貨店裏才見得到了），最後還買了個比較大的冰箱（二十一歲生日時有位叔叔給了我一張大方的支票，我就用這筆錢買的）。朋友們說我把這筆錢全花在冰箱上眞夠奇怪，其實這樣花錢完全合情合理——不論是那時候或現在我都這麼想。我認爲冰箱絕對是必需品，雖然一開始我的用法並非很値得嘉獎：冰箱裏塞滿做好的現成食物。然而隨著情況的演變，那種情形並沒有維持太久。

起初我是想到在 Selfridges 百貨公司開一個帳戶，只要拿起電話訂購，烤雞、燻鮭魚、牛油、水果、乳酪、鮮奶油、雞蛋、咖啡等第二天就送上門了。等到一個月結帳下來，似乎超過了我的能力負擔，我才終於明白：老想著冰箱裏有現成烤雞可以招待朋友，這可是相當奢侈的做法。再說，就算是因爲在兒童室期間以及上學時吃過那些難吃得要死的飯，還有在牛津時期排演後到卡得那咖啡室吃傍晚下午茶時，吃過用罐頭水果做的沙拉，所以我現在才買現成食物來彌補，但終究還是比不上前幾年我在巴黎寄宿家庭裏吃過的飯菜好吃。那時我在巴黎大學念書，在寄宿家庭裏住了將近兩年。（我在《法國地方美食》描述過這些飲食，此書已在一九六〇年出版，所以就不在此複述了。）

我也曾在一個慕尼黑貴族家庭裏待過六個月，這家人雇用了一個奧地利廚子。我在他們家見識過很多前所未見的美味，譬如星期天早餐吃的牛油甜麵包、一種非常棒的巧克力甜食「穿睡衣的摩爾人」（Mohr im Hemd）、很濃郁的巧克力杏仁蛋糕外加一層厚軟的白色鮮奶油、鹿肉配上令人費解的野生紅莓醬汁、宛如精緻小甜甜圈的杏桃和李子餡團……，我有沒有本事做出這樣的東西給自己吃呢？

就在那時期，我在 Selfridges （這家百貨公司在我年輕時扮演了很重要的角色）見到一大疊書在賣，是位莫菲伯爵夫人所寫的《各國食譜》（*Recipes of All Nations*）。那本書很厚，售價兩先令六便士，頁邊有挖口字母索引的版本售價三先令六便士。封面紙張光亮，有黃、淺藍、紅等各種不同顏色可供挑選，看起來是價格非常划算的書。有一天我買了一本帶回家，在巴士上就開始讀了起來。這本書讓我看得入迷（到現在還是如此），莫菲伯爵夫人的「各國」的確遍及五大洲，然而食譜內容對用量、時間掌握、溫度以及其他技術細節等卻很少說清楚。不過，我靠著母親送的那本雷耶而太太所寫的《慢工出細活的烹飪術》，慢慢學會了做出好吃的飲食。可以說，雷耶而太太的書吸引人之處是能以富想像力的方式來談烹飪，但在技術指導上卻跟莫菲伯爵夫人一樣明顯不足。想烹飪是一回事，取得必需的步驟指導以便獲得滿意效果又是另一回事；要是當初我早知道兩者差距如此之大，說不定就不會貿然行事，走得步步危機。可是我也就是這麼一錯再錯，絲毫沒有因爲犯錯而灰心喪志，跌跌撞撞一路走了過來。

保母當年在兒童室裏偷偷摸摸地煮東西，其實就是最好的示範，讓人明白到利用一個擺在走道或樓梯間平台的爐子，又或者僅是個小煤氣爐、一小盆火，所能做出來的飲食還眞出乎人意外之多。除了要有自己動手做的意願，冒險進取的精神和一點想像力也是學烹飪不可或缺的條件。你還得具備好胃口，而且不要太過擔心過程中的失敗或者廚房及其設備的不足。

二次世界大戰那些年裏，我曾在埃及幫英國新聞處管理參考資料室。那時我住在位於停車場內的地面層公寓，那裏所停的車輛屬於情報機構的其中一個所有，該機構的辦公室就在附近一棟大樓裏，開羅的計程車司機都知道那棟「神祕房子」。我的廚子是蘇丹人，名叫蘇來曼，就靠著兩個汽化煤油爐和一個擺在爐上面、小得跟錫皮盒似的烤箱，表演過很多次令人訝嘆的廚藝。他做的酥浮類⓬從沒失敗過，此外，藉助於可以拎到馬路對面尼羅河畔去生火使用的燒烤炭爐（廚房小到連窗戶都沒有，要是他在廚房裏燒炭，準保會窒息），他還能做出非常棒的炭烤小羊肉。我後來把他做的中東燴飯⓭寫成食譜，命名為「蘇來曼中東燴飯」，收錄在一九五〇年出版的第一本書裏。這道飯在當年那時期成了少數幾個人生活的一部分。差不多每次有人來吃飯的時候，我那廚房總是缺些東西不夠用，這時蘇來曼就會跑去比較像樣的大戶人家借。在開羅，所有的廚子都會這樣做。因此來吃飯的客人未幾就在我的餐桌上認出了自家的菜盤、餐盤、刀叉餐具等等，不過倒是沒人對這蔚然成風的習慣置評過。

在開羅和亞歷山卓（Alexandria）都很容易取得冰塊（不過當年我卻從來沒想過要問這些冰塊的來源，現在才知道原來埃及有很多製冰廠），再加上借來用一晚的那種老式手搖打冰淇淋桶，蘇來曼就能做出美味可口的冰淇淋。當年開羅有名的咖啡館格羅皮以各種冰淇淋馳名，不過亞歷山卓的柏德赫咖啡館的冰淇淋更好吃，很多好客的當地家庭雇用的廚子也都會做很棒的冰淇淋，因此很有得比試高下。然而蘇來曼做的杏桃冰淇淋照樣無人能出其右，唯一的缺點是搖桶打冰淇淋時吱嘎作響，聲音實在太大，以致有時飯桌上的談話都因此暫停以避開這噪音。

儘管我那開羅廚房設備不足得令人咋舌，但回顧起來總是有一份親切感。思忖起來，現在要我在那樣又小又暗的斗室裏烹飪根本就做不到，事實

⓬ 酥浮類：soufflé，此字源於法文，乃「膨脹、鼓起」之意，藉蛋白打成泡沫之後來「發」起的料理。吃法有鹹有甜，有冷有熱：熱食通常加入濃牛奶之後焗成，冷食則加入膠質冰凍而成。字典譯為「蛋白酥」。

⓭ 中東燴飯：pilaff或pilaf，加香料烹製的飯，通常有肉類或魚類、蔬菜等配料共煮。乃由波斯傳入土耳其，在波斯原名pilaw，意謂「肉飯」。

上，那時候我也沒眞的在這廚房裏做過飯，只除了幾次難得的場合，我想到要指點蘇來曼做某些我於大戰前在法國或希臘學來的料理，這才會走進廚房。不過話說回來，這廚房照樣做出了很多令人回味無窮的東西，甚至有一年還做出了聖誕布丁。蘇來曼做這個聖誕布丁時，只事先聽我匆匆講述了一下做法，就理所當然地以爲這應該是在上過湯後就要端出的主菜，於是就按照我教他的方法，端著燃了火焰的布丁進來，結果很掃興地又端了下去，等到該端上來時才又拿回來。火焰依然如昔，因爲布丁再度浸了蘭姆酒，吃起來卻很明顯地比正宗聖誕布丁多了很多酒精成分。

戰後我回到實施嚴厲配給制度且天寒地凍的英國，擁有的第一個廚房是在肯辛頓⓮的附家具公寓裏，屬於「桌子兼浴缸蓋」的那一類公寓。廚房裏有個煤氣爐，一個很小的怡樂智牌（Electrolux）冰箱（當年這類家電非常短缺，能有這樣的小冰箱我已經覺得很有福氣了），還有一個水槽。除此之外，廚房已沒有多少空間可以放其他用具。再說我也沒有什麼用具可放，因爲我大多數的家當（包括那個舊的大冰箱）原本都寄存在倉庫裏，倉庫被轟炸了，家當也都毀了。然而，我就用找得到的烹飪材料（不管是有配給或沒配給的）照樣經常下廚。那時，倫敦的餐館沒有幾家讓人想光顧或光顧得起，因此我很慶幸之前學會了一點烹飪某些食物的方法，例如扁豆類和其他豆類，這些都是不用配給，也非根本買不到的東西。至於米，唉！就屬於「根本買不到」的那一類了，直到一年後才看得到。檸檬依然罕見，番茄過了很

⓮ 肯辛頓：Kensington，位於英國倫敦近郊。

久才出現在市面上，蘇活區的義大利食品店也才開始賣道地的義大利直麵⓯及橄欖油。但是牛油、雞蛋和牛奶卻連續多年要靠配給，不過倒是有從愛爾蘭來的非法鮮奶油和牛油，以及從威爾斯一家農場偷買到的雞蛋。我們大家都學會了盡量運用能弄到手的食材。

至於那個廚房和浴室得互相將就的可惡安排，卻也沒能發揮「保持空間井井有條」的功能，雖說每天早上若是得先清乾淨桌子才能用浴缸洗個澡，理應會把東西都先歸回原位才是。我很討厭廚房裏亂七八糟，但卻不意味我生活中沒有個亂七八糟的廚房。有些人即使擁有像艾伯特廳⓰那麼大的廚房，也一樣有辦法亂成一團，我得承認我就是這種人。不過只要我能有很多個櫥櫃、空間夠大的木製瀝乾板⓱、一個又深又大的水槽（要陶瓷的，不要那種丁點大的不鏽鋼水槽），還有一個木製（不要塑膠的）餐具格架，不但可以擺菜盤，也可以擺餐盤、茶杯、杯碟，喔，當然還少不了一個大冰箱（其實我有兩個），我想這樣一來，我大概再也沒有藉口讓廚房亂七八糟了。我並不是在奉勸誰仿效我，因爲這並不是個好榜樣。

Smallbone of Devizes' catalogue，一九八九年夏

⓯ 義大利直麵：spaghetti，義大利麵條有乾麵條與新鮮麵條兩類，義大利直麵屬於前者，乃圓條形麵條，有粗細之分。

⓰ 艾伯特廳：Albert Hall，倫敦著名的音樂廳。

⓱ 瀝乾板：用來擺放洗乾淨後的餐具，使之瀝乾。

伊麗莎白「夢寐以求」的廚房

通俗報章的徵文比賽、亮麗雜誌的內頁、百貨公司的廣告，都經常出現「夢想中的廚房」這個專題，以致讓人差點開始認爲婦女眞的把大多數光陰花在夢想著那些包金屬面的流理台、有百葉板的碗櫥扉，以及擺放在洗碗機上面的一束束唐菖蒲。爲什麼房子裏所有廳室中就只有廚房得要成爲一個夢想？是因爲過去多半「君子遠庖廚」，兼且廚房昏暗骯髒又不便利之故？舉例來說，我就不曾聽過談什麼「夢想中的客廳」、「夢想中的臥室」、「夢想中的車庫」、「夢想中的雜物儲藏室」（我倒想多有兩間這樣的儲藏室）。沒有！要就是談「夢想中的廚房」，要不就什麼都不談。我自己的廚房說來倒比較像個夢魇而不是夢想中的廚房，可是我反正是用定它了。不過，我暫且通融一下讓夢魇成爲美夢，換換口味。以下就是我夢寐以求的廚房。

這個神奇廚房必得要很大、光線很好、空氣很流通、有恬靜又溫馨之感。視線所及的配件必須盡可能少。廚房從一開始啓用就要清清爽爽的，以後也要保持井井有條的狀態。這廚房能顧及我目前廚房所欠缺的幾項我最想要有的特點，當然，有幾項目前已經進行的措施還會繼續採用：幾把湯勺、一兩個篩子、攪拌器、嘗味匙等，都掛在爐灶旁邊；爐灶旁還擺了插在架上的各式廚刀，以及插在闊口瓶裏的大小木匙——但是五、六支就夠了，不用像目前這樣有三十五支。烹飪作家最會亂買不需要的雜物，我很願意自己能除掉這毛病。

「夢想中」的廚房透視圖

水槽必須是雙座的，每個水槽旁邊各有一塊木製瀝乾板。我會把水槽高度定在（事實上就是）76公分（30吋），比一般水槽高出15.2公分（6吋）。因爲我個子高，不想爲了遷就一個齊膝高的水槽而彎腰工作，免得未老先衰彎腰駝背。水槽上方靠牆壁處要有一排碗碟木格架，用來擺菜盤及餐盤、茶杯和其他用得到的陶器碗碟等。這樣不但可以節省很多空間，也省得花很多時間把東西搬出來又收回去。講到空間，還要從天花板接一個吊架下來，那種木格架或板架形式的，就像威爾斯某些地區或英格蘭中部地區那些郡的農家甚至小村舍以前儲存麵包或陰乾燕麥餅的設備。但這些架子會用來擺報紙、筆記本、雜誌等等，因爲目前每逢需要清出桌子來用時，這些東西就得統統堆到椅子上。桌子本身就更不用說了，它是最重要的，既要用來筆耕又要用來進餐，還要在這桌上做廚房裏的活兒，所以這張桌子必得要有很舒服的伸腿空間。這回我想要有張橢圓形桌子，桌面是用很大的整塊木板做成的，可以洗擦，架在中央式座腳上。就跟水槽一樣，這張桌子得要高過一般桌子的高度。

我並且打算從此就將冰箱放在廚房最外緣。我會讓冰箱保持最低溫，大約是攝氏4度（華氏40度）。到現在我還是很訝異見到所謂的現代化廚房竟然會把冰箱擺在火爐旁邊，在我看來這就跟把酒架設在火爐上方差不多，同樣都是很沒頭腦的做法。其次，由於無法另外有個儲藏室（在一棟空間局促的倫敦住宅裏，還想要多一間儲藏室，未免異想天開），所以就要有第二個冰箱，而且是要相當大的冰箱，專門擺各種需要儲存在涼爽處的食品，例如咖啡豆、辛香料、牛油、乳酪和雞蛋，冰箱長期保持在攝氏10度左右（華氏50度），這是最適合這類食品的溫度。

這「夢想中的廚房」所有色彩基本上都跟我現在的廚房差不多，但會更光鮮、更乾淨一些——冰涼的銀器、灰藍色、鋁器，加上那些陶鍋各種不同色調的棕色，還有素淨瓷器所呈現的大量白色。我對彩色磁磚以及花卉圖案的牆面敬謝不敏，我也不要有很多酪梨和橘子顏色的東西。我會把酪梨和橘子擺在果盆裏放在英式碗櫃上。換句話說，要是食物和炊具不能引起足夠的視覺興趣，而在廚房裏產生它們本身帶來的型態變化效果，那就有些地方不對勁了。而且過猶不及，太多配備跟太少都不好。我看過很多時髦漂亮新廚

房的圖片，圖中有精心挑選的廚藝表徵，譬如吊掛在鉤上的異國用具、一大堆鏗鏘匡啷的五金器具、大小齊備的各式菜刀，又或者密集排列的大小平底長柄鍋等，我可一點也不會對這些感到豔羨而渴望擁有。恐怕得說，這些有很多都是爲拍照而充出來的布景。

談到炊具，我倒不認爲我需要很新穎花俏的東西。我烹飪的分量多半是少數幾人份，而且都是以招待少數好友爲主的那種菜式，所以有個普通的四爐頭瓦斯爐灶就很夠用了。不過這個瓦斯爐灶附帶的烤箱得要比較大才行，而且箱門是要往下拉的那種。有那空間的話，我會另外再擺一個烤箱分開來用，專門烘焙麵包，或許添個某種可以控制溫度的櫥櫃，用來發麵團。總而言之，烹飪作家採用的家用器具最好還是跟自己的大多數讀者所用的相近爲宜。遠遠拋開家常烹飪問題或者採用昂貴的小玩意取巧地解決問題，我認爲都不可取。

說了這麼多，其實就是要說對我而言（而且我強調這純屬個人，因爲我這個從事寫作烹飪者所需要的東西，跟那些主要是爲一連串客人或者爲大家庭日常三餐烹飪的人不同），完美的廚房更像是個畫家的畫室，以烹飪器具爲裝潢，而非一貫被人當作廚房的那種地方。

為泰倫斯・康倫所著《廚房記》一書所撰特稿

Mitchell Beazley, 一九七七年

一開始，康倫要為《廚房記》拍攝位於哈爾西街的廚房照片時，伊麗莎白拒絕了，她說是因為外甥莊尼正在幫她的廚房設計某些新家具。後來康倫他們想出一個點子：伊麗莎白應該為這本書寫一篇文章談她「夢寐以求」的廚房。伊麗莎白叫莊尼跟她一起設計這個廚房，莊尼還畫出了設計圖（第12頁）。伊麗莎白所描述的廚房事實上比她原有廚房（14頁上圖）要大且井井有條得多；設計圖裏呈現了她那廚房的很多特色——法式大型碗櫥、英式碗櫥、擺在水槽旁邊的木製碗盤格架，還有坎農牌瓦斯爐。通往小中庭的落地窗前擺了一張躺椅，對面牆上則有一扇小圓窗。

在一九八〇年代初期，地下室改裝成了廚房，就是根據這張圖的神韻設計而成（14頁下圖），而那第二個冰箱則擺在廚房門再過去一點的地方。原有的廚房依然保留下來，但比較少用到了。

吉兒·諾曼

吃了碗裏又端走鍋裏的出版商

他眼光掃向我擺在他桌上那份打字稿時，眼神毫不掩飾地流露出反感。

「看起來好像很長。」

「是嗎？我想是因爲材料比我所預期得要多吧！」

「你可眞花了不少工夫在上面。」

「呃，嗯，是的。」

哈維總裁是麥當諾出版公司的董事，他緩慢吃力地起身走向檔案櫃，抽出一份檔案夾，然後重新歸位到辦公桌後，細閱起眼前的文件來。

「啊呀，原來列曼先生跟你簽約預付了三百英鎊稿費，對不對？」

「是的。」

「三百英鎊。三百英鎊？爲一本烹飪書？」

「嗯，是的。」

「難怪列曼先生的生意不賺錢了！」這位英勇的總裁嘆了一口氣，很確定自己沒看錯，「唔，我只能說，希望我們能把這筆錢賺回來。」那份被哈維總裁佯做驚見耗費過多的合約，是我在一九五一年秋天和列曼簽下的。一九五二年初，我就前往義大利蒐集資料，準備寫第三本書《義大利菜》(*Italian Food*)。而現在已經是一九五三年年尾了，書才進行到一半（這是指烹飪和寫作兩方面），我已經從列曼那裏聽到，他跟普內爾的董事們吵了一架。普內爾是印刷廠商，擁有他出版社大部分股份，又是麥當諾的所有人。吵過之後，列曼決定結束生意，他簽下來的作者或者是那些對方認為值得接手的（我後來才獲悉只有一個人跟我一樣倒楣，那就是美國作家保羅·鮑爾斯），就發現自己落入了這個沒聽過的麥當諾手中。以一個作家身分而言，我是一步步（很醜惡的步驟）才逐漸發現發生在我身上的是最不值得令人羨慕的命定安排。

然而，即使是事後聰明想清楚了，我也還是沒有什麼選擇餘地。我已經花了一年半時間費盡工夫去做這本書，要我放棄這本書，退還那幾百英鎊預支稿費（那還是我所拿過最大方的預支稿費），然後取消合約，或許是個可行的辦法。作者要是決定不把書寫完，出版商也無法強迫作者交出一本書的完稿，但卻可以威脅要採取行動告作者違約或尋求途徑防止作者將該書轉賣其他出版商。總之，我最早出版的兩本書如今已無法從麥當諾手中收回了，我當時也無法知道這對我或他們的前途有何意義。儘管當時我並沒有經紀人，我已曉得列曼和我簽的合約是那時的標準合約，只是不包括現在合約經常有的平裝版或讀書會的版權，其他內容則大同小異。合約裏提到有關作者合約的轉讓，以及作者原先簽下的出版公司若由另一家出版公司接手經營，接手的新公司對前者已經簽下的合約擁有的權益，這些部分也大致都是被接受的。其實不應該是這樣的。作者獲悉自己以及所寫的書都像不動產附件般跟著轉讓時，通常為時已晚。新主在處理他們的作品時，可能氣味既不相投又搆不上資格。換了今天那些跟海因曼出版集團簽約的作者要是發現自己被轉讓為保羅·翰林或八爪魚出版公司的資產，我猜想他們不會全都欣喜若狂。

我很快就弄清楚了一點：我跟出版界一開始簽的那些合約把我寵壞了。

列曼與我之間的「作者—出版商」關係非常友善、成果豐碩且相敬如賓。他幫我出版的兩本書的裝幀都很吸引人，紙張好，設計和裝訂都討人喜歡，書衣很顯眼，還有約翰·明同畫的插圖。列曼的要求水準很高，要是他還一直留在出版界，我希望而且也相信自己仍會留在他的作者名單上。作者可不是衆所周知具有廣告行業所說的「品牌忠誠度」的人，然而這種忠誠的確還是存在。例如派屈克·利·費莫❶，不論其他出版公司如何甜言蜜語利誘，他一輩子的寫作生涯都只跟約翰·墨瑞合作。南西·密特佛❷更是出了名絕對不會捨哈密詩·漢彌爾頓出版公司他去。講到成功作家對於他們起家的出版公司那種始終不渝的忠誠，這兩者還不是僅有的例子。

那些可能應該稱爲「會計師」或「印刷大亨」的出版商，就考量不到作者和出版商之間的維繫還不僅在於出版商拿作者的處女作賭一把（要在一九五〇年英國大環境條件下出版《地中海料理》這樣一本書，眞是天知道算不算賭一把），使這本書進行到某一種程度，而且更要悉心呵護作者脆弱的天分，穩住作者動搖的自信，鼓勵作者寫出更多更好的作品，以包容諒解來對待作者的失敗。第一家合作的出版社多半會成爲作者衡量以後其他合作出版社的標準。所以要是作者有理由感到自己以及作品被人倒賣，遲早都會另覓

---

❶ 派屈克·利·費莫：Patrick Leigh Fermor，英軍少校，二次大戰期間曾在克里特島從事諜報活動，綁架德軍指揮將領。此情節曾拍成電影《I'll met by moonlight》。

❷ 南西·密特佛：Nancy Mitford，生於二十世紀初的英國小說家，出身英國貴族世家，小說多以上流社會爲背景。

新主，設法跳槽。除了擺脫前一個合約的附帶條款外，其他是別想了；要是還保有自己的意識，以後更絕不會再簽下包含這種條款的合約。

就以我日常閱讀量所能見到的鄭重聲明而言，例如布朗德在《關於書的書》（*The Book Book*）就曾評論說，有些出版公司永遠都不盡如別家來得理想。在過去三十多年中，我個人在這行業的遭遇（且容我這樣說）曾經碰到過不止一個不盡理想的業者，而麥當諾即使不排名第一，也是前幾名。

現在我們再回頭談那位英勇的哈維總裁，之前不是提到他見到我的打字稿就為之退縮，唯恐公司收不回那筆因我的合約而魯莽預支的三百英鎊稿費嗎？在此就別浪費筆墨講陳年歷史了。是的！麥當諾的確從那本《義大利菜》賺回了那筆錢，到現在這家公司還繼續靠這本書賺錢——經由企鵝出版的平裝本，再加上我之前的兩本書，而那兩本書麥當諾根本就沒有耕耘過，卻坐享其成。這得要解釋一下，平裝本的版稅通常由作者和原來出版社（或者合約上的「這家出版社的承繼者和受讓人」）對分。出版社的精裝本版權雖然期滿會交出，但依然會保有平裝本版權很久。時至今日麥當諾由另一位翹楚——麥士威爾總裁掌管，上一次我跟該公司成員直接碰面接觸是在一九八二年，該公司的會計師很勉強（嗯，不然還會是怎樣）同意付我三年（重複一次，是「三年」）追收版稅的利息，這是我終於從他們那裏索得的。

沒有！我很抱歉！找出版社時如何能避免誤上賊船，我在這方面沒有忠告可以提供給新手作家。布朗德認為找個經紀人是解決辦法。在我看來，作家生涯中這種不得人心的出版社比比皆是，反之者則為少數。問題還在於，對甲作家來說是個很好的出版商，可能卻是乙作家的魔頭。

蕭伯納對於出版商的看法眾所周知，他認爲他們全都是無賴，無一例外，九十年前他這樣寫過：「他們給我的服務就是教會我不要倚靠他們。」即使我們並非全都感同蕭伯納般強烈，有時也很難不同意那個令人拍案驚奇的阿曼妲・麥基垂克・羅司❸所言，她跟 GBS 合作了十五年之後，以較爲別致生動又沒那麼強烈的話來表述：「我是不相信那些想要在自己的燕麥餅兩面都塗上牛油、卻難得准許作者嗅嗅糖漿的出版商。我認爲他們都太貪得無饜了，就像循道會成員❹樂得遵守安息日，但同時對於能到手的一切也都不放過。」

《Tatler》，一九八五年十月

---

❸ 阿曼妲・麥基垂克・羅司：Amanda McKittrick Ross，1860～1939，愛爾蘭小說家。

❹ 循道會成員：Methodist，即衛斯理會成員，因該會成員自詡循規蹈矩，故名。

出醜笑柄

Ebury 出版社的《正字標記談吃手冊》（下文簡稱《談吃手冊》）孕育者安・巴爾和保羅・李維可能是年紀太輕了，所以記不得上一次世界大戰期間希臘很不幸處於德軍占領之下。不過話說回來，要是他們有找個負責任的顧問查證一下，就不需要出這麼大的醜，指稱二次大戰期間希臘有個英國新聞處，而我則在那裏工作。除此之外，要是他們有來求證的話，我早就會告訴他們我從來沒有「在亞歷山卓當過圖書館員」。再說，自從亞歷山卓那座馳名的圖書館在西元二七〇年焚毀之後，那裏還有過「亞歷山卓圖書館」嗎？言歸正傳，我是在開羅管理英國新聞局中東部設立的戰時資料室。亞歷山卓和開羅這兩者「是」有很大分別的。既然說到這裏，不妨一提，要是有誰虛構出那一則關於我嫁給一位陸軍中校，而且是在孟加拉長矛輕騎兵舉矛致敬下完婚，這人必然是看多了好萊塢拍攝的關於英國統治印度的電影，以及賈利・古柏一身軍裝大禮服、纏了無懈可擊的頭巾、配了肩帶，騎馬出發去捍衛西北前線的場面。

讀者或許要問：這些跟那本《談吃手冊》扯上什麼關係呢？嗯，李維和巴爾想試著擺出很熟悉某些在世作家和專業名廚之生涯與背景的樣子，所以開列了一份他們稱之爲「談吃名人錄」的名單。我看他們並不想要去徵詢名單上的人，因爲求證事實太花時間了；要是能編造的話，幹嘛要給自己添麻煩呢？難怪他們在這本針對飲食勢利文化而寫的詭評指南裏，透過那唯一真正的妙句聲明：「書中所有紀錄皆出於善意，如與事實出入，概不承擔責任。」與事實出入？出於善意？我倒想聽聽法律上怎麼界定「與事實出入」；還有，怎麼界定行文之間是出於善意。喔喂，一九八四是個講「新話」的年頭，那咱們就等著一九八五來個「大有出入」年吧！❶

抱歉我得提到自己。跳過眼前不談，回到李維以及去年十月為《談吃手冊》新書發表而在多爾切斯特❷設的晚宴。「我是個編年史家，」當時李維向業內週刊《承辦酒席業者與酒店業者》的編輯海安姆吐露：「比較像個談吃方面的鮑斯威爾❸而不像約翰生博士❹。」嗯，他當然不是約翰生博士，可是鮑斯威爾？且慢，「十八世紀的寄生蟲……非常自戀的人……利用別人標榜自己……在這方面是個投機者而且是個勢利眼的投機者。」對不起了！李維先生，這是英國廣播公司去年十一月播出的《鮑斯韋爾倫敦紀實》節目中劉易斯描述的鮑斯威爾。在我看來，《談吃手冊》倒的確是標榜出不少李維先生的形象，縱然未反映出他的成就，但從頭到尾都讓人見到他的抱負。至於巴爾小姐編輯上的勢利行為，我肯定她必然會認為那些不算什麼，只不過

---

❶ 原文為：Oh well, 1984 was the year of Newspeak. 作者以Oh well感嘆詞諧音作家George Orwell之名，其所著小說《一九八四》創造了Newspeak這個字，指以模稜兩可與自相矛盾為特點的宣傳語句。此為作者一語雙關極盡挖苦對方。

❷ 多爾切斯特：Dorchest，英國多塞特郡首府。

❸ 鮑斯威爾：James Boswell，1740～1795，蘇格蘭作家，著有《約翰生傳》與《科西嘉島紀實》。

❹ 約翰生博士：Dr. Samuel Johnson，1709～1784，英國作家、評論家、辭書編纂者。

是投機而已。畢竟，身爲《哈潑雜誌》副總編輯，她該做的就是促銷她那以勢利爲重的雜誌，《談吃手冊》則是促銷手段。在構思上是挺聰明的，可惜她那個談吃專家鮑斯威爾既缺超然公正之心，又乏不可或缺的風格來執行它，顧影自憐的毛病更妨礙了他做正事。

先不提超然公正的不足，且來看看風格。《談吃手冊》第三十頁提到了法國食物處理機（food processor） Magimix 牌：「到了七十年代初期，突然之間，就眼見大堆麵粉煎魚❺被拿去肥田，以便栽種新作物❻。」哎喲，我們的鮑斯威爾，他描述的是新式烹飪❼所講究的老式磨泥糊❽、攪打、細剁手法，他認爲皆因食物處理機的問世，才使得家庭烹飪得以跟餐館看齊；沒有了食物處理機就根本不會有新式烹飪出現，或至少不是我們現在見到的這種形式。總之，早在 Magimix 家用廚具激增之前，就已經有形形色色的食物處理機了。跳過兩段接著再看第三十一頁：「突然之間，眼見一大堆商業午餐被用來豐富一個死點子。」哎！救命哪！換換筆調吧！把這堆肥料重新塞回處理機去——好啦！要是你喜歡，塞回文字處理機去也可以，然後重新擠壓一

---

❺ 麵粉煎魚：meunière，這個字原意爲「磨坊老闆娘」，在法文烹飪術語裏意謂「先將食材（通常都是魚）用調味品醃過，薄薄敷上一層麵粉，然後用牛油煎」。

❻ 品質不佳的魚往往會製成肥料，也就是魚肥，此處乃諷刺作者的行文筆調都用 fertilize 一字。

❼ 新式烹飪：nouvelle cuisine，指少用麵粉或油脂，重清淡和時鮮蔬菜的法國菜烹調法。

❽ 磨泥糊：purée，把馬鈴薯、蔬菜或豆類等煮熟磨成泥糊狀的烹飪法。

遍成爲一大篇漂亮胡謅的吹捧文章。你也猜得到，這篇東西最適合給《哈潑雜誌》刊登。這雜誌廣告部的人說，看他們雜誌的「男人」（喔，他們！）「比看《時尚》、《佳家與花園》、《笨拙週報》以及彩頁增刊的人要多」。得了吧！別再硬充了！把這套拿去發揮在你們那些「孟買酒館餐廳」的便當菜，以及多爾切斯特宴用八角形白盤上菜陳列的景觀——就是嘛！這種盤子形狀有助於大廚把鵝肝醬和切割成玫瑰花蕾狀的番茄皮擺在盤子裏時校正位置❾。奉勸你們且放下編輯之筆，先去找找那些會做義大利冰淇淋和麵食的大師吧！在美食境地搜尋野蕈以及物色人才的途中，說不定偶爾還可抽點時間瞄瞄史威福特❿總鐸那篇極盡諷刺之能事的〈野人芻議〉⓫，文中提到養活他那時代餓得半死的愛爾蘭農民的妙法。

重點在於，檢討一個以消費爲取向之社會跟風與毛病，並著重於有氣派專業大廚的風采、所做的菜以及餐廳走向劇場化的現象，其實可以產生引人

---

❾ 新式烹飪特色之一是上菜時的賣相，盤子本身以及食物擺法構成空間與色彩美感視覺效果，此處乃作者諷刺之意。

❿ 史威福特：Jonathan Swift，1667～1745，英國作家，諷刺文學大師，名著有《格列佛遊記》，曾在都柏林最大的聖派屈克大教堂擔任總鐸。

⓫ 〈野人芻議〉：此文全名爲A Modest Proposal for Preventing the Children of Poor People in Ireland from Being a Burden to Their Parents or Country, and for Making Them Beneficial to the Public（〈爲了防止愛爾蘭窮人家的小孩成爲父母或國家的負擔並使他們有益於大眾所提出的謙卑建議〉），描寫愛爾蘭的慘狀並提出幾項論點，隱喻英格蘭「吞噬」愛爾蘭。文中建議愛爾蘭窮人把稚子賣到英格蘭充當佳餚，既可減輕人口壓力，又可賺取收入。（參見單德興〈格列佛中土遊記——淺談《格列佛遊記》最早的三個中譯本〉一文。）

入勝的探討，甚至是有用的探討。然而《談吃手冊》卻非如此。首先，要做這個主題很需要瑟伯⑫那種深諳人情世故的風趣幽默，再加上史威福特的一針見血。其次，這本手冊的作者群各自出於私心而劃地自限，無法創造出令人信服的社會評論；不過對讀者拍馬屁的工夫倒是很夠，而且還帶來點笑呵呵的效果，他們理解不到針砭的眞正意義，反倒是損人式的幽默駭人地別具一格，無可取代。

《Tatler》，一九八五年二月

⑫ 瑟伯：James Thurber，1894～1961，美國幽默作家兼漫畫家。

高湯與湯類

熬克燒的故事

有一本紀念熬克燒（Oxo）高湯塊七十五週年（沒錯，眞的！）的書要在十一月底出版了。書名很短也很簡扼，就叫作《採用高湯》（*Taking Stock*）❶。熬克燒高湯塊於一九一〇年問世，從那時開始，歷經兩次世界大戰直到近幾年爲止的廣告，全都大量重現在這本書裏面。書中還有精選食譜如「豬肉桃子」以及「熬克燒歐洲防風」等。整本書有關熬克燒凱蒂❷的部分……太多，超過我這個讀者想知道的，有一段說明更是十足公關輕浮口吻：「熬克燒向來都是歷史的一部分紅色的熬克燒貨車做成小玩具車，賣三便士，從此永垂不朽……」；「奮力打贏了第二次世界大戰後」，一九五三年，「英女王穩坐王位，英國國旗飄揚在埃佛勒斯峰」。喔！我們於是發現，熬克燒高湯塊那小小的紅色標記就在峰頂上伴著那些洋洋得意的登山者以及在亙古積雪中飄揚的紅白藍國旗。

不用期望會在《採用高湯》書中見到對於濃縮肉汁和高湯塊價值的批判文章，畢竟此書是一本廣告宣傳之作。然而這點及其他方面的討論卻還是很

---

❶ 高湯：stock，主要以骨頭類熬成，選取的家禽家畜亦較老，例如老母雞等。湯質濃郁，通常用來做湯底、醬汁底等。

❷ 無法查出此人角色，可能是該產品代言人。

吸引一般人，因此以下我就來探討一番。

一八六五年第一個濃縮牛肉汁專利品牌在歐洲推出，當時牛肉價格很高，冷凍船運送澳洲、紐西蘭和美國生產過剩的牛肉與羊肉出口到肉食短缺的歐洲，還是一八八〇年代才實現的事。因此利碧（Liebig）首創的肉精Extractum Carnis面世時，號稱1磅肉精是從40磅牛肉提煉出來的濃縮精華（這數字後來隨著歲月而有不同說法），在大眾心目中形成了深刻又持久的印象。已故的德拉蒙德爵士在他那本一九三九年初版的傑作《英國人的飲食》一書中就提到過，當時一般人並未體認到清湯其實無助於改善體質，即使醫學界亦然。利碧牌肉精加水沖成牛肉茶，可以做爲頗怡神的熱飲或冷飲；但就一般認知而言，卻不能視爲營養品。專家認爲，這類清湯在本質上更近似提神之物；然而時至今日，成千上萬人仍然堅信濃縮肉汁包含「高度濃縮的肉類營養精華」（這又是引用德拉蒙德爵士之語），這點實在要歸功於廣告技巧及其持續發揮的威力，兼之結合了人性中想信就信的包容力。

利碧伯爵是位舉世知名的德國化學教授，由於在營養學方面的貢獻而獲封爲貴族。此君非常深謀遠慮，也很清楚濃縮肉汁的成分無法幫助身體組織生長，然而卻也並未因此視爲無用之物而丟到一邊去；他認爲此物有刺激胃口之效，這點可以證明對人體有益，而且他確信從肉裏提煉出來的含氮成分及礦物鹽必然有某種營養價値。他倒並非完全弄錯。一九四四年，就在他發表提煉肉汁內容九十七年之後，肉精被證實的確含有一定分量的核黃素和菸酸，如果補充以其他蛋白質（例如全麥麵包所含的那種）之後，肉精也可算是營養品或有助於增加營養，但也僅此而已，肉精本身並不能單獨發揮功

LIEBIG COMPANY'S
PRACTICAL COOKERY BOOK

能。利碧伯爵做出了錯誤的推斷，這在他這種受過科學分析訓練的人來說是很奇怪的。他主要是以吃苦耐勞的法國農民爲例來建立這信念的基礎：法國農民過著很健康的日子，飲食以肉類清湯、馬鈴薯和麵包爲主。其實關鍵主食是麵包，馬鈴薯則有助於營養；如果光是靠稀薄的肉類清湯，苦幹的農民可就熬不了多長的命了。

利碧牌在英國推出的時期，推廣肉精的宣傳員沒什麼困難就收到了令人滿意的廣告效果。只要是有科學見解認定其價値的產品，銷路就會直升。未幾，南丁格爾亦表達了她對肉精補身效益的信心。一八七一年，史坦利出發深入非洲去搜尋李文斯頓❸的下落，利碧牌補給品亦伴同他前往。弗蘭卡泰利是英國最受推崇的大廚之一，也爲此產品錦上添花。他並沒有提及此產品所假定的營養價値，但卻向各地廚師爲此產品背書，「烹飪的神髓全在於湯料，」他鄭重其事地宣告：「而最好的湯料就是利碧牌肉精。」

利碧牌的廣告商還有什麼可求的呢？ 弗蘭卡泰利在寫下這段背書時自稱「法國已駕崩皇帝之御廚」。他於一八七六年去世，亦即在皇帝駕崩三年後。其後二十年間，利碧牌依然引述這位曠世大廚的聲明。全球中產階層的專職家廚受盡當時崇尚湯料風潮的折騰，一心一意只想敷衍了事，當然對於弗蘭卡泰利之說如聞綸音，樂得奉行，把那口用來熬肉湯和骨頭高湯的大鍋拋到腦後，齊齊歡欣鼓舞將匙羹往肉精罐中一舀就好。

---

❸ 李文斯頓：David Livingston，1813～1873，蘇格蘭傳教士，深入非洲腹地從事傳教和地理考察活動長達三十年。

一八九五年十二月，弗蘭卡泰利的權威聲明捲土重來，很顯眼地被納入利碧牌肉精的全頁廣告裏，刊登在該月份的《樂飲樂食》，這跟前一年出版的一本利碧牌食譜（見31頁）恐怕不無關係；那本食譜除了甜點之外，其他所有料理都要用上一點肉精。發展至此，利碧牌的方針已著重於將產品推廣成中等家庭的烹飪輔助品。他們出版的那本食譜小冊（製作得很漂亮，如今已成爲收藏者的珍品）並未強調肉精的營養功能，主張採用的分量也限制得很嚴，多半只用到1/4至1/2小匙而已，而且任何人都可以向該公司免費索取這本小冊。小冊中的介紹倒是透露了利碧牌營運規模之大，龐大的生產作業地點在烏拉圭河兩岸，一年生產七個月，每天處理一千五百頭牛，雇用人手多達千人以上。

在當時已經進入所謂「肉精戰爭」的情況下，出版利碧牌食譜實在是高招。身爲一個受到認可又備受褒揚的業內老字號創建者，利碧牌因此引來很多爭相仿效者。新崛起的幾個肉精品牌之一 Vimbos，乃蘇格蘭愛丁堡液體牛肉公司所製造，其廣告宣稱含有更高的提神與促進肌肉生長的成分，外加「產生熱量的脂肪以及增長骨骼的礦物質」。 Vimbos 號稱「液體牛肉大王」，廣告造型設計是一隻蹲在茶杯中的牛，兩隻前蹄可憐兮兮懸在杯緣外。此外，還有芝加哥 Armour & Co. 公司出品的 Vigoral 牛肉精，以濃縮固體形式銷售，廠商聲稱每1磅牛肉精含有45磅新鮮瘦牛肉提煉出來的精華。相比之下，利碧牌號稱由40磅提煉出來的精華就顯得質量頗單薄了。

到了一八八〇年代中期，保衛爾（Bovril）也大行其道，不僅號稱含有牛肉精的提神特性，更兼有牛肉的營養成分。這是利碧伯爵終其一生渴望達成的目標（他已於一八七三年去世，由其子繼承掌管公司），要達到這目標，必須先將新鮮牛肉提煉出基本精華，再將牛肉的蛋白質和纖維蛋白質經過脫水程序化爲粉末，加入牛肉精之中。這等於是牛肉精加上牛肉粉，保衛爾因此成了利碧的勁敵。

另一個不容利碧牌掉以輕心的勁敵是瑞士美極牌（Maggi）在一八九〇年代推出的產品。這是一種濃縮清燉肉湯，別出心裁以密封小盒包裝出售，每盒只賣兩便士，一盒的濃縮分量可做成3/4品脫的「絕佳清湯，鮮美又開胃」——崇尙此湯者如是宣稱。也有人認爲美極牌那三十三種不同口味的法式蔬菜湯塊形同無價之寶，甚至不可或缺。

利碧牌最出色的成就之一，是在廣告和宣傳領域中跟得上競爭對手。那本食譜小冊附加了很多吸引人的宣傳手法，例如附贈裝飾紀念品，最凸出的就是用罐子包裝紙換領一組畫片，每一組似乎都換領不完。那些鮮明的平板印刷畫片主題包羅萬象：從古羅馬時期歷史事件到當代海濱以及海水浴場更衣車❹，還有莎士比亞劇幕、各種一決勝負的戰役、流行歌劇、著名的愛情故事、丑角戲等。那眼熟的利碧牌肉精罐圖案當然也出現在每一張畫片上，反面則印有一道食譜。只要是有利碧牌牛肉精出售的地方，就印有該地通行的語文：德文、義大利文、法文、俄文、荷蘭文、英文。早在香菸卡面世之

---

❹ 海水浴場更衣車：bathing machine，舊時海水浴場所用的有軌推車，女性可在裏面更換泳衣，然後由專人將更衣車沿軌推入海水中，女泳者便由車內開另一門直接入海游泳，游畢之後仍以同樣方式回到岸上。此乃因應當時保守風氣下女子不以泳裝公開示人而有的產物。

前，利碧牌畫片已成爲收藏者的寶貝了。

到了十九世紀末，所有歐洲國家都已認可並維護利碧牌獨家品牌名稱的權益，唯有英國例外。在通過一八七五年的商標法之前，英國法庭曾批准那些肆無忌憚的仿冒者擅用利碧牌名稱、罐裝設計、標籤與包裝。最後，英國的利碧牌公司決定應該要收斂了，於是索性來個一百八十度的改名，他們想出的商標名稱還不錯，就是「熬克燒」。熬克燒於一九〇〇年六月登記爲英國商標，在全歐洲所有國家都受到法律保護。新世紀用新商標！

該公司爲了熬克燒商標，還特地設計出一款新罐裝，外形令人聯想起已經爲人所熟悉的保衛爾瓶（這麼說並非完全出於巧合）。早期的廣告文案建議熬克燒宜於在日常衆多場合裏飲用，包括：購物前或購物後的無事時刻、乘車之後、起霧的天氣裏、潮濕的天氣裏、情緒低落的時候、兩餐之間漫長的空檔、忙到無暇正常進餐時。然而，其後的廣告說辭就轉爲有點強行推銷了，而且也非絕對老實：「熬克燒促使兒童生長成爲強健男女」，這可眞是瞎吹；此外也提到「上等牛肉的健身補身效能」在「最短時間內進入體內循環血液中」，還論及「最佳瘦牛肉迅速持續的營養功能」以及「熬克燒肉精高度營養性能」等等。大衆相信了這些說辭，而且不知怎地，或許再加上保衛爾大同小異說辭的推波助瀾，這些觀念便深入全國民心。

有別於肉精的熬克燒高湯塊首次面世時，在推銷上根本不成問題。何況高湯塊又如此價廉，幾乎人人都買得起，利碧伯爵泉下有知的話，必然含笑。至於他若見到一九八五年出品的那些高湯塊所含詳細成分時，是否亦會感到欣慰，這可就難說了。在此我倒是想提一下：其中有兩種稱爲「味素」

的成分「621」和「635」，前者是可疑的谷氨酸一鈉❺，後者卻原來是一種稱爲瞟呤（Purine）物質的混合，這種物質禁用於幼兒食品中，患有痛風及風濕者亦宜避之。在英國，這意味絕大部分人口都應該避免採用。

《Tatler》，一九八五年十一月

採用高湯

幾乎所有英國婦女一碰到需要用上高湯的食譜就慌張起來。每次我爲報章雜誌所寫的食譜中出現這個字眼時，準保會有個助理編輯打電話來問，她可不可以在文中加上「用高湯塊也可以」這句話？我倒不認爲視高湯爲頭痛問題是當年配給日子留下的後遺症。就我所想見，早在一九三九年二次世界大戰前，甚至也許更早，在一九一四年第一次世界大戰前，爲高湯而煩惱的情況就已經存在了。實在令人忍不住懷疑維多利亞末期以及愛德華時期的烹飪書難辭其咎。

其中有些書的指導足以對勇氣最可嘉的廚子潑一頭冷水。碧頓太太於一八九一年出版的《家政管理》告訴廚子（碧頓太太於一八六五年去世，因此這本書裏的指示說明顯然並非出於她本人），「但凡棄之可惜的肉類、骨頭、肉滷汁❻、調味用料」，統統都該扔進熬高湯的鍋裏。「吃掉一半的羊腿肉，剩肉改做了其他菜，肉滷汁則可進高湯鍋；做餡餅用的牛排切掉不要的邊緣

❺ 谷氨酸一鈉：MSG，味精的化學成分。

部分、吃剩的肉滷汁、燻鹹肉的皮與骨、雞鴨內臟、烤肉的骨頭、零星蔬菜……大多數家庭的火爐上都應該長年擺著這樣一個湯鍋。」

老天，這麼一口天長地久在火上煨著的雜燴鍋，熬出來的湯水會是多渾濁、油膩，令人倒胃而且往往發酸又有害！

當然，那些書裏也有很棒的高湯和肉類清湯食譜，採用新鮮材料熬成第一手和第二手的湯，但卻總是以食指浩繁的家庭爲考量，因此分量很多。然而不知怎地，就是去不掉那套「高湯鍋兼垃圾桶」的理論，因此漸漸地大家就以爲除非有大量吃剩的肉類、雞骨、骨頭和各種剩菜，否則想熬高湯也熬不成。這也是個很好的藉口。何況花一先令買個歐陸品牌上等高湯塊，此舉既可消除買便宜高湯塊的罪惡感，又可隱瞞自己沒有分辨能力只信名牌的無知；結果這些產品的生產商和廣告商就是靠購買者這種心理來賺錢的。

那麼，用高湯塊到底「行不行」呢？

百分之九十九的情況下，高湯塊根本就起不了作用，除非只是想要爲湯或燉鍋裏的食物增添提神效果，因爲肉精的作用僅限於此。至於高湯塊這樣的東西能否加添鮮味，在我看來很有疑問。

要是想增添顏色，高湯塊倒是可達此目的。增添鹹味也可以，外帶食後舌頭上那種古怪的針刺感覺，那是所有放了味精的食品會帶來的現象。無疑

---

❻ 肉滷汁：gravy，用肉汁做成，通常也加雞或牛肉清湯、酒或牛奶，再加麵粉或玉米粉、其他勾芡用的食材煮濃。也可以就用魚肉雞鴨等烤出的汁作爲佐餚肉滷汁。市面亦有售現成的化合肉滷汁。

以上種種現象都相當無害。事實上，我認為有很多肉湯代用品如果直接飲用還可以——譬如有時我們需要的其實只是熱飲而非食物，但用在烹飪上就頗難接受了。

話說回來，很久以前幾乎所有基本食材都很短缺的年代裏，我常用這些高湯塊來做湯，也用於其他需要使用高湯的料理，我甚至還在一本書裏推薦了某些這類產品，但此舉實在太過輕率了。沒多久我就發現，用高湯塊化成汁液做出的每道菜都帶有同樣單調的底味；當然，這點同樣可以用來形容「湯底」，也就是高湯鍋所熬出的湯水。未幾，我就發現（不用說，很多人在我之前早就發現到了，之後也會有人繼續發現同樣情況），要擺脫這難題的最好方法就是用清水取代那少掉的高湯，至於如何補償清水所缺乏的味道（此法無意中也加添了營養價值和維生素）便是藉助一點點當時非常寶貴的牛油、橄欖油或牛奶、一個雞蛋、一點葡萄酒，這是用在做湯的時候；要是做口味濃郁的菜，則不妨多放一點乳酪；燉鍋料理則可以放比規定分量多一些的調味蔬菜、香草，再加一點葡萄酒。

以做蔬菜湯而言，按照上述原則做出來的湯效果極佳：蔬菜泥的味道沒有被外來調味料改變，嘗起來更有原本的清醇和鮮美，吃起來堪稱美味，比起漂著蔬菜絲的清湯寡水令人滿意多了。

所以，無論就滋味或濃度而言，一九一四年以前那些食譜書所提倡的大量高湯實在毫無必要。再說，以那時中產家庭所消耗的肉量而言，其實也不需要這種清淡高湯所含的些微營養和提神成分。然而，小康之家食品儲藏室裏大量的剩餘物資總得設法派上用場，也要想出些工作給廚房女傭做才是。所以每個人對於用高湯鍋裏的湯水做成的「很營養的湯」都感到滿意，這也意味著勤儉持家有方。

不過凡事顯然還是有例外。採用原汁原味的高湯的確有助於蔬菜湯增加鮮味，而且還能帶出主要食材的本味。洋菇就是這類蔬菜的其中一例，番茄也是。烹煮這類蔬菜的過程中，先要蒸發掉部分所含的大量水分，然後再用肉類清湯補充蒸發掉的水分。食品室如果備有雞或畜肉類熬成的新鮮高湯，這類蔬菜就非常適宜用來做湯。但不用高湯的話也無妨，改用橄欖油與乳酪或者牛油與牛奶，照樣可以做出美味又毫不遜色的洋菇或番茄湯。

用文火或燜或燉的畜肉類、家禽及野味又是另一類料理，通常一開始烹煮就需要用高湯，以便水分夠。要不然就像法國式做法，在烹煮的最後階段將濃縮肉汁澆在熟肉上來調整湯汁稠度和味道；英式做法到這階段往往煮出來的湯汁都過多，於是就利用麵粉勾芡使湯汁變稠，然後利用一種絕無僅有的東西——稱爲「滷肉汁」的棕色著色劑——來加添顏色。其實一開始烹煮方法得當的話，根本就不需要用到上述兩種做法，甚至不用更好。

在做牛肉和羊肉料理時，肉本身應該夠肥夠多汁，足以烹出醬汁所需的稠度和味道——這是假設已包括了適量的調味蔬菜，而且肉又不曾被大量水分淹沒。用白肉❼做菜時，例如小牛肉（veal）或籠中養出的飼料家禽，這些肉類易偏乾而無味，這時可用一點小牛肉或牛肉熬出的清湯一起煮，無疑對做出來的汁液稠度、味道、外觀都大有助益。萬一少了肉湯又無法特地熬出高湯（儘管眞的要熬少量出來其實也不費什麼事），手邊也沒有葡萄酒可調味，在這樣的情況下，我寧可用清水也不用高湯塊或肉精，不管它們多名副其實還是有名無實。不管是高級食品雜貨店賣得最貴的那種，還是到處打廣告的廉價品，反正我都不用。在我看來，它們全都帶有一股很假而且又無法根除的味道，不過這觀點純屬個人口味，而且也可能是出於習慣使然。

似乎可以確定的倒是自十八世紀初以來，廚師和化學師就不斷進行實驗；到了一八六〇年代，根據利碧伯爵的配方而研發出的商業濃縮肉汁塊及肉精所含的營養及補身成分，實在配不上大眾對它們所產生的廣泛信心。這點飲食學家已經講了幾十年，然而人們依然執迷不悟。

末了我要說的是，我知道很多人對於那不知所謂的高湯塊和肉精都跟我

---

❼ 白肉：white meat，如小牛肉、雞肉或火雞的胸肉，有別於牛肉、鹿肉、羊肉等紅肉（red meat）。

有同感，於是就把信心改爲建立在高湯凍上，也就是用壓力鍋煮肉骨頭和水熬出膠質後做成的湯凍。這類高湯連同新鮮肉類的確可以用做烹飪基本食材，達到各種不同的烹飪目的。但是從營養學的觀點來看，事實上這種高湯凍並不代表有任何額外功效。

我想一旦明白這些重點，並且了解有很多種料理其實可以用別的更穩當的良方取代用高湯的做法，在某些情況下甚至比用高湯還好，這點起碼已先自動解決了一個廚房裏常見的問題。至於用高湯塊究竟「行不行」，根本就不用再多此一問了。

《旁觀者》，一九六〇年九月十六日

熬肉湯和高湯

熬肉湯、高湯和清燉湯，對我而言是所有烹飪過程中最有趣又有滿足感的事。雖然可能會有點像在演出，尤其是頭兩三次做的話——用牛肉和蔬菜熬出又熱又清醇的肉湯，原汁原味；微微凝結、晶瑩、清淡又滋補的清燉肉湯；用熬湯的牛肉做成沙拉或最宜利用剩菜的法式洋蔥回鍋牛肉（miroton）——眞是令人心花怒放。

我認爲，未曾了解眞正的高湯和道地的清燉肉湯是怎麼熬出來之前，沒有資格自稱在行或甚至是實用的廚子。此外還有一點，而且關係重大：任何人一旦學會正確的熬湯方法，就不會再採用那套深植於英國烹飪的亂來式怪方法，把所有殘羹剩餚（肉滷汁、醬汁、骨頭、不新鮮又走味的吃剩蔬菜、燻鹹肉的肉皮以及包心菜）一股腦全扔進那個被誤用又被誤解的容器——高湯鍋。我的意思並非那些用來熬出多種用途高湯的食材應該浪費掉，遠非如此。但是，等你懂得如何運用特地買回來的新鮮食材熬高湯或肉湯之後，你自然也就能學會如何利用手邊的食材來熬湯。你會有很清楚的概念，知道哪些東西可利用，哪些不應該用，哪些可以爲你的肉湯增添滋味和養分，哪些會使得肉湯混濁一片，帶來不宜的味道或不適合接下來要派上的用途。掌握了熬湯的基本方法和分量，從心所欲不踰矩又眞正經濟實惠地運用做菜附帶產生的剩餘物資或剩菜，就成了易如反掌的事。

還有另外一面：成本花費。如果特地去買材料又花長時間熬湯的話，那麼熬肉湯和高湯算起來就很貴了。但如果那些肉類、雞、小牛蹄等可以先用來熬湯，然後再做成不同的菜，你打打算盤就會發現其實等於不花成本就多了個肉湯或清燉肉湯。所以很值得學習如何善用食材，以便物盡其用。

食譜

簡單的牛肉湯・Simple Beef Broth

*

材料包括：1公斤（2磅）帶骨前腹牛腩、1小塊重約500公克（1磅）的帶肉小牛腿骨、1個大洋蔥、1個大番茄、3～4根胡蘿蔔、1束香草（包括1片月桂葉、1小枝百里香、2～3根歐芹❽、2根蒜苗白莖，全部紮成一束）、1大匙鹽、2.4公升（4品脫）水。

首先，將帶骨牛腩和帶肉小牛腿骨（如果買不到就用普通牛腱代替）放進容量約爲4.5公升（1加崙）的大鍋，加水蓋過，用慢火燒到微微沸滾；這時湯面會浮現一層灰色浮沫，用漏杓撈掉這層浮沫。接下來的20～30分鐘裏要重複撈幾次浮沫，這點很重要，一定要做到，否則熬好的湯就不會清澈且顏色好看了；等到浮沫轉爲白色而非原先的渾濁灰色時，就可以不用再繼續。接著，把削皮的胡蘿蔔、那束香草、切成兩半的番茄、鹽，以及洗淨但不去皮的整顆洋蔥加到湯鍋裏（洋蔥皮有助於湯色好看）。最後加水150毫升（1/4品脫），以補充撈浮沫而失去的水分，再蓋上鍋，將火調到最小，使得肉湯不會在大約4小時的熬湯過程中沸滾出來；每隔一段時間就要掀開鍋蓋看看情況是否良好，有否必要調整火的大小。

熬完4小時之後，先取出牛肉、小牛腿骨和蔬菜盛到盤子裏。

接著將漏篩架在深口容器上，漏篩裏放一塊濕的薄紗或雙層細紗，然後把肉湯倒入過濾。你會濾出2.2公升（4品脫）淡淡的淺黃肉湯，相當清，只有幾點浮油而已，嘗起來很有肉和蔬菜的鮮味。可以就這樣當作清湯端上桌，或者把熬湯的蔬菜切碎了加到湯裏，也可以加米到湯裏一起煮，使之變稠。也可以把湯留到第二天再用，到時可以把凝結的油脂去掉，重新加熱，用慢火燒滾之後再多滾兩下，使水分減少，味道會更濃（但不要過了頭，否則湯會變得

---

❽ 歐芹：parsley，共有兩種：一種爲台灣常見的皺葉歐芹，一種爲地中海區特有的扁葉歐芹，即義大利歐芹。烹飪可用常見的皺葉歐芹來代替扁葉歐芹。

太鹹)。要不還可以用來做煮醬汁的湯底。

以下是熬牛肉湯最簡單可行的做法,這也就是法國人所說的蔬菜牛肉濃湯(Pot-au-Feu),需留意防範以下錯誤:第一,鹽放得太多。第二,加入馬鈴薯或包心菜之類的蔬菜一起煮,會使得湯水不清。第三,加入味道太重的食材一起煮,例如迷迭香、鼠尾草等氣味很重的香草,及燻鹹肉的肉皮、火腿、檸檬皮諸如此類等等。還有第四點,加入任何人工色素類的東西或褐色著色劑肉滷汁,都會使得湯味變質而失真。放2~3片用烤箱烘乾的豌豆莢一起煮,倒是有助於熬出來的湯色。當然,等到湯熬好之後,你可以把它改造成其他任何你喜歡的湯,但除非你已經想好要怎麼運用這肉湯,否則最好還是不要先加進葡萄酒、大蒜等之類的調味料。

至於如何利用熬過湯的牛肉做成其他菜,請參見《法國鄉村美食》、《法國地方美食》和《夏日料理》裏的食譜〈牛肉沙拉〉、〈回鍋牛肉〉以及〈肉凍牛肉〉❾。

---

❾ 肉凍牛肉:boeuf à la mode,à la mode原意爲「合乎時尚」。此牛肉料理乃十八世紀期間出現,主要是將牛肉先用紅酒和香料醃過,先煎後加胡蘿蔔和洋蔥一起用文火煨。由於作者在書中所用英文名稱爲Cold beef in jelly,故在此譯爲肉凍牛肉。

番茄清湯・Tomato Consommé

*

這道湯簡單、便宜又清淡可口。

材料爲：1小根切成4段的歐洲防風；2根切片的胡蘿蔔；1瓣大蒜；2根洋芹菜；1小把新鮮龍艾（tarragon）或1小匙品質好的乾龍艾；幾絲番紅花蕊（saffron）；400公克（14盎司）義大利或西班牙的去皮罐頭番茄，或者750公克（1½磅）熟透多汁的地中海新鮮番茄；900毫升（1½品脫）水；600毫升（1品脫）雞高湯；適量鹽與糖；3個雞蛋白，用來沉澱湯渣使湯變清；1小匙馬黛拉酒⑩，最後可加到湯裏增添風味。

除了雞高湯、蛋白汁與馬黛拉酒之外，其餘材料全部放進一個容量大的煮鍋裏。如果你採用新鮮番茄（除非剛好是番茄當季，你可以買到眞正又甜又好的熟番茄，否則就不要費事去買新鮮的），就連皮等全部切成塊。放調味料要適度，譬如鹽和糖先各放1小匙，反正稍後還可以再加；然後加水，不用蓋鍋用文火煨40分鐘。在漏篩內部襯上一塊濕的雙層紗，然後過濾湯汁，任由湯水流過，但不要榨壓漏篩內的蔬菜。

將濾出的清湯倒回洗淨的鍋內，加入雞高湯，用慢火燒滾。蛋白要打兩三分鐘，開始呈現泡沫狀就倒進慢火燒滾的湯內，蓋上鍋，

---

⑩ 馬黛拉酒：Madeira，葡萄牙馬黛拉島所生產的著名葡萄烈酒。

用慢火熬到湯內蛋白凝結成硬塊煮得很透爲止。此時湯內原本的湯渣都會浮上湯面而附著於蛋白塊。熄火之後，先讓湯稍微涼一下，把襯有雙層濕紗的漏篩架在大湯盅或湯碗上，然後濾出清湯，湯色應該晶瑩如玻璃且呈現出美麗的琥珀色。

要端上桌之前重新熱湯時加入1小匙馬黛拉酒（不要在這之前加），必要的話再加一點調味料。用大湯杯分湯，應該夠分成5份。

◎附記

一、有個很不正統卻出奇奏效的清除湯渣法：把鍋蓋上後整鍋放進一個低温烤箱裏，任由它擺上一小時或更久。我第一次見到有人這樣做時很詫異（那是個摩洛哥廚子，我曾在馬拉喀什⓫跟他共事過很短時間），及至見到這方法奏效，詫異就轉為驚異。千萬要記住的是：除非蛋白已經煮成硬塊，否則做出來的清燉湯絕對不會真有晶瑩清澈的效果。利用烤箱是獲得此效果的好辦法，既不會喪失燉湯水分，又不用操心會失掉湯的清淡鮮美味道。

二、除了雞高湯之外，亦可選擇牛、小牛或豬等骨頭熬成的高湯，或者是魚清湯、濃縮魚汁。我再重複一次，不可採用濃縮湯塊，寧可用清水還比較好。

三、請勿試圖放雙份馬黛拉酒（你只會嘗到酒味而嘗不出其他味道）。要是

⓫ 馬拉喀什：Marrakesh，北非國家摩洛哥西部省名及該省省會名。

沒有馬黛拉酒，可以用白苦艾酒（white vermouth）或西班牙雪利酒(manzanilla)，或者任何不錯的雪利酒。

四、用一些香酥麵包丁⓬來配清燉湯是很不錯的，要不然就用切片好的麵包，淋一點橄欖油，撒些刨碎的格律耶爾乾酪⓭或巴爾瑪乾酪⓮，再用烤箱烤過以搭配清燉湯。

未發表過，寫成於一九七五年之前

西洋菜湯・Watercress Soup

*

如果你的食品室裏備有1公升多點（大約2品脫）的鮮美清雞湯或肉湯，那麼做這道西洋菜湯可謂既便宜又不花時間，而且非常清新可口。

其他要用到的材料是2把西洋菜、1大匙牛油、3大匙刨碎的巴爾瑪乾酪、2個生蛋黃。

首先將西洋菜沖洗乾淨，連莖等一起放在煮鍋裏，加入牛油，用慢

⓬ 香酥麵包丁：croûton，麵包或煎或烤成棕色後切成小塊，通常用來點綴湯、沙拉或其他菜式。

⓭ 格律耶爾乾酪：Gruyère cheese，瑞士格律耶爾和法國汝拉（Jura）所產的多孔質硬乾酪，乃做瑞士乳酪火鍋不可或缺的材料。

⓮ 巴爾瑪乾酪：Parmesan，義大利文爲Parmigiano，乃義大利巴爾瑪（Parma）所產的乾乳酪。

火燒幾分鐘，直到西洋菜逐漸軟化，像菠菜一樣分量縮小很多爲止。然後用漏匙撈出西洋菜，只留下菜汁在鍋裏。接著把西洋菜切碎，越碎越好，再放回鍋裏加上一點肉湯，燒熱之後邊攪邊加進巴爾瑪乾酪。

可以先在碗裏打好蛋黃汁，加一點熱湯混到蛋汁裏攪勻，再把混了湯汁的蛋黃汁徐徐倒入鍋中再度加熱，同時不停攪動湯，切勿讓湯燒滾，否則蛋黃會凝結成蛋花。

這道湯的濃稠度最多和奶油湯差不多。

未發表過，寫成於一九七五年之前

歐洲防風獨行菜⑮奶油湯・Pastenak and Cress Cream

*

這是道甜美可口的湯，吃慣了西洋菜湯和馬鈴薯湯，換換口味，很有新鮮感。 Pastenak 是中世紀英文拼法，其實就是歐洲防風，乃拉丁文 pastinaca 以訛傳訛的拼法。在義大利，歐洲防風依然稱爲 pastinache⑯，比 parsnip 一稱美多了，在我心目中永遠跟那永垂不朽的 Beachcomber⑰ 所創造的一個角色聯想在一起。

---

⑮ 獨行菜：cress，亦即Garden cress，學名*Lepidium virginicum L.*，又稱小團扇薺，嫩葉可食用。

⑯ 作者用的是複數拼法，如爲單數則仍爲 pastinaca，與拉丁文相同。

⑰ 作者此處所指不明，可能是英國某問候卡品牌。

這原本是道法國湯，我使用的材料爲：500公克（1磅）嫩歐洲防風（應該要有6根，但不要買那種大條角狀的老根，不但會浪費很多部分，而且做出來味道也不對）；600毫升（1品脫）稀薄清醇的雞高湯；1小兜獨行菜嫩葉；1小平匙米製澱粉或磨得很細的米粉，或者是馬鈴薯粉、葛粉⓲；適量鹽；60～90毫升（2～3盎司）奶油；一碗用清牛油炸過的麵包丁，做爲配湯料。

首先將歐洲防風刷洗乾淨，用一把小利刀或馬鈴薯削皮刀從蒂頭挖掉粗硬的核心部分。

接著將歐洲防風放進煮鍋內，加入冷水，水面要剛好蓋過歐洲防風。這時還不要放鹽，直煮到歐洲防風變軟爲止，大約25分鐘左右，然後用漏杓撈起歐洲防風擺在盤裏等待冷卻。煮過的水要繼續留在鍋內，應該有300毫升（½品脫）左右，這些水很有用，可以加到湯裏增添滋味。

等到歐洲防風涼得可以用手拿了，就能輕易搓掉外皮，不過我個人認爲無此必要；因爲用漏篩將防風根榨濾成糊狀的過程裏（或者可用攪拌機、食物處理機等將防風根打成糊狀），表皮自然會混合其中。萬一買到那種又老又硬的防風根，恐怕連當今那些食物處理機的銳利攪拌刀鋒也難以攪碎它們的核心部分，如果是這樣，通常我會建議把老硬的核心部分去掉。防風根核心部分尚嫩的時候，就像

⓲ 這幾種粉即太白粉之類，乃勾芡用。

骨髓一樣柔軟，帶有甜味，吃起來口感柔滑如牛油，是這道湯很重要的特色。

用不鏽鋼漏篩將防風根榨濾成糊狀，或用攪拌機打成泥狀，然後放進乾淨的煮鍋內，邊攪邊徐徐注入之前煮防風根的水以及高湯，並且加鹽調味，2～3小平匙應該就夠了，你可以自己嘗嘗味道再調整。

在小碗裏放1小平匙勾芡用的粉（不管你用的是哪一種），舀一點熱湯到碗裏將之調成糊狀，再倒回鍋中攪勻，使其發揮作用，令防風根糊和湯汁結合成帶點稠度的羹狀。

等到湯燒熱時，用剪刀將獨行菜帶葉的上半部剪碎攪入湯裏，最後再加奶油。

將已經先用清牛油炸好並以廚用紙巾吸乾餘油的麵包丁另外放在一個溫熱的碗裏，跟湯一起端上桌。

這道湯應該夠分成5大湯杯。

◎附記

一、如果你是事先做好湯打算第二天才吃，第二次加熱時湯會更稠，所以最好備有一點高湯或牛奶來稀釋。這道湯的稠度最多只跟流質鮮奶油差不多。

二、也可以用西洋菜取代獨行菜，但還是較適宜採用後者。

三、米澱粉（crème de riz）通常也標示為米磨粉，其實比我們一般所知的那種比較粗粒的磨米細得多。米澱粉和馬鈴薯粉（法文為fécule de pommes de terre）都可為這道湯勾芡，偶爾也能用來做蛋奶糊（custard）或其他甜醬料。兩者的使用量都很少，因此買一包就夠用幾年了。

未發表過，寫於一九八〇年左右

香料扁豆湯之一・Spiced Lentil Soup I

*

這道湯帶有東方風味，引人垂涎，很容易做，便宜又方便，可以變出很多口味來。

基本材料爲125公克（4盎司）普通赤扁豆以及2根洋芹菜莖。其他可以變化的材料爲：1個小洋蔥；2大瓣或4小瓣蒜；2小匙孜然芹籽（cumin），整粒或磨碎皆可；1小匙磨碎的肉桂；適量橄欖油或牛油；水或者高湯；檸檬汁；歐芹或乾薄荷；鹽。

至於鍋具，湯鍋、煮鍋或砂鍋均可，只要容量不少於3公升（5品脫）就行。首先在鍋裏放6大匙清牛油或印度酥油、淡橄欖油，或者放45公克（1½盎司）牛油，油熱了之後放切碎的洋蔥，炒到軟時再加入香料一起炒，炒透後放入壓碎的大蒜瓣，然後再放扁豆（不需事先浸泡過），接著放入洗淨切段的洋芹菜，每段大約5公分（2吋）。

待扁豆吸了油分或牛油之後，才注入1.5公升（2½品脫）水或高湯。高湯用小羊、小牛、豬、牛、雞、火雞或鴨等的骨頭熬成皆可。這時先不要放鹽，蓋上鍋繼續煮30分鐘左右，但不要用猛火。30分鐘後再放2小匙鹽，嘗嘗味道自行調整，然後再煮15分鐘。

這時扁豆應該已經完全煮軟了，就只差用磨盆⓳濾磨成豆泥或用攪拌機打成豆泥了。我比較喜歡前一個方法。

最後把豆泥湯倒回乾淨的煮鍋裏，加熱後嘗嘗味道再加調味料（或許需要再多加點磨碎的孜然芹籽，也可能要再撒點紅辣椒），邊攪邊加入1～2大匙歐芹末，或者加點乾薄荷，然後擠入足量檸檬汁就大功告成了。

香料扁豆湯之二・Spiced Lentil Soup II

*

如前述做法，但不加肉桂和孜然芹籽粉，改加1小匙印度香辣粉⓴（做法見154頁）以及1小匙整粒的孜然芹籽。印度香辣粉裏混有的豆蔻會使得整道湯的味道完全不一樣。如果不介意湯吃起來有粗粒的話，甚至不必將扁豆磨濾或打成豆泥，只需用一支木匙或打蛋器將

⓳ 作者此處指的是一種盆狀廚房用具，底為漏篩，盆中央有磨片與把手，可以將煮透的蔬菜或豆類等放在盆內，再轉動把手將之磨成泥狀，由底部漏篩落入承接的容器中。

⓴ 印度香辣粉：garam masala，乃辣味綜合香料，是許多印度菜的基本調味品。

之攪打成泥狀即可。如果要這樣做，最好只用900毫升（$1^{1}/_{2}$品脫）水來煮扁豆，等到打成泥狀後才加進肉湯。

未發表過，寫成於一九七三年

大麥奶油湯與大麥沙拉・Barley Cream Soup and Barley Salad

*

這是道一物兩吃的食譜，既可做出不費工夫又怡神的湯，又可做出風味絕佳的原味沙拉，而且全部可一次做好，也可說是解答了「如何善用火雞骨或雞骨熬出的高湯」這問題。

將125～180公克（4～6盎司）的大麥仁加到2.4公升（4品脫）火雞高湯裏，再加一點調味蔬菜如胡蘿蔔、1個洋蔥、洋芹菜、1～2個在火上烤過後對切兩半的番茄（可增加湯色）。蓋上鍋，用最小的火煮，如果你喜歡也可以放在烤箱內慢慢煨，至少要2小時。然後濾出湯汁，用漏篩榨壓一點大麥仁和胡蘿蔔、洋芹菜到湯裏，分量要剛好使得湯近似稀薄羹狀，然後再把湯加熱，加入一點鮮奶油、檸檬汁和幾滴雪利酒或馬黛拉酒。

用湯煮過的其餘大麥仁待濾乾湯水後再放到大碗裏，趁熱調味，加適量鹽、胡椒和肉豆蔻，再加3～4大匙橄欖油、1大匙檸檬汁或龍艾醋。在沙拉裏加幾粒綠色或黃色甜瓜丁（如果是夏天就加黃瓜丁），喜歡的話還可以加幾瓣橙肉。

這道沙拉食譜的構思源自布萊斯坦（Boulestin）的一道食譜，乍看之下覺得不可思議：煮過的大麥仁和橙……？然而在知味方面布萊斯坦是個讓人有信心的作家，無論他的食譜顯得有多怪異。他的食譜並不寫明分量也不寫做法，例如這道食譜就是。去年我試驗了他這個概念，用上述方法來煮大麥仁，用沙拉來搭配冷牛舌和雞肉一起吃，非常美味，令人食指大動，我認爲甚至比衆所周知用類似方式做出來的米飯沙拉還好吃。

《美酒與美食》，一九六四年冬

托斯卡尼豆湯・Tuscan Bean Soup

*

將250公克（½磅）白色菜豆（俗稱坎尼里諾豆㉑）或粉紅色的博羅特豆㉒放在冷水中浸泡一晚。

翌日，將瀝乾水分的豆子放入瓶甕狀的托斯卡尼陶製豆煲（fagiolara，見左頁）或高身的煲湯砂鍋，熬高湯用的大湯鍋亦可。然後注入約1.8公升（3品脫）清新冷水，水要淹過豆子。再加入3～4片月桂葉、1小匙乾的風輪菜㉓或羅勒葉㉔（托斯卡尼人用鼠尾草，我覺得氣味太重了）、3大匙果香濃郁的橄欖油。

蓋上鍋，用中火煮豆子，大約煮2小時。加1大匙鹽再繼續煮20～30分鐘，直到豆子完全煮軟爲止。

將一半豆子連同一半湯汁一起用磨盆濾成豆泥，或用電動攪拌機打成豆泥，但打的時間不可過長，免得豆泥表層浮現看來頗令人倒胃口的泡沫。將豆泥混入剩下的另一半豆湯裏，一大把歐芹和1～2

㉑ 坎尼里諾豆：cannellini bean，即白菜豆（white kidney bean、fagioli）。

㉒ 博羅特豆：borlotti bean，產自義大利，名稱很多，包括 cranberry bean 、saluggia 、 shell bean 、 salugia bean 、 crab eye bean、 rosecoco bean 、Roman bean 、 fagiolo romano 等。

㉓ 風輪菜：savory，分爲冬季風輪菜和夏季風輪菜，爲烹飪用香草，用途同百里香。

㉔ 羅勒：basil，紫蘇、九層塔均屬羅勒的一種，歐洲常用於烹飪者則爲甜羅勒。本書食譜所需的羅勒，亦可用台灣常見的九層塔代替使用。

瓣大蒜一起略爲切碎後加入湯內，再重新把湯燒熱。端上桌之前，加入1杓果香濃郁的橄欖油並擠1個檸檬汁到湯裏攪勻。

每個湯盤或湯碗中要放一片切好的鄉村粗麵包，或者是你可以取得的最近似此類的麵包。麵包要先用切片大蒜抹過並淋上少許橄欖油。

這鍋豆湯應該夠4人份。

《乾燥香料、芳香植物與調味料》，一九六七年

蕾拉㉕優格湯・Leilah's Yogurt Soup

*

優格湯在所有中東國家都很普遍，每個地區（可能該說每個家庭）各有大同小異的優格湯做法。我這道優格湯的做法源自於土耳其，分量夠4人份。

除了750毫升（1½品脫）清醇雞高湯汁外，其他所需材料爲30公克（1盎司）牛油、2大平匙麵粉、1個雞蛋、½個檸檬榨成的汁、適量鹽、肉桂、孜然芹籽以及乾薄荷、300毫升（½品脫）優格。

首先在厚重煮鍋裏將牛油融化，加入麵粉，用慢火加熱，不斷攪拌使其混合成糊狀，再徐徐注入溫熱的高湯，一直煮到嘗不出麵粉

㉕ 蕾拉：人名。應爲作者由此人習得此做法，故冠以其名。

味爲止。萬一煮得不夠均勻而結成粒狀，就倒出來過濾一遍，然後再倒回沖洗乾淨的煮鍋中，煮到燒滾爲止。

將蛋加入檸檬汁打勻，可先加一點熱湯到蛋汁裏再繼續打，然後才把蛋汁混入湯裏。這時才加入優格，盡量用最小的火來煮，絕對不可讓湯滾沸，有必要就加鹽，撒一點肉桂粉和孜然芹籽，很快攪勻，最後攪入約1大匙乾薄荷即成。

有個好辦法能讓加了蛋汁變稠的湯保溫但不至於滾沸：一等到湯熱到所需程度，就把煮鍋轉移到保溫電熱座上，亦即那種用來爲咖啡保溫而不滾沸的電熱座，既不占地方，用來爲醬汁以及湯類暫時保溫也實在好用得很。

未發表過，寫於一九七三年四月

優格

你不需要那些精巧電器也不需要「特別」的培養菌才能做出優格；不需要加了厚墊的盒子，或一般人提倡的那種「自己動手做」、複雜到令人難以置信的類似茶壺保溫套的恆溫器。我從來就沒本事自己做出一個，所以我很感謝有那些絕緣隔熱或保溫的容器來取代它們。反正我家裏有那種用來裝冰塊或野餐的容器，我還有一個很漂亮且配有木盒的老式溫度計，是專門用來做乳製品時使用的；而且我有個很大、又舊又厚重的長柄煮鍋可以煮牛奶。因此我向來不買任何製作優格的專用器具，更發現用電器來做優格是很乏味的事，還要善加收藏保養，實在是累贅。

功能最好的絕緣容器是膳魔師❶製造的那種「超級食物闊口壺」，不過Insulex牌製造的產品也很令人滿意。百貨公司以及其他很多店舖都有這兩個牌子的貨品。很多廚房用品店都可以買到製乳品過程中專用的溫度計，這是因應目前優格流行趨勢而產生的量器，因此溫度計上已標示出做優格的合宜溫度。Brannan牌也推出了一款廉價的優格溫度計。

我奉勸初學者開始時先用一兩個½公升（1品脫）大小的容器，以後有需要才再添購。

---

❶ 膳魔師：Thermos，商標名，源出於希臘文「熱」，此字後來成為所有保溫瓶、熱水瓶的通稱。

就我個人而言，我偏好用濃厚的澤西牛乳❷來做優格，但很多人偏愛用脫脂乳，這就看你是否要奉行低脂飲食方針而定了。

首先，用非常小的火將牛奶煮到剛好慢慢燒滾的地步，煮的過程中要不時攪動牛奶，目的是要減少牛奶的水分，這是做優格過程中相當重要的一環。原則上，牛奶應該煮到略少於原先分量的3/4，不過要是你沒耐性或時間看著火煮那麼久，還是照樣做得出優格的。牛奶一煮滾就立刻從火爐上拿開，攪動牛奶，然後把溫度計放在牛奶中，見到溫度降至攝氏54度（華氏130度），或者降到溫度計上標示的做優格的合宜溫度，就把保溫容器準備好，容器裏面要有一點現成優格；如果你是從頭做起的話，最好是放Loseley 或Chambourcy 牌子的優格❸。

接著將牛奶倒入保溫容器內，每600毫升（1品脫）牛奶加1大匙現成優格，邊加邊攪，動作要快而且要攪勻，然後扣緊保溫瓶蓋，這就大功告成了，大約4～6個小時優格就能做好（你不用特地把容器放到溫暖處或者通風的碗櫃這類地方）。

我幾乎總是在晚上做優格，然後就把保溫瓶擺在廚房桌上，到第二天早

---

❷ 澤西牛乳：Jersey milk，原產於英國海峽群島中的最大島澤西，含脂量高。

❸ 作者此處所提到的皆爲英國奶品公司產品。如今某些有機食品店就有現成優格菌出售，可以採用。有機食品店出售的這類「再生」優格只需在優格快吃完時，留一點底，加入牛奶混合後擺在室溫中一晚，第二天即成爲優格，牛奶並不需要加溫。但按照作者指示將牛奶煮濃後才做優格，做出來的口感會更好。

上再把優格改放到冰箱裹。剛做好的優格不能攪動，我不知道是什麼原因，但事實就是如此。反正，當你用含脂量高的牛奶做優格時，表層會凝結出很好看的奶皮，要攪破這層奶皮挺可惜的。

做優格切記的要點是：牛奶太燙或太涼就做不成。熱不能超過攝氏54度（華氏130度），涼也不能低於攝氏46度（華氏115度）。我想你若懂得用酵母發酵，很快就會摸熟做優格的竅門。當然，同樣道理，你要是經常做，就會用自己做出的現成優格來發酵做新鮮優格了。過不了多久你就會發現，自己做出來的優格比買到的要高明多了。

我相信有很多人認爲用低熱殺菌的牛奶做不出好優格，其實不見得。不過我得說，有一年在很多機緣巧合下，我設法買到了 Loseley 生產的未經殺菌處理的澤西牛乳，做出來的優格棒透了，風味絕佳。但是 Loseley 公司卻不用這牛乳來製造優格。首先，他們說大衆比較喜歡低脂優格；其次，用未經殺菌處理的鮮奶來做優格，就生意經而言是不划算的，因爲只要零星、無益的細菌就可能破壞整批產品，何況很多店舖也不願儲備這樣的產品。但若是有門路取得未經殺菌處理的鮮奶，絕對應該試試用這種鮮奶來做優格。

我還要補充一下，要是我打算花錢添購做優格的新器具，我會把錢花在買一個大的長柄不沾鍋來煮牛奶。還有一點：在我的時間無法配合等不及煮滾的牛奶變涼到合適溫度時，我會預先煮好牛奶，等到要做優格時再加熱到合宜溫度，這也不過花兩三分鐘而已。

◎附記

一、牛奶煮到水分減少後所做出的優格稠度會厚得多，如果只是一燒滾就關火放涼的牛奶做出的優格，就不及前者濃厚。

二、我最近見到很多優格做法中所指示的溫度都太低了，做不出好優格；而用來發酵的現成優格分量是每600毫升（1品脫）才放1小匙，分量也太少了，幾乎不夠起充分的發酵作用。

三、如果你的優格開始變得稀薄，就該去買一盒外面出售的優格回來，用它重新來做自己的優格。我發現大約每隔三個月才有此必要。精於家政算盤者會奉勸你，每次自製優格都得買一盒新鮮優格，用來發酵自製優格，理由是：如果用自己先前做出的優格來發酵，有可能會出現污染而壞掉。其實你只要蓋好優格，做每批優格時都很謹慎小心地用乾淨的調羹和容器，總之就跟製作所有乳製品的工作一樣，這是少不了的步驟，那麼你大可不必理會上述忠告。

《高級講習班》，一九八二年

沙拉和第一道菜

夏日綠蔬

假充高級排場的鑲酪梨（以色列人改良出來的無核酪梨形狀像一條肥肥的小肉腸，將會破壞其中的樂趣），以及盤據在一片萵苣葉上看了教人寒心倒胃口的融油肉醬，在這兩者之間，我們英國夏季月分裏還有什麼其他餐前小菜可選擇呢？答中了也沒獎，其實多著了！除了英格蘭地方美食如加料煮好的新鮮螃蟹、蘇格蘭的燻鮭魚和黑線鱈（haddock）燻魚凍之外，多得是賞心悅目又可口的珍品，眞正的珍品，例如新長成的紫芽球花椰菜❶、細長鮮美的法國四季豆、蘆筍等，煮好之後未完全涼透就端上桌，只需淋上最好的橄欖油和拌一點檸檬汁就很好吃。此外，還有比上述任何一種美食都更便宜的英國本土種筍瓜（courgette），這是自十九世紀末、二十世紀初大番茄被成功移植入英國後，唯一在這個國家裏成功種出的新蔬菜。

西歐國家是從希臘以及地中海東部諸國那裏學會如何吃這美味又很多做法的小葫蘆瓜類。但是說起來也夠妙的，我還是在一九三〇年代中期於馬爾他島❷首次知道有筍瓜這種東西。那筍瓜是我所見過最小的，還沒小手指頭長，我猜想是在戈佐島❸上種植的。吃法幾乎都是一成不變：連皮一起煮熟

---

❶ 紫芽球花椰菜：sprouting broccoli，綠花椰菜的品種之一。綠花椰菜有白芽球、紫芽球和綠芽球等品種。

之後，浸在加了乳酪調味的鮮奶油汁裏了事。那是道非常棒的菜，後來有很多年我一直試著自己在家裏做，但是採用的筍瓜實在太大了，無法整個煮。如今我認爲有很多更好的吃筍瓜的方法；義大利人、埃及人、希臘人、法國南部人，都各有一流的筍瓜食譜。我實在可以（但卻未必見得做到）寫出一本專談筍瓜食譜的書。眼下我且限制自己只寫三道食譜，各有不同做法和風味，但全都是令人垂涎又清爽的第一道菜（我無法要自己採用開胃菜 appetizer 或開頭菜 starter 這樣的用語；前者聽起來在上菜的過程中完全不搭調，後者讓我聯想到賽馬場裏手拿馬錶的男人）。

我認爲，所有筍瓜料理最好就按照食譜所提示的方法上菜，而不要混入其他冷盤或作爲配菜。筍瓜跟肉醬配在一起味道就格格不入；又或者像那些用生蔬菜如茴香、蘿蔔以及甜椒做成的沙拉（見71頁），也不宜跟筍瓜混在一起。

比較肯定的建議是：用一兩個煮得很老的雞蛋切片來搭配筍瓜混合沙拉。值得一提的是，新鮮斑節蝦（prawn）配筍瓜一起吃，風味絕佳，但是蝦要另外裝盤分開放。

其他方面，重點在於煮做沙拉的蔬菜時，時間要掌握得準確無比，以及該在何時用什麼來調味。我要提醒的是：這類沙拉做好之後，若在冰箱裏放

---

❷ 馬爾他島：Malta，歐洲島國，位於地中海中部，由馬爾他島爲主的群島組成。

❸ 戈佐島：Gozo，馬爾他群島之一。

上一小時，通常鮮味會喪失百分之七十五，所以不宜久置，只要做少量就好，並且要盡快吃掉。最後，上菜時的「賣相」要好，誘人的外觀的確引人開胃。一道菜（或任何一道菜）足以引人產生胃口，我才認爲夠資格稱爲「開胃菜」，不管這道菜是在哪個階段才上桌。

搭配沙拉的筍瓜做法・Courgettes in Salad

*

盡量買最小條的筍瓜，4人份大約要用500公克（1磅），其他所需材料是：適量鹽、水、橄欖油、檸檬汁或酸度較低的葡萄酒醋、歐芹。

切去筍瓜頭尾後洗淨，用削皮刀在瓜身上削掉一道道瓜皮，但不要全部削乾淨，而是削一道留一道，使得瓜身有深淺兩種綠條紋相間。

接著，將每條筍瓜切成約4公分（1½吋）的小段，放到不沾鍋或耐高溫的陶瓷煮鍋裏，加水淹過並放1中匙鹽。燒滾之後，蓋上鍋改用慢火煮20分鐘左右，然後用串扦❹叉起來嘗嘗（我發現那種一端護有軟木的串扦是不可或缺的烹飪小工具）。筍瓜此時應煮得軟嫩而

---

❹ 一般用來烤串燒的竹扦即可，甚至筷子也行。尤其是採用不沾鍋時更要注意，因爲金屬肉串扦容易刮壞鍋表層。

不爛，一煮好就馬上用漏盆瀝乾水分。

趁筍瓜仍熱時，拌以預先用很好的橄欖油、葡萄酒醋、鹽等調配好的佐料汁，再將筍瓜放在白色沙拉盆裏排列好，上菜前撒上一點歐芹末。

新鮮煮好的甜菜根、法國四季豆，還有去皮的整個小番茄，或者切朵的花椰菜等，要各自切成小塊，用同樣的佐料汁拌好，和筍瓜交錯排列在沙拉盤裏，不要亂七八糟混爲一堆。

當年埃及仍受英國保護時，開羅的英國家庭、英埃家庭以及英國俱樂部常可吃到這樣做法的蔬菜。煮得恰到好處的蔬菜拌以調得很好的佐料汁，這道冷盤不管作爲第一道菜或吃完烤肉、雞肉後才吃，都是道清爽可口的沙拉。煮筍瓜時千萬要小心，不要煮過了頭，不然筍瓜會變爛，不比煮給幼兒吃的包心菜好到哪裏去。

附帶一提：不用說，由於筍瓜的大小粗細各有極大差異，因此煮的時間也要各自調整。

檸檬筍瓜・Courgettes with Lemon Sauce

*

將很小條的筍瓜（500公克／1磅，此乃4人份）切去頭尾洗淨，但不要削皮，整條去煮；如果採用比較大條的筍瓜，就按照前述食譜的切法。用厚重的不沾煮鍋或小砂鍋來煮筍瓜，加4大匙橄欖油，水加到剛好淹過筍瓜的程度。大約煮30分鐘，或者煮到叉子可輕易戳入筍瓜但仍有相當結實感的地步，然後撒一點鹽和肉桂粉，再取出筍瓜瀝乾放到菜盤裏，留下瀝出的煮瓜水。

接著，用1大匙冷水調開1小匙太白粉（米澱粉、玉米澱粉或馬鈴薯粉皆可），注入約150毫升（¼品脫）煮瓜水，加熱到芡汁看來變稠且透明如膠，再把檸檬汁加入芡汁裏，淋在筍瓜上面。可先撒上一點歐芹末，等涼透之後才上菜。在各種筍瓜做法中，這道是少數可以在冰箱裏放短時間而又不致破壞風味的。

附帶一提：務必記住，在開始做所有冷盤時，要學學希臘人的方式，只用橄欖油而不要用牛油。

以下這道食譜乍看之下不太像第一道蔬菜類冷盤，但若耐心看完，就會明白這的確是一道蔬菜類料理（加上蛋），是可以當冷盤吃的。

焗烤筍瓜番茄蛋·

Tian or Gratin of Courgettes, Tomatoes and Eggs

*

這做法是我簡化了普羅旺斯鄉村料理「塡」（tian）的做法所變化出來的。「塡」是種圓形的陶製焗盆（gratin），用這種焗盆做出來的菜式統稱爲「塡料理」❺。可以用這種焗盆來烹調的食材變化很多，端視個人喜好口味以及家中和當地的相沿做法而定。固定不變的材料是綠蔬與蛋，而且幾乎總是少不了番茄，也常用到米或馬鈴薯。這種焗烤料理就如西班牙烘蛋❻或義大利烘蛋❼，經常作爲野餐時的冷食，或是午餐的第一道菜（甚至唯一的菜）。

請勿因爲見到下列食譜寫得很長而嚇得退避三舍，其實一旦摸到訣竅（而且絕對不難摸通），你會發現自己至少學會了三道菜的做法以及另一種做筍瓜的新手法。

我的焗烤料理做法所用的材料是：500公克（1磅）筍瓜；750公克（1½磅）番茄（在英國可用500公克／1磅新鮮番茄，其餘分量則以義大利去皮番茄罐頭及其汁補足）；1個小洋蔥；2瓣大蒜；如果當季就用新鮮羅勒，要是在冬天就用乾的馬郁蘭❽或龍艾；4個大雞蛋；1把（約3大匙）刨碎的巴爾瑪乾酪或格律耶爾乾酪；1把略爲切碎的歐芹；適量鹽；新鮮磨出的胡椒；肉豆蔻；混合過的牛油與橄欖油，用來煮筍瓜和番茄。

以上分量應該夠4人份，但材料的比例特意不列得很清楚，這是因

---

❺ 可用時下耐熱玻璃器皿代替。事實上，如今烹製焗盆料理都用這類可放進微波爐的玻璃陶瓷。

❻ 西班牙烘蛋：tortilla，混入材料煎成的圓形蛋餅，最常見的是混入馬鈴薯小塊。這種蛋餅通常厚達3公分左右。

❼ 義大利烘蛋：frittata，與西班牙烘蛋類似，可放不同材料與蛋汁混合煎成厚蛋餅。

❽ 馬郁蘭：marjoram，*Origanum maiorana*，或稱甜牛至，牛至屬。

爲焗烤料理在本質上原就是看手邊有什麼材料就怎麼做。譬如，手邊只有250公克（1/2磅）筍瓜，那麼就可以變通加入4大匙煮好的飯或同樣分量的煮熟馬鈴薯丁來補足整體分量。

首先洗淨筍瓜，削掉瓜皮上瑕疵部分，但不用削去瓜皮。每條筍瓜先縱切成四條，再橫切成1公分（1/2吋）小塊。把筍瓜丁放進厚重煎鍋、三腳燒鍋或焗盆內，撒上一點鹽，不要放任何油，然後用非常小的火去煮，等到鹽使得筍瓜加熱後逐漸滲出汁液，就用鍋鏟將筍瓜丁翻面，並放入約30公克（1盎司）牛油，接著再放1～2大匙橄欖油。蓋上鍋，用中火將筍瓜煮到軟爲止。

煮筍瓜的時候就可以準備番茄。用滾水淋在番茄上然後剝皮，再將番茄切成大塊。洋蔥去皮切碎。在砂鍋或你通常用來做番茄泥醬汁、醬汁的鍋子裏放入極少量牛油或橄欖油，油燒熱後再放碎洋蔥炒到軟，但不要炒到變成焦黃。接著放入番茄塊，調味後再加入去皮壓碎的大蒜。不用蓋鍋，用慢火煮到蒸發了相當水分爲止。此時再加入罐頭番茄，連同汁可以增添佐料汁的顏色、濃度，以及不可或缺的甜美味道。最後撒一點你選擇的香料，讓番茄佐料汁煮到分量漸減變稠爲止。

這時將筍瓜混入番茄佐料汁裏，並倒入塗了牛油或橄欖油的焗盆內。按照這道食譜的分量，可用一個直徑18公分（7吋）、高5公分（2吋）的焗盆。

要是焗盆沒有附蓋子，就用一個碟子蓋住焗盆，放進中溫（170°

C／325°F／煤氣爐3檔）烤箱內烤30分鐘左右，直到筍瓜相當嫩軟爲止。

大功告成之前的最後一道手續，是把乾乳酪加到蛋汁裏打勻，再加入足量調味料（別忘了加肉豆蔻）以及碎歐芹。

把這加料蛋汁混入焗盆內的蔬菜，烤箱溫度調高到180～190°C／350～375°F／煤氣爐4～5檔，待蛋汁烤到發起來，焗烤料理表層轉爲金黃色爲止。所需時間爲15～25分鐘不等，視不同因素而定，例如焗盆的深度、混合蔬菜的相對密度、雞蛋的新鮮程度等。

要是打算冷卻後才吃，就連同整個焗盆涼透後再將料理取出改放到菜盤或餐盤裏，這時它應該轉爲很好看的餅狀，發得很均勻且潤而不乾。吃的時候切成三角楔形狀，每塊裏層可以見到鑲嵌般的淺綠、米黃小塊，並有歐芹的深綠色和番茄的金紅色點綴其間。

如果要帶焗烤料理去野餐，可以連焗盆一起涼透，或者倒出來放在菜盤裏涼透也行。無論用哪一個方法，都要先用防油紙蓋住焗盆料理，再用另一個盤子蓋住，然後整個放在乾淨的白布上，對角綁成包袱狀。

法國四季豆沙拉・French Bean Salad

*

嫩而細長的法國四季豆，只需摘去頭尾不需撕掉豆筋的那種，可以做成最可口的原味沙拉，而且放在前述那道混合蔬菜沙拉中，亦跟筍瓜相得益彰。

以每人份125公克（4盎司）法國四季豆爲計，水加鹽燒開後放入四季豆開始煮，最多煮7分鐘，然後取出四季豆瀝乾水分，趁熱加入預先調好的橄欖油、檸檬汁拌好；如果覺得不夠鹹，還可以再放一點鹽。除此之外不要再花心思想還可放什麼佐料，因爲這道沙拉的特色就在於簡單的調味以及四季豆本身的鮮美味道。

開飯前再做這道沙拉，味道最好，因爲這沙拉不宜久放。

青椒沙拉・Sweet Green Pepper Salad

*

我初次吃到下列做法的甜椒沙拉，是在前往法國南部普羅旺斯途中，駐足於歐宏桔（Orange）市的一家旅館裏。

當那個擺了各式生蔬菜沙拉❾的大托盤端到桌前時，即使是在這個以第一道菜新鮮出色聞名的地區，也分外引人垂涎。那都是些常見的各式生菜、番茄、黃瓜、生胡蘿蔔絲、綠橄欖和黑橄欖、鯷魚等，青椒沙拉則切成很細的絲，乍看之下還以爲是切碎的法國四季豆。做這道沙拉一點也不複雜，但要隨心所欲做出想要的分量，倒是要花點時間摸索。

做這樣一道3～4人份的混合小菜，需要1個重約200～250公克（7～8盎司）的大青椒，外加少量洋蔥、鹽、糖、橄欖油、醋、檸檬汁、歐芹。

先切掉青椒蒂莖，挖去核心和籽，沖洗乾淨。然後將青椒橫切成約3.5公分（1½吋）長條，再將這些長條盡量切成最細——長度不及一根火柴。把青椒絲放進大碗中，加極少量切得很細的洋蔥絲（分量最多1大匙），放進足量的鹽，加一點點糖，接著再放3大匙橄欖油、1大匙葡萄酒醋，擠入一點檸檬汁，撒上一些歐芹。盡可能在吃之前1小時或更早就先做好，因爲甜椒用佐料醃上一陣子再吃，味道較好。

希臘特有的羊乳酪菲塔（feta）幾乎總是作爲開胃小菜或第一道菜，配以茴香、上述甜椒絲、蘿蔔以及時鮮蠶豆，風味絕佳；尤其時鮮蠶豆更是剝掉豆莢就可擺在盤裏端上桌。吃這種原始風味的夏日盛宴，應該搭配海鹽以及做得很好的粗麵包。

---

❾ 生蔬菜沙拉／生食鮮蔬：crudités，通常是將胡蘿蔔、芹菜、黃瓜、番茄以及其他可以生食的蔬菜切好之後，跟配好的醬料一起上菜，以蔬菜蘸醬來吃，不同於沙拉是拌好佐料汁食用。

《美酒與美食》，一九六九年六月／七月號

葉菜沙拉

在春天或初秋去過威尼斯的人，都會記得餐廳裏那些令人驚豔又別具一格的沙拉，以及里奧托（Rialto）市場裏眾多形形色色的生菜和綠蔬。

那些生菜有很多都是英國人不常見到的，例如苦苣就有三、四種，沒有一種跟我們所知的苦苣相似。有一種玫瑰紅苦苣產於義大利北部的特列維梭，稱爲特列維梭紅苦苣（cicoria rossa of Treviso）；還有一種產自法蘭哥堡（Castelfranco）的苦苣白中透粉紅，葉緣如褶（以上這兩個城鎮都位於維內多省）。另外還有一種劍葉苦苣，葉子綠而細長；第四種則像一般常見的萵苣（這麼說只是爲了便於記憶）。這四種苦苣在義大利文裏全都稱爲 radicchio ，切勿把它們跟蘿蔔 ravanelli 搞混，雖然後者的葉子也可以當生菜食用。

有些生菜是中看不中吃，點綴功能好過味道，最顯著的例子就是漂亮的玫瑰紅苦苣；而綠色的苦苣則味道較淡，帶點苦味。另外還有一種較令人感興趣的生菜葉 rugeta [10]，在威尼斯稱爲 rucola（不管是魚類、香蕈或蔬菜，幾乎所有的威尼斯食物名稱都跟義大利其他地方不同）這種小葉片的生菜帶有辛香味，在英國一度很常見，稱爲rocket（芝麻菜），在法國稱爲 roquette ，在希臘則爲 rocca ，在德國爲 senfkohl ，意爲「芥菜香草植物」。除此之外還有野

---

[10] 此處作者拼字似有誤，rugeta應爲 ruchetta 之誤。

苣（lamb's lettuce，威尼斯語稱爲 gallinelle ，法文叫做 mâche）與一種嫩綠鋸齒狀的小葉片生菜，市場上的賣菜婦稱之爲小生菜（salatina）。

這些市場上的生菜都是分別裝箱，很有技術地一箱箱堆疊排高，看起來鮮明乾淨，等著論秤出售（在義大利買生菜都是以公斤計，而不是論棵算）。此外也可見到一箱箱爽脆的茴香、綠葉帶紫的朝鮮薊（artichoke）和深綠色的筍瓜——亮麗的金黃色花朵依然附在瓜蒂上。

在道地的威尼斯餐廳裏（而非旅館裏的餐廳，你在那裏進餐很可能得忍受英國式萵苣和番茄拌以過於精練的橄欖油），你會見到一大盆各式葉片混合的生菜沙拉，排列得宛如放在桌上裝飾的盛開牡丹，非常新鮮又令人開胃（說來很有意思，義大利人沒幾個有本事把花插得雅致，但在陳列食物方面卻都能使出最精妙的巧藝）。當你點一道沙拉時，服務生會把其中這樣一個沙拉盆送到你桌上，替你把沙拉拌好；佐料汁會用帶有果香味的橄欖油，很有品質（在義大利北部幾乎難得見到品質差的橄欖油），在維內多還會使用一種很好的淡紅色玫瑰紅酒醋。總而言之，你會有一道很像樣的沙拉，既賞心悅目又令你食指大動，精神爲之一振。

一九六九年初夏，我的一個姊姊初次造訪威尼斯，當地的各類生菜實在太令她驚豔了，結果我們就去菜市場把所有可以買到的生菜種籽全都買齊了。

其中一些生菜種籽，尤其是芝麻菜（拉丁學名*Eruca sativa* ，以前英國人常在花園裏種這種植物），那年夏天在我姊姊靠近 Petersfield 的鄉間別墅花園裏長得非常好，在威特島（Isle of Wight）的另一個花園裏卻長得像野草似的，直到深秋還有。酸模⓫、野苣、扁葉歐芹、粉紅苦苣等，從這花園裏源源不絕而出，所以在那年的溫暖夏季以及奇蹟般少見的漫長秋季裏，我們幾乎每天都能大快朵頤吃到新鮮如春的生菜。英國蘿蔔罕見地爽脆好吃，馥郁的英國蠶豆使得食品雜貨店裏嗅起來宛如豆圃，荷蘭豆甜美可口到生吃起來像某種獨特新口味的雪糕。此外還有那些令人心醉的生菜，當然不是完全道地如威尼斯所產，卻自有其美味，而且是外面買不到的（即使在威尼斯，我們也無法整個夏季都吃到這些生菜，因爲天氣太熱，這些多葉的小生菜到五月底就沒有了，要到秋天才會再出現）。

田園沙拉・Garden Salad

*

長葉萵苣（cos lettuce）、酸模葉、芝麻菜、野苣、扁葉歐芹（這種歐芹有各種不同稱法：法國歐芹、義大利歐芹、希臘歐芹）、細香蔥或綠蔥葉，總之任何你喜歡的新鮮綠葉生菜香草植物，或者是你園中所種的，都可以是這道食譜的材料。

先以不鏽鋼廚用剪刀將萵苣葉剪成寬條狀，洗淨瀝乾水分；將幾片嫩酸模葉也剪成條狀（如果葉片很小就整片使用）。用一個淺身大

⓫ 酸模：sorrel，原產於歐洲與亞洲的多年生植物，有清爽的微酸味，通常用來拌沙拉。

碗或大湯盤來拌生菜，並加進一把剪碎的野苣、細香蔥與法國歐芹。

沙拉端上桌後，才淋上果香馥郁的橄欖油和酸度較低的葡萄酒醋，並加入一點鹽和糖調味，然後拌勻生菜。由於已經混有帶辛香味的芝麻菜，所以不需要再加胡椒。

各種生菜混合的分量比例完全視個人喜好以及手邊有哪些材料而定，例如你可以不用芝麻菜而改用幾片金蓮花⓬的葉子，因爲這種葉子也帶有辛香味。將很小很嫩的甜菜根新鮮煮好，去皮切片，趁溫熱濕潤時拌好調味料，然後加到沙拉裏，非常美味，可說是錦上添花。切記要先拌好生菜沙拉，最後才加上甜菜根。

鮮脆的蘿蔔切成小圓片，也是另一種很可口的「加料」。

這類沙拉完全以當季的生菜和香草爲主，要抱著信手拈來的隨緣態度去做。如果刻意加入那些都會沙拉的花樣例如酪梨、一瓣瓣橙肉、切片甜椒等，使這道沙拉成爲「大製作」，就會完全失去鄉村風味的特色了。

未發表過，寫於一九六九年

⓬ 金蓮花：nasturtium，金蓮花科，一年生草本植物，原產地在南美洲祕魯等地。有著蓮花似的葉子，開著紅、黃、橘等鮮豔的花朵，帶有辛辣的芥末味，歐洲國家使用於料理的歷史十分悠久。

由此可以看出過去三十年來我們的食物有了多大改變——起碼有部分要歸功於伊麗莎白・大衛的啟發性文章。她所描述的生菜如今大部分都可買得到了，儘管時下有些生菜實在淡而無味，但是苦苣、芝麻菜和獨行菜依然令人大快朵頤，野苣也還是有頗清甜的味道。仍舊難買到的則是義大利稱之為「小生菜」的多種小葉片生菜混合，法國稱為綜合生菜⓭。

吉兒・諾曼

生食鮮蔬⓮

今年英國的春天狂風暴雨寒意襲人，綠葉生菜和芳香菜葉因此遲遲未上市，直到五月我才在鄰近的蔬菜店裏見到本地產的長葉萵苣；同一天又見到從法國南部進口的第一批新鮮蠶豆，在另一家店則見到一箱小棵茴香，價格是大棵茴香的一半，但價值卻勝過後者一倍（只有馬才有辦法讓牙齒咬進那些圓鼓鼓的大球，它們大得跟椰子似的，硬度也跟椰子差不多），再加上一把西洋菜和一個檸檬、海鹽以及托斯卡尼橄欖油，我就有一切所需材料了，可以爲兩個客人做一道清新的夏季沙拉。

說得明確些，其實這不是我做出來的沙拉，而是一道「生食鮮蔬」，這個名稱的眞正意義並非另一種大同小異的尼斯風味沙拉⓯，也不是各式各樣一

⓭ 綜合生菜：mesclun，此類生菜是以當季各種不同生菜葉片混合成一類出售。
⓮ 同注❾。

年到頭都有但不相配的或生或熟的小菜。這種吃法就只是每人面前各擺一小碟馬爾東⑯鹽，還有一小盅沒有混任何佐料調味的橄欖油。

嗯，我想大概會有很多人認爲那一大盤東西簡直是兔子飼料而敬謝不敏（幸運的兔子，明智的兔子），但這大盤東西卻爲我們帶來深深的喜悅。說實話，我在那幾家店裏找到的沙拉材料的確相當普通，然而照樣可憑著原味取勝，不亞於那些昂貴難得的蔬菜，這不免使我想到沙拉原就不該是要按照固有規則和食譜來做的料理。最好的沙拉就跟最好的煎蛋卷一樣難以捉摸，只有在某些情況下才做得出來，例如有材料但分量不太多的時候、天時地利人和的情境下、有可以趕快吃掉的機會時、有充分自信敢讓沙拉無花巧地示人之時。

計算這樣，加進那樣，衡量其他……，大費周章所做的沙拉，幾乎還不如隨手在大碗裏搭配幾片新鮮生菜綠葉做出來的好。越是信手拈來做成的沙拉，最好趁早吃掉。佐料汁視沙拉而定，我實在看不出制定配製規則怎麼可能行得通。其實更須依賴的條件是你有什麼橄欖油、醋的品質如何、你是否喜歡放大蒜，以及沙拉包含了哪些材料。不過有兩個重點我倒是很肯定：要是你有很好的義大利或普羅旺斯的初榨橄欖油⑰，用這樣的好油胡亂混些酸味物質、糖、胡椒和芥末醬，可眞是暴殄天物；而把它混入佐料汁放到冰箱

---

⑮ 尼斯風味沙拉：Salade Niçoise，有多種做法，典型材料爲番茄、鯷魚、熟雞蛋、萵苣、法國四季豆、黑橄欖等。

⑯ 馬爾東：Maldon，英國沿海城市，位於Essex，中世紀起便以產鹽聞名。

儲存，在我看來也是同樣有欠考慮的做法。需知道，調配新鮮佐料汁所花的時間，比起讓冰凍的佐料汁恢復到室溫所需的時間要少得多了。

Willaiams-Sonoma小冊，一九七五年

食譜

歐芹沙拉・Parsley Salad

*

1大把歐芹切碎，1個新鮮洋蔥切成碎末，1個大檸檬果肉切粒，全都一起放在盤子裏，淋一點檸檬汁，加一點鹽，拌勻即成。

香橙沙拉・Orange Salad

*

將幾個橙剝皮切成大塊，去掉果核，加幾匙橙花露（orange flower water）拌一下，然後撒一點肉桂粉。這道沙拉吃起來令人心曠神怡。

---

⑰ 初榨橄欖油：first pressed olive oil，即不加熱、不使用化學物質壓榨出的第一道油，酸度不超過1%。亦稱Extra Virgin橄欖油。

長葉萵苣沙拉・Salad of Cos Lettuce

＊

將1棵碩大的長葉萵苣切碎，2個橙擠汁灑在碎萵苣上，加1小撮鹽和胡椒拌勻。這道拌生菜風味奇特而且很清爽。

未發表過的食譜，寫於一九六〇年代

安茹沙拉・Angevin Salad

*

這道賞心悅目的沙拉最宜在吃過烤火雞或烤閹雞後享用。

材料包括2棵萵苣、捲葉菊苣或闊葉菊苣⓲的菜心部分；250公克（1/2磅）格律耶爾乾酪或艾曼塔乾酪⓳；拌沙拉用的橄欖油和葡萄酒醋。

生菜一定要新鮮爽脆，預先洗淨瀝乾，將格律耶爾乾酪或艾曼塔乾酪（後者孔洞很大，前者孔洞很小）切丁，和萵苣葉一起放進大碗，用6大匙橄欖油配1小匙（最多2小匙）醋調成佐料汁，上菜之前才淋在沙拉上。

如果不用橄欖油，可以改用圖罕恩⓴的清淡胡桃油來調佐料汁，跟乳酪結合後賞心悅目且引人垂涎。

《乾燥香料、芳香植物與調味料》，一九六七年

⓲ 闊葉菊苣：Batavian endive，或稱escarole。

⓳ 艾曼塔乾酪：Emmental，或拼爲Emmenthal，原產自瑞士Emme谷一帶而得名，爲多孔硬質乾酪。

⓴ 圖罕恩：La Touraine，位於法國羅亞爾河流域，中心城市爲Tours。

蔬菜類

多此一舉的壓蒜泥器

據那些英國餐廳指南所說，去到溫德米爾（Windermere）湖畔，在名廚約翰・托費❶創立的米勒・豪（Miller Howe）酒店餐廳吃飯，感同一口氣看完整套華格納四部歌劇〈尼伯龍根的指環〉。也許是吧！不過最近托費出版的新書《蔬菜盛宴》倒沒有什麼走火入魔的跡象。他的食譜基本上是守舊的，創新的部分則在調味方面，而且是很有用的創新：胡蘿蔔可以加芫荽❷籽或葛縷子❸，甚至加青薑調味；橙汁和橙皮可加到刨絲甜菜根裏；馬沙拉酒❹搭配烤過的杏仁薄片，能使得筍瓜面目一新，別具新風味；苦苣或比利時苦苣❺加橙汁用文火煮，並加入刨碎的橙皮；根芹菜（celeriac）湯可以加橙汁和刨碎的橙皮調味；還可以把根芹菜、筍瓜、馬鈴薯混合之後，用平底鍋煎成餅狀，對不吃肉的人來說是很有用的食譜。另有一道同類食譜是用個別模具來做的：胡蘿蔔、蕪菁煮熟之後，加入榛子、蛋黃、鮮奶油，用洋蔥鹽（這是

---

❶ 約翰・托費：John Tovey，英國名廚，1971年創立米勒豪酒店，有多本著作，並曾主持電視節目。

❷ 芫荽：coriander，又名香菜、胡荽。

❸ 可用茴香子代替。

❹ 馬沙拉酒：Marsala，產於西西里島馬沙拉的葡萄酒。

❺ 比利時苦苣：Belgian endive，形狀如小棵長形包心菜，亦俗稱苦白菜。

我根本可以不用的東西）和磨出的薑泥調味，打成糊狀，再摻和打成泡沫狀的蛋白。一個個蛋糕小烤模裏要先塗上牛油，排好萵苣葉，再把上述混合好的材料分別倒入烤模，擺入已經燒熱的烤箱，烤熟後將菜糕倒出，準備上桌。他食譜裏提到的溫度皆分別用華氏、攝氏以及煤氣爐檔指數標示出來，烤的時間也是仔細摸清楚後才列出，其中很多道食譜更是列出三種時間以供選擇，端視想做出哪種口感的蔬菜而定；包括爽脆（crisp，托費先生極力避免用crispy這個很愚蠢的字眼）、結實以及軟嫩。

談到大蒜這個主題時，托費先生可就深得我心了。他所說的準備大蒜方式，已經使人覺得花錢買這本書很值得。那一段文字眞應該放大複印並裱框，放在全國各地禮品店出售，來點化一些執著於花俏小工具的廚子。從前村舍客廳牆壁上多半掛有金句裝飾，例如「神就是愛」或者「酒能提神卻能令你喪志」等等，托費先生這段話就是這類一針見血之語，值得掛著警惕。諸位，請留意他所說的：「壓蒜泥器根本就是多此一舉的用具，在『無用』這方面我給它打滿分。」

進一步說，我認爲壓蒜泥器既可笑又可厭，效能其實正好跟買主所期盼的相反。榨掉了大蒜汁並不能減輕大蒜的強烈氣味，只會使之更濃縮而加重。我常奇怪爲什麼用這鬼東西的人沒留意到這一點並隨即把這玩意扔進垃圾桶；也許他們留意到了，但卻不肯承認。

再回到約翰·托費所說的話：這樣的大蒜加進料理，所追求的均勻滋味也就「一場糊塗」了。完全同意！其實，只要用厚重菜刀的刀面略爲壓一下去皮大蒜就可達到效果，然後在這壓扁的蒜瓣上摁一點鹽，這樣就夠了。比起從抽屜裏取出壓蒜泥器豈不是快得多？還不提用完之後得要花的清洗工夫。我曾經開過廚房用品店，常常奉勸顧客不要買壓蒜泥器，卻往往白費唇舌。我當然察覺到人家一心想浪費錢買小玩意時，我卻勸他們不要買，通常會惹人反感，認爲我愛指揮別人、無知又要干涉他們。如今可謂吾道不孤了。

現在來談談我不以爲然之處。在我看來，如果說高級餐廳的烹飪有什麼不得當而破壞了蔬菜湯風味，那就是經常很沒必要又不可取地採用雞或肉熬的高湯做湯底。約翰・托費就只用雞或火雞跟蔬菜熬的高湯來做每一道湯，從蘆筍、筍瓜、茴香、菊芋到歐洲防風、玉米、番茄、蕪菁，全都如此。我想酒店餐廳裏每天要負責供應各式人等的飲食，這情況是難免的；但如果是家常烹飪，這種慣常做法恐怕很快就單調得令人受不了。這也是爲什麼高湯塊如此可厭之故：它們爲每一道湯帶來很假的相同味道。我雖然不能充分強調很多蔬菜湯最好根本不必使用任何高湯，但事實上的確如此，這並不是烹飪上偷不偷懶的問題。多年以前，我從書上學到不要用高湯煮菊芋糊，以免減少並扭曲了菊芋糊本身難以形容的奇特、誘人味道。一兩年前，雷蒙・柏朗（Raymond Blanc）還在牛津的四季（Quat' Saisons）餐廳當主廚時，我在那裏吃過一道南瓜羹，那道湯羹讓我很樂意每隔一天就吃一次。柏朗告訴我，他創出的這道美食，湯底是用非常清淡的蔬菜高湯做的——這個訊息似乎非常值得廣爲傳播。

《Tatler》，一九八六年二月

「塡」料理

最簡單易做的夏日料理中，有一種是把混合的蔬菜加上蛋汁放在不加蓋的砂鍋或焗盆裏，然後用烤箱烤熟，普羅旺斯方言稱之爲「塡」。「塡」原是做這種料理用的陶製焗盆，「塡」料理名稱因此而來。做塡料理並沒有特定的常規，就像做尼斯風味沙拉一樣，可以有很多變化，概念在於用一定比例新鮮煮好的綠蔬如菠菜、牛皮菜（法國人稱爲blette那種）❻等。如果你喜歡的話，還可以加馬鈴薯或米飯充實分量，然後像做煎蛋卷一樣跟打勻的蛋汁混合，使料理烤出來得以飽滿。材料的分量比例要看你有哪些在手、焗盆大小，要做幾人份等因素而定。可以用洋蔥、大蒜、鯷魚、酸豆❼、刨碎的乾酪（通常採用格律耶爾乾酪或巴爾瑪乾酪、荷蘭乳酪）等作爲額外添加的調味，大量切碎的歐芹及其他新鮮香草植物也是很常見的配料，有時還會加進香氣撲鼻的番茄佐料汁混合。如各位所見，塡料理其實是一種很棒、很有變化彈性的料理，這不只是因爲它做出來很漂亮，冷熱皆可吃。事實上，它是法國南部阿爾勒（Arles）、亞維農（Avignon）以及艾克斯－翁－普羅旺斯（Aix-en-Provence）一帶的鄉村傳統野餐料理，家家戶戶各有不同做法；有的只是把蔬菜混合乳酪，上面加一層麵包粉，根本就不加蛋汁烤，不過我認爲這種做法最好是趁熱吃。我最喜歡的做法則是用筍瓜、馬鈴薯和蛋做成，或

---

❻ 牛皮菜：spinach beet、chard，又稱爲莙菜、根刀菜、莙薘菜等。

❼ 酸豆：caper，原產於地中海沿岸的多刺灌木，花蕾形狀如豆，可醃成泡菜，常用來佐生鮭魚。

者用菠菜、馬鈴薯和蛋來做。

筍瓜塡料理・Tian of Courgettes

*

250公克（8盎司）筍瓜；250～350公克（8～12盎司）馬鈴薯帶皮煮熟；歐芹與刨碎的乾酪各尖尖2大匙；如果剛好有菠菜或酸模，就取幾片菜葉；1小瓣蒜；適量鹽、肉豆蔻以及新鮮磨出的黑胡椒；5～6個雞蛋；約4大匙橄欖油。

以上的材料分量需要用一個直徑20公分、高5公分（8吋×12吋）的陶製焗盆，做出來的塡料理應該夠4～6人份。

首先，將煮好的馬鈴薯剝皮切成丁，放到陶焗盆裏，加上2大匙橄欖油、切碎的大蒜、適量鹽和黑胡椒等，不用蓋鍋，直接放進低溫烤箱裏，溫度調到150°C／300°F／煤氣爐2檔。可以趁著烤馬鈴薯的時間準備煮筍瓜。最好的方式就是把筍瓜洗淨，切去頭尾，不用削皮，只需修掉瓜身瑕疵就好。筍瓜不要切片，用不鏽鋼刨子刨成粗條，接著就放進煎鍋或闊口炒鍋裏，加2大匙橄欖油（如果你比較喜歡牛油也可以），撒適量鹽，蓋上鍋用慢火煎5分鐘。

這時把蛋打進大碗裏，打到呈泡沫狀，再加進切碎的歐芹以及其他你手頭現有的新鮮綠蔬，譬如西洋菜、萵苣、菠菜、酸模等，不用先煮過，只需用廚剪將之剪碎就行。接著放進乾酪、鹽、黑胡椒、肉豆蔻等，然後再放熱熱的筍瓜。最後加進馬鈴薯丁，但動作要輕，以免弄碎馬鈴薯丁。把這一大碗混合物倒入焗盆裏，在表層淋一點橄欖油，不用加蓋，再放回烤箱裏，將溫度調到190°C／375°F／煤氣爐5檔。

讓這道焗烤料理烤25～30分鐘，直到烤熟且鼓漲起來爲止。此時表層應該是很悅目且令人垂涎的焦黃色。如果要吃熱的，就由得料理繼續留在焗盆內，只需對角如切蛋糕般切成三角楔形狀即可。如果打算吃冷的，就讓它先在焗盆裏涼透了才整個倒在菜盤裏。如果準備帶去野餐，則整個連焗盆涼透後用盤子蓋住，然後用布包住打結成包袱狀。

填料理雖然算是粗菜，純屬家常便飯，但卻色、香、味俱全，切開時實在很悅目，有著點點綠色的香草葉菜、方塊馬鈴薯，以及黃色的蛋，很典型的地中海風味，可說是很値得讚美的獨創料理之一。這就要感謝一代又一代的鄉下農民和廚子了，由於他們想方設法盡量善用自家菜園和農圃提供的現有資源，才得以創出這些料理。

◎附記

混合填料理的材料時，最好趁蔬菜很熱時跟打好的蛋汁混合，重要的是，一混勻就倒入焗盆，馬上放進烤箱裏。否則擺太久的話，蛋汁往往會向上浮起，烤出來的填料理就會出現上下兩層，而不是渾然一體的餅狀。

番茄筍瓜塡料理・Tian with Tomatoes and Courgettes

*

這個有點變化的做法需要先準備味道十足的佐料濃汁，方法如下：500公克（1磅）番茄去皮切小塊，或者新鮮番茄與罐頭番茄各半搭配使用；加入橄欖油和1～2瓣大蒜，喜歡的話還可以放點洋蔥；再加一點野生馬郁蘭（亦即牛至），也可換個口味改爲龍艾。

用慢火將佐料汁煮到水分減少且變濃，再把煮好的筍瓜拌入其中，然後將打好的蛋汁、乾酪、歐芹等跟番茄筍瓜混合，按照前述方法來做塡料理。

這道塡料理有番茄的金紅色與筍瓜的綠色，就跟上一道塡料理一樣好看。此外還有另一種大同小異的做法：焗烤筍瓜番茄蛋料理，請見67頁。

菠菜馬鈴薯塡料理・Tian with Spinach and Potatoes

*

將500公克（1磅）菠菜洗淨，略煮一下，水要剛好淹過菜葉。加一點鹽調味後撈出瀝乾，用手擠掉菠菜的水分，然後粗剁一下。喜歡的話可以加一點大蒜，以及5～6條切成小段的鯷魚。拌好後放入打好的蛋汁、乾酪混勻，接著加入馬鈴薯丁，按照前述方法來烤這道菜。要是有幾粒松子，還可更增添這道塡料理的美味和獨特風味。此外，若不用馬鈴薯可以改用白飯。做這樣分量的填料理，大約用100公克（3½盎司）的米煮成白飯就夠了。

焗烤筍瓜飯・Gratin of Rice and Courgettes

*

這是一道非常不同的料理，比任何一道塡料理都更鮮美又清淡可口。

做4人份的材料需要500公克（1磅）筍瓜、100公克（3½盎司）牛油、2大匙麵粉、½公升（18盎司）牛奶、3大匙巴爾瑪乾酪或格律耶爾乾酪、4大匙上等白米、適量鹽、胡椒與肉豆蔻等。最後還要一點額外的牛油以完成這道料理。

按照第一道塡料理的做法來準備筍瓜，刨絲煮好，但只用一半分量的牛油來代替橄欖油（如果筍瓜單獨成爲一道菜，這就是很棒的做法，不過你得有一口大平底鍋才行）。

剩下的牛油加上麵粉和牛奶，可以做成很美味的貝夏梅白醬汁❽，加入適量調味料，別忘了也加一點肉豆蔻。等白醬汁煮得均勻而柔滑時，就把筍瓜放進去拌勻。

---

❽ 貝夏梅白醬汁：béchamel sauce，由法王路易十四的總管Louis de Béchamel 轄下廚師所發明，用牛奶加麵油糊煮成，爲許多醬汁的醬底。

水燒滾後先加鹽，再放米下去煮，煮到依然堅硬的程度就好。

準備一個塗了薄牛油的焗盆，大約20公分×5公分（8吋×2吋），將煮好的米跟白醬汁筍瓜混合，倒進焗盆裏，輕輕抹平表面，再撒上巴爾瑪乾酪，然後加一點點牛油碎粒。

將烤箱調到中溫，約為170°C／325°F／煤氣爐3檔，烤15～20分鐘；要是混好的材料是涼的，那就烤30分鐘。烤好的焗烤料理表層應該呈現淡金黃色而且冒泡。

我第一次吃到這道焗烤筍瓜，是在艾克斯－翁－普羅旺斯附近Rians村的客棧吃午餐時。那已經是二十年前的事了，我卻依然記得那頓飯。首先端上來的是很典型的普羅旺斯小菜：肉醬、番茄沙拉、橄欖、幾片乾肉腸等；然後筍瓜料理單獨上菜，沒有其他配菜；接著是砂鍋牛肉，鍋裏的燉牛肉熱辣辣嘶嘶響，整個砂鍋端上桌由得我們自行取食。吃這樣一頓飯，不免期望後面跟著送上來的是水果或者冰淇淋，哪知不是這兩者，而是一小盅最美味的自製綠甜瓜果醬。順便一提，燉牛肉並沒有加任何蔬菜一起燉，我們就用附帶供應的好麵包把砂鍋裏的燉牛肉汁都抹得一乾二淨吃掉，這就已經很完滿了。

《Søndags B-T》，丹麥，一九七六年六月

紅與黑（Le Rouge et le Noir）

但凡茄子連皮做出來的料理都會呈現黑色，看來很誘人又引人注目，鮮有例外。就某種程度而言，紅酒燉牛肉裏的黑橄欖、魚子醬和松露❾、鋪滿葡萄葉的鍋裏用橄欖油煨著的牛肝蕈與扁平野菇，以及用魷魚墨汁來煮魷魚，效果莫不如此。後者在義大利北部乃配著鄉野風味的金黃玉米糕一起吃，映入眼簾的色彩效果非常炫目，吃在嘴裏滋味無窮又奇特，到威尼斯以及亞德里亞海岸若見到這道料理，很值得大膽嘗試一次。

我想，一兩個世代前的英國人初次領教普羅旺斯蔬菜雜燴（ratatouille）時，必然也有冒風險之感。這種蔬菜雜燴主要的材料是洋蔥、茄子、甜椒，以及普羅旺斯進口的番茄。令人難忘的名稱和搶眼的外觀就有如此大的威力，起碼據艾恭・羅內先生❿的餐廳指南所說，普羅旺斯蔬菜雜燴已成了切爾西⓫的「區料理」了。如果眞是這樣，那最好還是任由我們那些切爾西餐廳廚師們自行發展出地方招牌菜吧！別太操心他們那套做法難以被人認出跟普羅旺斯做法有關。

要是想換換口味，做一道名稱同樣吸引人、但做法和做出來的菜卻比較不傾向農鄉風味的料理，那不妨來做波希米亞蔬菜雜燴（bohémienne）。這道

---

❾ 松露：truffle，生長於山毛櫸或橡樹根部的結節菌，具有強烈香味，爲蕈類中的珍品。

❿ 艾恭・羅內：Egon Ronay，英國著名的美食評論家。

⓫ 切爾西：Chelsea，位於英國倫敦市西南部的住宅區，爲藝術家和作家聚居地。

菜倒不是世界上最了不得的地方料理，它和上一道菜其實是同一族，只是分量較輕，沒有那麼大堆頭，工夫也沒那麼煩。這是道紅綠色彩的料理，而非黑與棕，盛行於普羅旺斯北部內陸地區而非南部地中海沿岸。它還有一個別名叫 barbouillade ，就跟 ratatouille 稱法一樣，令人望文而想見其意── 畢竟這個字眼在法文中只不過是「胡亂湊合、雜燴」之意。

波希米亞蔬菜雜燴的材料可以有許多變化，但大致如下：

4大匙橄欖油、250公克（8盎司）洋蔥、2個小的紅甜椒或青椒、1瓣大蒜、500公克（1磅）筍瓜、250公克（1/2磅）去皮番茄、適量鹽、一點新鮮的羅勒或歐芹。

做法則跟普羅旺斯蔬菜雜燴差不多，按照上述列出的蔬菜次序先後下鍋，用橄欖油一起煮，慢火燉45分鐘左右。

我第一次見到這道料理是在普羅旺斯北部地區嘎普（Gap）的餐館裏，老闆告訴我，波希米亞蔬菜雜燴和普羅旺斯蔬菜雜燴的最大分野在於前者不加茄子。荷內・如沃（René Jouveau）最近出版的《普羅旺斯民間傳統料理》是本落足成本的豪華精裝書，但他的確花了很多心血細究米斯特哈⓬詩中提到的每一道地方菜以及其他許多料理。他書中列出了一道波希米亞蔬菜雜燴食譜，按這食譜的做法，茄子反而是這料理的「根本材料」。該書完全沒有提到普羅旺斯蔬菜雜燴（嚴格來說，我認爲普羅旺斯蔬菜雜燴應該算是尼斯風味

⓬ 米斯特哈：Frédéric Mistral，1830～1914，法國詩人，畢生致力於振興普羅旺斯語言和文學，獲1904年諾貝爾文學獎。

的料理，對致力於振興普羅旺斯語言和文學的作家協會會員⓭而言，尼斯根本就不屬於普羅旺斯)，很有可能波希米亞蔬菜雜燴根本就是典型法國南部蔬菜雜燴的內陸區做法。

作者們視之爲經典而提供的意外食譜總是令人深感興趣。講到艾斯科菲耶⓮的作品，我就很記得他提到的一點：原來他是普羅旺斯人，出生在阿爾卑斯－濱海區的維拉諾佛－魯貝村（Villeneuve-Loubet），並在那裏度過了童年時光。他出版了《烹飪指南》以及其他很多烹飪書籍，後來還寫過許多文章，從中可窺見他並未對寒微童年所吃過的鄉下菜忘情；厭倦於自創的高級精緻料理之餘，他深深懷念起童年吃過的簡單粗食。如今地方料理大興，尤其他家鄉普羅旺斯的料理更是風行一時，相信他一定很樂見這情景。

艾斯科菲耶所做的甜椒與洋蔥的混合醬料，介乎印度式甜辣醬與配冷肉吃的佐料醬之間，不知道是否改良自普羅旺斯食譜（其風味有點令人懷想起義大利風味的炒甜椒 peperonata）？還是從其他來源學到而創作出來的？又或者完全是他自創的？總之，這種與眾不同、別具一格的醬料，令我非常感興趣。艾斯科菲耶只把它稱爲「配冷肉吃的甜椒」，在他那本《我的料理》（*Ma Cuisine*）裏可以找到這道食譜；此書由Flammarion出版社於一九三四年出版，

⓭ Félibriges：指Felibre會的會員。該會成立於1854年，宗旨爲維護普羅旺斯語作爲文學語言的純淨性，並促進法國南部地區的藝術。

⓮ 艾斯科菲耶：Georges-Auguste Escoffier，1846-1935，被譽爲近代的「至尊大廚」。

正好在作者於八十九歲高齡去世的前一年。

艾斯科菲耶在一八九八年創立了培肯工廠，這味醬料卻從未在該工廠裝瓶生產出售。我住在埃及期間，這道醬料成爲我的最愛之一。製作材料在當地唾手可得，既便宜又普遍，用來配當地肉類料理更是相得益彰。不過我自己的做法略爲簡化，也不再跟艾斯科菲耶的做法相似了（他這道食譜收錄於拙作《英倫廚房中的香料》一書）。

我的做法需要材料如下：2個肉厚而熟透的大紅甜椒（約500公克／1磅）、250公克（8盎司）味道溫和的西班牙洋蔥⓯、500公克（1磅）熟透的番茄、1瓣大蒜、125公克（4盎司）葡萄乾；鹽、薑粉（或用刨碎的乾薑）以及牙買加胡椒（allspice）、肉豆蔻衣（mace）、肉豆蔻各半小匙；250公克（8盎司）白糖、4大匙橄欖油、150毫升（1/4品脫）上等葡萄酒醋。

首先將洋蔥切末，用橄欖油炒到變軟，再加入切碎的甜椒（先洗淨，挖去核蒂和種籽）、鹽和香料。煮10分鐘後加入去皮切碎的番茄，以及葡萄乾、大蒜、糖，最後放醋。蓋上鍋，用最小的火起碼煮1 1/4小時。煮這道醬料應該用大湯鍋，而不要用煮果醬的闊口鍋。這醬料不會煮成像果醬般（我認爲根本就不應該如此），否則會變成另一道棕色料理，可套用動聽的法文稱法叫它mordoré。

把這醬料裝在有旋蓋的闊口瓶裏，可以保存兩三個星期，不過我每次做出的分量，也沒足夠撐到可以知道它是否還能在架上擺更久。吃冷羊肉和牛

⓯ 味道較不刺激的大洋蔥即可。

肉配這醬料最好。

至於古代「黑黝黝」的料理，我想羅柏・梅（Robert May）一六六〇年的著作《精湛廚師》裏，有道食譜〈帶有黑色的派餅餡〉很值得參考：

將三磅洋梅乾⑯以及八個好蘋果⑰削皮去核，加些波爾多紅酒⑱、整片肉桂皮、薑片、一小束迷迭香、糖、兩顆丁香，一起用文火煮。煮好涼透後混入玫瑰露（rose-water）和糖，調勻後再濾壓。

這種混合果醬是用來做派餅的餡，可能還跟其他不同顏色的派餅一同出現在斯圖亞特王室的餐桌上。梅是位別具慧眼的作家，對於精心裝飾的手法很有鑑賞力（例如用一小束鍍金迷迭香來裝飾奶油點心、以一片片濃縮鮮奶油做成包心菜造形）；書中也列出了黃、白、綠以及紅色派餅餡的做法，全部都用水果為材料。紅餡的材料包括榲桲、蘋果、櫻桃、覆盆子、小檗果（barberry）、紅醋栗、甜醋栗或紫李⑲。事實上，梅所提到的絕大部分水果餡都屬於果醬，儘管有很多是用水果乾或加工保存的水果做成的，如杏桃、榲桲、油桃、桃子和洋梅子（plum）等。

最近我在杜林⑳看到並買下一樣東西，想來羅柏・梅必然會喜歡，那就

---

⑯ 洋梅乾：prune，港澳稱為「西梅」。

⑰ 此處指可用於多種烹飪用途的 pippin apple。

⑱ 作者使用的原文為claret wine，乃英國人對法國波爾多紅酒的稱法。

⑲ 紫李：damson，其名意為「大馬士革梅子」，亦有譯為大馬士革李、布拉斯李。

是黑色的糖醃水果。其實那只是胡桃㉑，趁青綠未熟之時就採收了，在加工保存的過程中逐漸變黑變軟。這些胡桃上沾了糖，散發出丁香味，宛如一塊塊縞瑪瑙，是杜林那些甜食店裏絕無僅有的特色美食，杜林就是以這類甜食店著稱的。

《旁觀者》，一九六三年十月四日

曼圖亞菜蔬（Erbaggi Mantovani）

巴托羅梅歐・斯泰法尼的《烹飪巧藝》（*L'arte di ben cucinare*），於一六六二年在曼圖亞㉒首次出版。斯泰法尼是波隆那人，曾經拜他那位廚藝高明的伯父爲師學藝。這本書寫好出版時，他已是曼圖亞貢扎加公爵府裏的大廚。當時那個家族的輝煌興旺早已成爲過去，但依然有能力偶爾大擺筵席宴客。《烹飪巧藝》的第三版於一六七一年出版，附有〈補編〉，描述了斯泰法尼參與過的某些盛宴，其中一個場合是一六五五年十一月瑞典女王克麗絲汀來訪時。斯泰法尼在書裏提到，他一手負責所有喜慶裝飾用的冷盤，還大顯身手製作了大量壯觀的「勝利者」糖偶㉓，並展現出鋪麻桌布褶飾的本領。然而總的來說，斯泰法尼當年主廚的貢扎加公爵府吃得似乎頗爲節省，因此他列

---

⑳ 杜林：Turin，義大利西北部城市。

㉑ 或稱核桃。

㉒ 曼圖亞：Mantua，義大利西北部城市。

出的食譜少有用料很多或做法複雜的菜。事實上，跟那些與他同時代的名廚著作相比，例如英國羅柏．梅於一六六〇年出版的《精湛廚師》，以及法國拉法翰（La Varenne）在一六五一年出版的《法國廚師》，斯泰法尼的食譜幾乎更接近現代風格，尤其突出的是有很多令人感興趣的蔬菜料理，以及不少種很不凡的醬汁與開胃醬（relish），而水果都在其中扮演了重要角色。

義大利人熱愛蔬菜水果，運用這兩者的技巧也與日俱增，從阿匹修斯㉔那時期一直到一五七〇年斯卡皮的權威著作《作品》出版，期間所有的烹飪手冊，以及由十六世紀以降到十七世紀末盛極一時的「炊事服務業者手冊」之類的出版物，莫不明顯可見烹製蔬菜水果技巧之增長。然而在斯泰法尼的作品中，卻顯然有一種新穎、純屬個人風格的探討。他挑選食材就跟遣詞用字一樣用心，深思熟慮地將它們組合在一起，所用分量都秤過並明確說明，做法也解釋得很清楚。他熱愛自己的工作，並以所從事的職業為榮。他致力於實現作品扉頁上所應許的：「指導較不專精者」做出好菜的巧藝。「這本小書，」他對讀者這樣說：「不是出自專校的學堂，而是來自於廚房。」的確，這本書讀起來像是他伴著大小鍋子和爐火、各式香料盒和菜刀、秤、漏篩濾器等寫成的。他編寫此書時，耳中彷彿聽到那時代所有廚房裏能夠聽到

㉓「勝利者」糖偶：trionfi（複數），類似中國的捏麵人技巧，乃用糖做成的造型，以歷史或神話故事中的勝利角色為藍本，故稱之trionfo (單數)，即「勝利、凱旋」之意。大小不一，擺在宴會上為裝飾。

㉔ 阿匹修斯：Marcus Gavius Apicius，生於西元前25年左右，為古羅馬皇帝的御廚，據說有兩本烹飪著作傳世。

的聲音，以及用重杵在龐然乳缽裏搗研的聲響。在十七世紀的義大利，這種寫作特色很不常見，因爲自從一五七〇年之後，只有斯卡皮那本權威大作直接談到烹飪實務，而且是由職業廚師所寫；其他作者都是專業醫師、煉丹術士、科學家、農藝及園藝專家等。尤其所有炊事服務業者以及專職在餐桌上負責切肉者，全都對家務有話要說，有些還挺長篇大論，然而這些人沒有一個像是對廚房的實際情況有所掌握者。廚房可是有別於配膳室㉕，後者是調配沙拉、冷盤、甜品和水果之處。似乎自從多門尼科・羅摩立（Domenico Romoli）所著的《獨樹一格論》在一五六〇年初版並於一五七〇年再版以來，情況就如此了。

以下是幾道精選自斯泰法尼《烹飪巧藝》裏的蔬菜食譜，除了〈什錦香葉湯〉選自一六七一年版的〈補編〉，其餘都刊印在一六六二年最早的版本中。

㉕ 配膳室：Credenza，原爲文藝復興時期放貴重餐具的餐具櫃，在義大利文意爲用來擺待嘗而後上菜的食物廚櫃。英文爲pantry，原意指儲存麵包處，引申爲廚房與餐室之間的配餐室、備膳室。

食譜

茴香濃湯・Minestra di Finocchio

*

清除茴香不可食用的部分，用冷水洗淨，再用蔬菜清湯煮過，然後切成可以一口吃下的大小，放進上釉的容器。加一點閹雞熬成的清湯，燒熱後放幾顆醋栗、1杯鮮奶油。將2盎司（60公克）玫瑰露浸泡過的松子用乳缽搗爛加到湯裏，再把4個蛋黃加檸檬汁打勻，也加到湯裏使之變稠。麵包片要先用牛油炸過，鋪在湯盤裏，然後把茴香湯倒在麵包片上。這樣一來你就有了最美味的蔬菜濃湯，要趁熱吃，並撒一點肉桂粉。

什錦香葉湯・Minestra d'erba Brusca e di Boraggio e cime di Finocchio e cime di Bieta

*

酸模、琉璃苣、茴香、甜菜苗，將這四種香草蔬菜不可食用的部分除去，用大量水洗淨，切碎。分量多寡要靠自己的眼睛判斷，因爲只有自己才知道要做的濃湯分量是多少。全都切碎之後放進雙柄湯鍋裏，加入閹雞清湯或者牛肉清湯，只要淹到菜的一半就夠了，不要淹過它們。然後把鍋放到炭火上，湯燒滾時就成絕頂美味了。

至於調味方面，可用4個鮮雞蛋並適量刨碎乾酪，照前述說明過的方式去做。如果喜歡加點蘆筍尖也可以，但要先用水煮過，取出後隨即浸入很涼的冷水裏，如此一來便可除掉它們那股怪味。有很多廚師也用同樣方法先煮過那些新鮮香草蔬菜，然而這樣反倒去掉了最好的部分，因爲他們棄去了香草蔬菜滲出的香液，使得它們少了些芬芳和益處。

炸嫩瓜・Zucchi Tenere, o Zuccoli da Friggere

*

歐南瓜去皮切片，撒鹽使之出水變軟，濾掉水分後將瓜片層層堆疊，加上重物壓住，以便榨出水分。然後仔細將瓜片沾上麵粉，放進鍋中用清牛油榨熟取出，並準備好佐料汁，方法如下：

將少許羅勒、1～2片鼠尾草葉片、幾粒茴香籽放進乳缽中一起研搗，每1磅瓜配以4盎司（125公克）軟乳酪，以此推算出所需的乳酪分量，放進乳缽裏跟其他材料搗勻，然後加入酸葡萄汁（verjuice）調稀。酸葡萄汁要先加水稀釋，此外什麼都不要加。要是酸葡萄汁未曾稀釋，可以加入2盎司（60公克）糖和4個打好的蛋黃汁。把這混合的佐料放進隔水燉鍋裏，加入3盎司（90公克）牛油，煮時要時常用木匙攪拌，及至煮成了羹狀，便將佐料汁均勻地淋在炸瓜片上，等涼了撒上肉桂粉才吃。

如果是用橄欖油炸瓜片，佐料汁做法也還是按照上述步驟，但不要用軟乳酪，而要改用浸了酸葡萄汁的麵包粉；香料則可用同樣那些；雞蛋要改爲杏仁漿，煮汁過程還是一樣。瓜若比較大條可以切成長方片，像嵌肥肉㉖的形狀，誠如我所說，這種炸瓜片也可以做夾心材料。做小餡餅也行，要是善於運用的話，可以變化出很多不同菜式，甚至成爲炸瓜宴。

茄子料理・Vivanda d'aventani

*

儘管茄子在義大利文裏有個很罕見的名稱——罕見到阿韋葉（R. Arveiller）寫他那篇長達十九頁的文章〈茄子之法文名錄〉時似乎都沒聽過；那篇文章必須提到許多義大利和加泰隆尼亞㉗的茄子稱法，刊登在一九六九年第三十三卷《羅曼語言㉘學期刊》㉙——

㉖ 嵌肥肉：lardon，用細條薄肥肉（通常爲豬肥肉或培根肥肉）嵌到比較乾的肉塊裏，以便烹煮出來多汁、柔嫩且味道更好。嵌肥肉的工具稱爲 larding needle（嵌肥肉針）。

㉗ 加泰隆尼亞：Catalonia，分別位於今日西班牙東北部地區與法國南部地區。

㉘ 羅曼語：自拉丁語衍生，屬於印歐語系。此語系主要包括法語、義大利語、西班牙語、葡萄牙語、羅馬尼亞語。

㉙ 作者注：在此要特別感謝 Swansea 的 C. A. Stray 先生，他看了我刊登於《膳食瑣談》第九期那篇關於茄子的文章〈瘋狂、惡劣、受輕視又充滿危險性〉後，很熱心地寄了這篇文章的複印本給我。

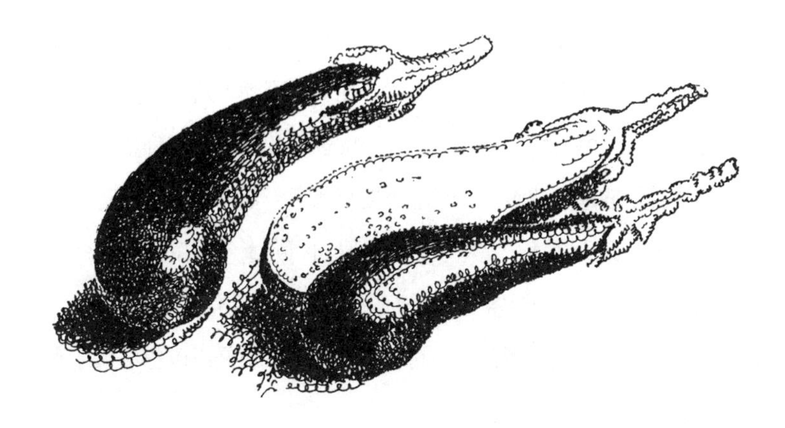

但斯泰法尼這道茄子食譜倒是別出心裁，也容易視情況而自行調整做法。食譜裏也同時告訴我們，這種果實當時是在修道院園圃裏栽植的，至少在義大利北部是如此；而讀者對茄子還不熟悉，因此需要特別著墨描述。我想斯泰法尼所用的茄子名稱，並非源自那個如今已廢用的字 avelenoso，此字意指「會造成傷害的、有害的、有毒的東西」；他所用的名稱應該源自aventare，意謂「吹起風、使之充滿、使之鼓漲」，或者由該字的分詞 aventani 演變而來，意謂「刮風的、被風吹得漲滿、鼓起的」㉚。由斯泰法尼所述看來，他處理這種果實很小心，但也不像前人那樣步步為營：

「茄子是在園圃中栽種的某種果實，方濟嘉布遣會修士、方濟修規會修士之流都很擅長種茄子。茄子長成之後轉為紫色，光滑如象牙，去皮時要很小心，去皮後剖開去籽，再把茄子切成小塊，浸在冷水中，至少要換兩三次水，以便除去茄子本身的苦味。從水中取出茄子瀝乾水分後，放到鍋裏或其他大小合宜的器皿裏，淋上橄欖油，加入鹽和胡椒，放到炭火上煮，並經常攪動。茄子煮熟之後，按照每磅（500公克）茄子配3盎司（90公克）甜杏仁的分量，把所需的甜杏仁放進烤爐裏烘，小心不要烘焦了。烘過的杏仁用乳缽搗碎，加一點肉豆蔻、一點糖，分量多寡自行判斷，再用酸橙的橙汁調和，倒入裝茄子的容器裏，把茄子煮成一道菜而且要趁熱吃。

如果你想用牛油來煮茄子，可依前述方式，但是不用杏仁醬汁而改爲放巴爾馬乾酪，並撒一點肉桂。」

我按照斯泰法尼所講的大致步驟做過很多次茄子，但略去了他所推薦的浸冷水步驟，因爲我發現，如今的茄子已不需要在烹調前去除苦澀味了，也不用再去籽（我在一份與斯泰法尼同時期的西班牙手稿中也見過同樣令人心驚的指示），我根本就沒考慮過要做這種工夫。

至於佐料汁配方，我發現3盎司（90公克）杏仁配1磅（500公克）茄子的分量比例太高了，尤其斯泰法尼採用的似乎是1磅等於12盎司（350公克）量制；所以其實1½盎司（45公克）杏仁配上2個塞維亞

㉚ 作者注：取自弗婁里歐（John Florio）的《文字世界》（1611年和1688年版），以及《義大利文大字典》（1972年版）。或許値得一提的是，弗婁里歐對於斯泰法尼的 aventani 提供了另外一個可想像的來源詮釋。他認爲該字源於 aven-ticcio ，即異國人、外地人，指沒有固定在一處定居而來來去去的人，諸如此類。

橙㉛的橙汁看來恰到好處。在此特別提醒一點：酸橙汁加一點糖調成的佐料汁，跟用甜橙汁但不加糖而改加檸檬汁做出的效果相比，前者的風味實在比後者好太多。因此我奉勸各位：除非能有酸橙在手，否則不必花心思嘗試做這道料理。不過話說回來，要是能鍥而不捨找出某個令人滿意的解決辦法，也是值得的。撒一點深受喜愛的波斯調味辛香料：紅棕色的舒馬克㉜，或許能爲單純的檸檬與甜橙汁混合杏仁帶來所需的酸味芬芳；又酸又甜的石榴汁也可以。說來挺遺憾的，像斯泰法尼這道如此美妙的茄子料理，一年之中也只有幾個星期才能吃到眞正風味，因爲英國只有在那幾個星期才可以買到塞維亞酸橙。

順便一提，我認爲這道茄子吃冷盤比趁熱吃要來得好。而且我還發現，煮茄子時加一點跟歐芹一起切碎的大蒜末，能大大提升風味，幾乎是不可或缺的步驟。

㉛ 塞維亞橙：Seville orange，產於西班牙南部塞維亞的酸橙，不宜當生食水果，一般都用於做果醬或烹飪。產季在一月下旬左右，只有數星期。

㉜ 舒馬克香料：sumac，以中東地區所產的sumac漿果做成的香料粉。

芹菜料理・Vivanda di Silari

*

去掉洋芹菜葉以及綠梗部分，只保留靠近根部約半個手掌長度的洋芹菜心，然後放入冷水中洗淨。先在爐上燒好一鍋清湯，湯燒滾時把洋芹菜放到鍋裏煮到半生熟，再撈起放到乾的器皿內，擠些檸檬汁在洋芹菜上，加些壓碎的胡椒；同時備好炒鍋，在鍋裏放些牛油。洋芹菜通常都是論棵出售，而不是論大小和重量；然而由於本來就有大小之別——有些地區買到的洋芹菜，就是比其他地區的大棵洋芹菜還要大；而有些地區的洋芹菜比較小，即使最大棵洋芹菜也比其他地方的中等大小還要小得多——因此各位必須自行判斷，以便調整以下所列出的材料分量比例。

以1棵重達2磅（1公斤）的洋芹菜來說，準備方式如前述。先用慢火燒熱炒鍋，再視個人喜好放進剁碎的五花臘肉（ventresca di porcc）或者五花醃鹹肉（panzetta，同樣部位的豬肉，但加工不同），快煎透的時候才放洋芹菜下去。另外用6個新鮮蛋黃加檸檬汁跟以下材料打成蛋汁：2盎司（60公克）細糖、6盎司（180公克）用醋泡過且去梗的熱那亞㉝酸豆，以及3盎司（90公克）壓碎的松子，打勻之後全部倒進鍋裏，用很小的火煮到有點凝結起來如同凝乳（cagliata）般。把盤子準備好，盤裏鋪好麵包片，麵包片要先用大蒜瓣擦過並

㉝ 熱那亞：Genoa，義大利西北部港市。

撒上蒜末，然後用牛油炸過。將煮好的洋芹菜頭連汁倒在蒜味炸麵包片上，再撒一點巴爾馬乾酪以及肉桂粉點綴。

這道口味細膩又精緻的菜要趁熱吃。

◎附記

或許很適宜在此談談義大利食譜中 cagliata 的正確意義。

通常英國譯者所指的「凝結」是分開的那種狀態，譬如煮過頭的奶糊、加蛋汁煮稠的佐料汁所出現的「蛋花」等，這種說明曾使很多人大惑不解。這也難怪！我很確信，當初記下食譜的人腦子裏並沒有意思要後人把他們所教的醬汁煮成蛋花湯一般。cagliata 這個字其實比較貼近描述平滑、羹狀、蛋汁煮稠的醬汁或奶糊，義大利或西班牙的烹飪語言中沒有這種術語，法文裏卻有，亦即 prise，而跟這個法文意思最接近的的則是 cagliata 或 quagliata，這些字眼的第二層意思是凍結、凝結、結塊，你要解釋成像檸檬酪（lemon curd）那樣的奶凍也可以；但絕對不是凝固，畢竟它沒有到凝結成固體的地步，至少沒有刻意如此。最近我在一份十七世紀的食譜手稿上見到這個術語的英文相關用法，充分說明要「把蛋白打到凝結程度為止」。

有個很好的例子是斯泰法尼的一道食譜：加杏仁漿去煮的〈歐南瓜蔬菜濃湯〉(一六四三年版，第511頁)，足以示範說明 quagliata 的意思並非通常所以為的「凝固」。那道食譜提到切片的歐南瓜要先用清雞湯或小牛肉清湯煮過，再用煮肉的清湯為湯底，加入杏仁漿和酸葡萄汁，然後把瓜放到鍋裏燒熱。這鍋東西既不加蛋汁也不加牛奶，但要放糖使之變甜，而且要一直煮到變稠

(venge quagliata)，蔬菜湯最後煮好時已經如同羹狀（maggior sostanza）。換句話說，歐南瓜要煮到水分減少，濃稠如糖漿的狀態。聽起來不怎麼引人垂涎，不過就我們對這個字眼的解釋，它並非凝固之意，也不可能凝固。

順便一提，quagliata 這個字源自阿拉伯文 quajar，有兩層意思：「凝固」與「凝凍」。我可以援引很多其他義大利食譜為例，主要都取自十六和十七世紀的書，用到這術語時都是很清楚地指稠糊或凝凍，譬如奶糊或貝昂醬汁㉞。斯泰法尼的書裏就有大量這類食譜，他甚至偶爾還用 congelata（凝凍）而不用 cagliata（凝結）。顯然在一六六〇年代的曼圖亞以及義大利其他地方，都正處於利用蛋汁勾芡的發揚光大時期，通常都如同斯泰法尼在他那道芹菜料理所指示的：這種稠汁是倒在麵包片上才上菜的。跟這種手法類似的當然就是英式甜羹㉟這道在現代義大利備受喜愛的甜點了，其名所用的 zuppa（湯），其實當初所指的是浸濕的麵包，而非指奶糊狀的醬。

《膳食瑣談》，一九八九年第十二期

㉞ 貝昂醬汁：Béarnaise sauce，以牛油和麵粉等做成。貝昂（Béarn）爲法國地區名，靠近庇里牛斯山。

㉟ 英式甜羹：zuppa inglese，其實爲蛋糕名稱，其名來源無從稽考，因爲既非「湯羹」，又與「英國」無關。有一說謂最初用來做這蛋糕的利口酒（Alkermes di Firenzeu）顏色與英國國旗一樣，因而爲名。如今這種利口酒已少見，多半改用蘭姆酒或馬沙拉酒淋在蛋糕層上，並將調好的乳脂、水果等覆蓋其上。此即作者點出與昔日英國烹飪的羹湯淋在麵包片上的手法異曲同工之處。

家常烹飪

沒有蒐集東西習慣的男生，必然是個小呆瓜。如今的時代已不鼓勵蒐集鳥蛋和蝴蝶了，火柴盒也不復昔日面貌，香菸卡和火車模型都是前往拍賣會的成年人在蒐集，他們肯花三倍於每年要繳交的公共設施稅價格去買Dinky牌玩具；古怪神童當然也蒐集南非金幣、骨董名牌小提琴、倫敦劇作，以及紀廷[36]滄海遺珠的畫作。但是這位蒐集馬鈴薯如同喬治五世在蒐集郵票的蘇格蘭男生麥克林，如今已是伯斯郡（Perthshire）靠近克里夫（Crieff）的多諾克農場（Dornock）場主。他蒐集馬鈴薯並非像撿小石子般採集幾種不同的馬鈴薯帶回家去，心滿意足看看就算了，你知道的，他是以各種不同特性、顏色、形狀、味道、質感、烹調屬性等來培植馬鈴薯，包括紅色、藍色、紫色、黑色，甚至是普通顏色的馬鈴薯，這實在是極佳又罕見的癖好。不知年輕時的麥克林是否因為機緣巧合讀過一本書而染上此嗜好的？那本不尋常的書是由沙勒門所著，一九四九年出版，有點令人望而生畏，書名是《馬鈴薯的歷史與社會影響》（*The History and Social Influence of the Potato*）。

且不管麥克林場主當初如何迷上馬鈴薯，珍．葛利森在她最新出版且迄今為止最有勇氣的那本書《英國烹飪觀察指南》裏告訴我們，麥克林如今培植的馬鈴薯多達三百五十種。沒錯！但還不是世界最大的規模，雖然葛利森

---

[36] 紀廷：Tom Keating，藝術家兼修復家，一九七六年因為被揭發繪了十三幅宣稱為Samuel Palmer 的作品而備受矚目；後來他在審判中自承以一百五十位名家為藍本，總共繪了兩千幅以上的畫。

太太寫到這部分時以爲是世界第一。這世界第一的頭銜是由祕魯利馬的「世界馬鈴薯大觀園」所保持，祕魯是馬鈴薯的原產地。然而一開始就有三百五十種也很夠了。倫敦蔬菜水果店的老闆們能夠一一叫出的馬鈴薯品種究竟有多少呢？兩種？三種？我們在自家附近店裏能買到的馬鈴薯有多少種呢？我們有多少時候是因爲馬鈴薯本身的品質而當它是一道菜來吃呢？倫敦那些高級餐廳裏的蔬菜烹調又是怎麼一回事呢？除了老字號的 Derry & Toms 屋頂花園餐廳菜單上的「第九橋馬鈴薯」(Ninth Bridge potatoes)，實則就是法文所稱的 pommes Pont Neuf 之外，其他餐廳所見的馬鈴薯都是千篇一律濕漉漉的，而且通常都是作爲焗盆料理的小部分配搭，放在托盤裏端來，連同一點點胡蘿蔔泥和兩小朵綠花椰菜。難道無法讓那些廚師相信顧客很樂意有機會試試別的口味？比方說，道地的愛爾蘭烙馬鈴薯餅，亦即稱爲 boxsty㊲ 的馬鈴薯烙餅。葛利森太太爲此名稱提出頗合理的解釋，也列出了精確的食譜，何不嘗試一下呢？

馬鈴薯很晚才引進法國，比引進到英國要晚得多，但法國卻有好幾個地區標榜馬鈴薯料理。雖說這並非很了不得的烹飪成就，但還是有可觀之處。我記得在里昂㊳東北的馮那（Vonnas）有家餐廳，在一九五〇年代由於老闆娘做的馬鈴薯烙餅太有名了，結果該餐廳贏得了米其林兩顆星。如果你住在那家餐廳㊴，從客房走下樓梯之後繼續往前走，穿過廚房可進入餐室，跟餐室相連的則是酒吧，當地工人會在那裏喝傍晚的開胃酒，一片熱鬧景象，不過

㊲ 馬鈴薯烙餅：字典拼法爲 boxty，用磨碎的生馬鈴薯和麵粉做成。

我恐怕如今已不復當年情景了。現在的老闆是喬治・布朗，我想應該是當年老闆娘布朗媽媽的孫子。目前該餐廳不但擁有米其林三顆星，還有直升機起落場，不過我很確信，這些改變都不會使他停止供應家族招牌美食馬鈴薯烙餅。米榭和艾爾伯・胡、尼科・拉登尼、安東・莫西曼，如今你們都在哪裏？麥克林場主能否幫幫忙？

誠如葛利森太太所提醒的，要做出好吃的馬鈴薯餅得要有質感很粉的馬鈴薯才行，而在我們的島上，甚至另一個島上，如今都少有這種馬鈴薯了。即使如此，在西敏寺豪斯費里路（Horseferry Road）的崑丹餐廳，照樣可以吃到放了足量辛香料調味且令人讚嘆的馬鈴薯餅，而且我不認爲這家餐廳所用的馬鈴薯在外面買不到。雖說在崑丹點馬鈴薯時得要說是點串燒蔬菜，但重點是：「有得」讓你點，新鮮熱辣送上桌來，在鐵板盤裏熱辣辣嘶嘶響，而且可以單點，不用想著應該再點其他什麼來搭配一起吃。

我沒打算要讓人以爲珍・葛利森這本《英國烹飪觀察指南》就只是談馬鈴薯（事實上我還眞希望她在這個主題多著墨，畢竟馬鈴薯幾乎跟穀類和麵包一樣，已成爲與全民福祉息息相關的食物），因爲這本書眞正著重的倒不是英國烹飪，而是在於烹飪的必備食材，以及跟食材有關的幕後功臣，包括英國的菜農、果農、家禽和家畜的飼養者（其中一個成功之處在於：在像樣的人道環境條件下養殖出肉用小牛）、英國酪農以及乳酪製造商等。在很應該感

㊳ 里昂：Lyon，法國中部工業大城，美食之都。

㊴ 法國許多老式餐廳的樓上多半有客房出租給旅客住宿。

謝的乳酪名店藍斯的協助下，以及少數苦心孤詣的餐廳業者和零售商的合作下，葛利森太太找出了一些很有心的小規模生產商，他們積極對抗洪水猛獸般的工廠化農場㊵、行不通的歐洲經濟共同體規章、牛奶交易所的官僚，以及所有致力於推銷差強人意產品但卻損及最佳產品的相關者；書內附錄的名單有這些小規模生產商的地址。

談及值得推崇的英國特產美食，葛利森太太可比那些不管用的「英倫滋味」宣傳造勢活動強多了，那些活動推廣的只不過是假借其名的食物和冒牌地方料理食譜。但是這本書的這部分一開始就介紹了極具口碑的稀有美食——林肯郡的醃里肌肉，用一大把各種新鮮綠香草鑲在鹹肉中，用布包好紮住，煮熟，壓過，涼透了才吃。詩人魏爾蘭㊶在一八七〇年代是林肯郡當地的學校老師，他曾以生花妙筆描述過這道美食，令人讀來津津有味，我想大概可以稱之爲法國勃艮地（Burgundy）的歐芹火腿英國版。在葛利森太太的書裏，這道令人食指大動的特產美食不僅附有引人垂涎的照片，還有可供讀者訂貨的肉店地址，一年之中從五月到十二月皆有供應。

這本書的內容源於刊登在星期日報章增刊的系列文章片段，採用的照片包括養羊業者、製酪業者、店主、採集海菜者等等，看起來有點刻意要營造出民間風味，倒像在拍風景明信片。談到明信片，《英國烹飪觀察指南》還可以更進一步染指食物與明信片生意（我自己就經常有此打算），更可捐出部

㊵ 尤其指利用現代化手法飼養家畜和家禽的農場。

㊶ 魏爾蘭：Paul Verlaine，1844～1896，法國詩人，象徵主義詩歌的代表之一。

分利潤來支持某些值得做的事。譬如發起宣傳運動，呼籲取締在燻黑線鱈和鯡魚加工過程中使用染料；又或者宣揚推廣「稀有品種維生基金會」，這個基金會組織只致力於一件事：要讓德文郡 King's Nympton希爾農場裏安・佩其所飼養的最宜做火腿的豬種Tamworth和Gloucester Old Spot重新大量繁殖。佩其太太就是用上述豬種的肉來做火腿，居然被葛利森太太形容爲「輝煌成就」。

《Tatler》，一九八五年三月

一九八〇年代期間，珍・葛利森及其他作家和廣播員如 Jeremy Round 以及Derek Cooper 等竭盡全力宣揚英國農產品，喚起了大眾的注意。消費者協會在一九八六年出版了由 Drew Smith 和 David Mabey 編輯的《優質食品指南》。一九九三年，Henrietta Green 深具影響力的作品《食家英國指南》第一版面世，那時 Randolph Hodgson 及其 Neal's Yard 牛奶公司的同僚已經為上等英國乳酪開發出了市場。到了一九九〇年代末期，英國農民的市場已經遍及英倫，而專事生產有機肉類、魚類、水果和蔬菜業者的生意，也透過郵購、超市、個別商店等營銷而欣欣向榮。

吉兒・諾曼

大放異彩的英國春藥

這原是個等待作者的主題：茄科植物馬鈴薯的歷史背景、被人類培育成栽種植物的過程，以及遍布全球的經過。結果這主題找到了一位非常卓越的作者，他就是年輕醫生沙勒門（Redcliffe Salaman）。他二十多歲時曾因患病而中斷活躍的醫療生涯；然而三十二歲時已恢復了健康，住在美麗的赫特福郡村莊裏，婚姻美滿，財務無憂，已經可以過著安閒舒適的日子以及體力活躍的生活。在冬天期間，他完全致力於獵狐活動；但是由於對高爾夫、網球、板球等興趣缺缺，因此不免感到夏季時光虛度，無所事事。他先是在孟德爾遺傳定律領域中研究了一番，摸索蝴蝶、無毛老鼠、天竺鼠等的遺傳性，但卻不得要領。後來這個獨特的年輕人轉而求教於家裏的園丁，詢問有什麼適合研究的主題，還規定是要某種很平常之物，例如尋常家庭菜園裏的蔬菜之類。

那位園丁名叫鍾斯，堪稱自從亞當離了伊甸園後人們所知道的最典型的萬事通先生。他毫不猶疑地奉勸沙勒門醫生：如果想把餘暇花在研究蔬菜上，最好就是選馬鈴薯來研究。鍾斯說道：「因為我比當今任何人更懂馬鈴薯。」當時是一九〇六年。四十三年後，劍橋大學出版社於一九四九年出版了沙勒門卓越出色的研究成果：《馬鈴薯的歷史與社會影響》。科學期刊《自然》評論道：「極具深度與精確的學術性作品。」《旁觀者》週刊的結論則是：「一本很了不起的作品，在各方面都很高明。」一九七〇年此書再刷，一九八四年十一月又再刷，並附有一篇 J. G. Hawkes 所寫的新導讀以及訂正。這本書一直是研究馬鈴薯不可或缺的參考書。

除了沒有談馬鈴薯食譜之外，沙勒門沒有漏掉馬鈴薯的任何故事。他追溯了馬鈴薯的原產地安地斯山、馬鈴薯在印加帝國日常生活裏的深遠重要性，以及十六世紀下半葉馬鈴薯引進歐洲的經過——決定性的種植、快速遍布愛爾蘭，以及和美國維吉尼亞州純屬杜撰的關聯等，此外還有長期未決的甘藷（*Ipomoea batatas*）與普通馬鈴薯（*Solanum tuberosum*）之間的分野。後來又有我們所稱的菊芋（*Helianthus tuberosus*）傳到歐洲來，不僅轉移了注意力，更使得問題進一步複雜化。法國人稱菊芋爲 topinambour ，德國人則稱之 Erdbirn（地梨）。法國顯然還有一位園藝學家德塞爾（Olivier de Serres）掀起了更離奇的混淆，此君在一六〇〇年出版了《農業講堂》，在書中描述了馬鈴薯，並將其塊莖與松露相提並論，說馬鈴薯經常被人們以同名 cartouffles 稱之。至於味道，德塞爾說：「廚子全都如此加料烹調，讓人幾乎吃不出分別。」

德塞爾並非唯一把馬鈴薯跟松露相提並論者，與他同時期的義大利人把普通馬鈴薯叫做 tartuffoli 或 taratouffli 。有人還以後者名稱寄了兩個馬鈴薯到維也納給著名的比利時植物學家德雷克律斯（Charles de L'Ecluse）——一五八八年他受雇於皇帝馬克西米連而在御花園工作。幾年後，德雷克律斯（他以拉丁文自稱克魯修斯）於一五九五年接受萊頓[42]大學的教授職位，此後直到他一六〇九年去世爲止，鼓勵推廣栽種馬鈴薯（這裏指的是普通馬鈴薯）使其遍布歐洲，一直是他努力關注的眾多事項之一。

與此同時（雖然沙勒門並未特別指出），對那些與德塞爾和德雷克律斯同

---

[42] 萊頓：Leyden（Leiden），荷蘭西部城市。

時代的大多數義大利人而言，馬鈴薯毫無疑問就是指甘藷，而非普通的馬鈴薯。在西班牙，尤其是在塞維亞和瑪拉加㊸，甘藷早在十六世紀就已在當地落地生根；而義大利的甘藷，很可能也是由西班牙傳過去的。由於甘藷味甜，口感近似甘栗，因此在這兩個國家都很受歡迎，一般都是搭配甜品水果來食用。在做法上，甘藷放在餘燼裏烤過、剝皮、糖醃、切片浸入白酒或糖漿裏，馬鈴薯也同樣用糖醃製成蜜餞，如同當時的流行做法：那時幾乎所有見得到的水果、蔬菜和花朵，從櫻草到南瓜，萵苣梗到歐洲甜櫻桃，全部都是做成蜜餞。一五五七年，西班牙作家歐畢埃多（G. F. Oviedo y Valdes）寫了一篇伊斯帕尼奧拉島（即海地）的報導，推崇甘藷與杏仁糕㊹不相上下，這種讚美可說至今無出其右。

在英國也一樣，從西班牙進口的馬鈴薯很快就被大眾接受並視爲美味。當然，馬鈴薯在英國的氣候下是長不出來的，所以價格高昂。根據沙勒門的引述，一五九九年，兩磅上貢到「女王餐桌上」的馬鈴薯，每磅代價是兩先令六便士。儘管價格奇高，或者正因爲高價，反而促使奢華成性的都鐸王朝紳士貴族趨之若鶩，摸索出糖漬馬鈴薯的方法，記載於家庭食譜上。未幾，這種塊莖就已成爲奢華派餅的餡料了。有一道這類食譜就印刷成文收錄在一本小書中：《好主婦寶典》，這書早在一五九六年就已出版，書名很令人產生

㊸ 塞維亞和瑪拉加：Seville和Malaga，西班牙南部城市。

㊹ 杏仁糕：marzipan，以杏仁蛋白糊做成的甜品，往往做成各種漂亮造型，甚至做成糖偶。

冀望。道森自稱為此書的作者，他列出的材料有2個榲桲、2～3支 burre 根莖（沙勒門說這是梨子，但為什麼要用根莖一詞呢？）、1盎司棗子和1個馬鈴薯；做法是先用葡萄酒煮，然後濾成糊狀，再混以玫瑰露、糖、香料、牛油、3～4隻公麻雀腦以及8個雞蛋的蛋黃，煮到很稠的程度，就可以當油酥餅的餡料。要是公麻雀腦和馬鈴薯沒洩漏箇中玄機的話，食譜名稱也說得夠清楚了：〈做一個可以振奮男女的水果餡餅〉，說白了就是指炮製的這味東西乃是春藥。不過我一直沒找出公麻雀腦有什麼相干？至於西班牙馬鈴薯怎麼成為英國人珍而奇之的春藥之一，沙勒門有一章對此提出了解釋，寫得很有趣逗笑，顯然他自己在蒐集資料和研究時也樂趣無窮。

沙勒門也發現，在伊麗莎白晚期和詹姆士一世初期劇作家的作品中，包括莎士比亞在內，竟然蘊含了相當大量與這全然無辜的西班牙塊莖有關的猥褻語。馬鈴薯當然還是奢華食品，因此也像後世看待的奢華食品如香檳、魚子醬、蠔以及松露一樣隱含催情意味。一六一七年，徹普曼（George Chapman）將馬鈴薯列為「增強性慾滿足之物」之一。同年，弗來徹（John Fletcher）暗令一些士兵喬裝成沿街叫賣的小販，唱著放肆猥褻的小調，無禮地戲弄一位老紳士：「大老爺，您可願意嘗嘗上好馬鈴薯？它可以令您的萎頓狀態大有進展，令大人您心癢難熬。」

弗來徹又以較沒那麼粗魯的用語暗示，馬鈴薯可重振婦女已喪失的精力：「夫人，您也來個馬鈴薯派吧？對於守齋已久的老太太們，這可是很好的振奮食品哪！」然而，卻非人人都認為在真正的守齋期間應該戒絕這種太過刺激性的食品。一六三四年，斯圖亞特王朝早期的多產書信體作家豪爾

（James Howell）就嚴厲批評某些人，雖然在聖灰禮儀日[45]戒絕「畜肉、禽肉與魚」，卻也享用奢侈豪華的「擺在琥珀飾盤中的馬鈴薯，或一頓搭配西班牙佐料的海濱刺芹」。他所說的海濱刺芹（eryngoes）乃指海濱刺芹的根，通常會用糖煮過，早已繼馬鈴薯之後成為馳名春藥。

春藥故事最荒誕的部分還有下文：當那種普通的茄屬塊莖馬鈴薯終於在英國人的評價中取代了甘藷後，有一段時間，異國風味的西班牙馬鈴薯名聲就轉移到我們自家園圃中栽種的塊莖植物上。至於歐洲大陸那邊，則輪到同為茄屬植物的茄子和蕃茄，被認為是具有春藥效力的食物了。

《Tatler》，一九八五年五月

Courgette dish currently popular at E.D's lunch time picnics at 24 Halsey St

1 lb courgettes; olive oil; garlic; thick mayonnaise made with Mrs Z's olive oil, yolks of one hard boiled egg and one raw egg, lemon juice (salt not needed with this oil); pine nuts toasted in oven (approx 3 tablespoons); parsley, preferably flat-leaved; salt.

Wash & trim courgettes, chop or grate them (chopped better) Cook in sauté pan in olive oil with small piece of crushed garlic. After 3 or 4 minutes add salt, cover pan, leave over low heat approx 5 minutes. Turn into white salad bowl. Stir in mayonnaise and chopped parsley. Put little heap of toasted pine nuts in centre. Eat tiepido.

E.D. March 1979

這道筍瓜料理非常好吃，我記得在好幾個場合吃過。伊麗莎白通常會把食譜打字出來，偶爾也用手寫，然後簽名、注明日期，送給朋友慶祝生日或飯局留念。有時會出現不同版本的食譜，是因為她後來又不斷變換做法，進一步試驗那些食譜之故。她給歐馬利的魚糕㊻食譜（見252頁）後面附的便條就講得很清楚：這道料理的食材可以有很多不同的變換法。

圖中手稿提到的橄欖油，是蔡維太太在托斯卡尼生產的，當年伊麗莎白開的廚事之店便是賣這種橄欖油，後來由酒商黑內斯、韓森和克拉克在代理。

做這道菜應該用500公克（1磅）筍瓜，蛋黃醬做法則可見193頁。

吉兒・諾曼

㊺ 聖灰禮儀日：Ash Wednesday，大齋首日，復活節前的第七個星期三，該日有用灰抹額以示懺悔之俗。

㊻ 魚糕：fish loaf，以魚糜與麵包粉、蛋、牛奶等拌和後烘焙而成的糕。

食譜

大蒜、橄欖油、番茄焗茄子・

Aubergines with Garlic, Olive Oil and Tomatoes

*

2～3個中等大小的茄子，長條型而非圓滾滾那種，全部重量大約1.5公斤（3磅），去掉葉子但留著茄蒂；500公克（1磅）番茄；約4瓣大蒜；適量鹽；2小淺匙磨碎的混合香料，包括肉桂、丁香、肉豆蔻、牙買加胡椒；8～10大匙橄欖油；新鮮羅勒或薄荷；糖。

首先，將茄子連皮縱向切開一道道深長切口，使茄身分開但依然全部附在茄蒂上，然後撒上鹽。接著將番茄去皮，連同去皮壓碎的蒜瓣一起切碎。

把茄子放進砂鍋或有蓋的烘焙用鍋裏，鍋子要剛好容得下茄子縱向擺入，茄子每道切口間要放幾大匙切碎的大蒜番茄，直到番茄全部加完爲止。然後撒上混合的香料、幾片剪開或撕開的羅勒或薄荷葉，再放一點鹽與1～2匙糖。接著淋下橄欖油蓋過茄子，就可以蓋上鍋，放進低溫烤箱（170°C／325°F／煤氣爐3檔）烤1小時左右。烤好的茄子應該軟而不爛，醬汁也成流動狀。可先嘗嘗醬汁鹹淡是否適中，有需要就再加一點鹽或香料。這道菜宜吃冷盤，上菜前要先撒一點新鮮羅勒或薄荷在上面。也可以作爲第一道菜，足夠四人份。

附帶一提，這道菜基本上是土耳其料理 Imam Bayeldi 的做法，只是少放了那道名菜特有的洋蔥而已。

未曾發表過，寫於一九八九年七月

托斯卡尼燉豆・Fagioli alla Fagiolara Toscana

*

傳統的托斯卡尼陶製豆煲形狀宛如大肚酒瓶（見54頁），窄頸大肚，以便確保豆子在煲內慢慢燜透，盡量減少水分蒸發[47]。

首先你得有好豆子。英國大多數店裏出售的馬達加斯加[48]圓形小菜豆不太適宜做托斯卡尼料理，所以要去問問義大利熟食店或食品雜貨店，指明買白色的坎尼里諾豆或粉紅色的博羅特豆。

以上兩種豆子任擇其一，需250公克（½磅），用水浸泡一晚。瀝乾水分之後，將豆子放進豆煲中，加½個洋蔥、1棵洋芹菜、1～2瓣大蒜、2～3片鼠尾草葉（這是托斯卡尼燜豆傳統必用的香草）；或者你喜歡的話，可加1小束野生百里香和2片月桂葉。注入約1.2公升（2品脫）水、2大匙橄欖油，然後蓋上豆煲，用很小的火慢慢煮到燒滾，再拿開豆煲放到護墊上。大約2小時豆子就應該燜軟了，在快燜好之前20分鐘，加1大匙鹽到豆煲裏。

---

[47] 廣東煲湯所慣用的高身陶煲功能類似，可以改用此種湯煲嘗試做這道料理。

[48] 馬達加斯加：Madagascar，非洲島國。

瀝乾湯汁之後，把豆子倒在盤子裏，揀出豆子中的洋蔥和香草。需要再加鹽的話馬上就得加，並加入新鮮磨好的胡椒、一些不嗆鼻的生洋蔥絲，以及足量果香濃郁的好橄欖油和葡萄酒醋的混合。豆子宜用湯盤進食，要趁熱吃，單吃即可，不用配其他東西；要不就先用烤箱烤脆麵包片，然後用大蒜片在麵包上摩擦一番，在每個湯盤或湯碗裏各擺一片這種蒜味麵包。這道豆子也可以吃冷盤，在豆子中央堆疊很多上等油浸鮪魚塊，並撒上歐芹。

這道豆子通常都是餐前菜（antipasto），也就是第一道菜，剛燜好馬上就吃，味道最好，要趁豆子沒有涼之前就吃完。

未曾發表過，寫於一九六六年

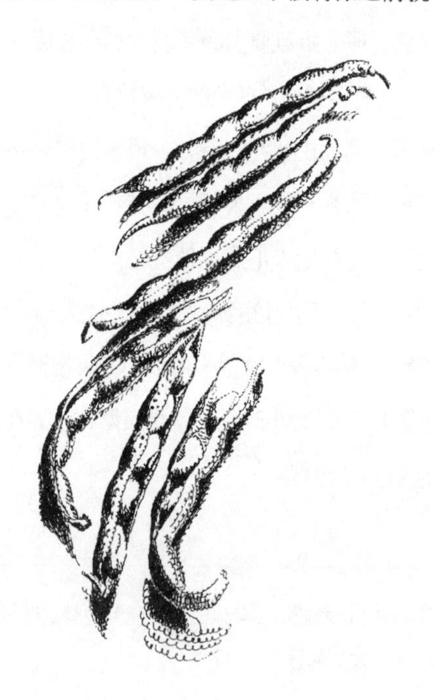

芹菜洋菇 • Celery and Mushrooms

*

這是一道清爽可口且很快就可以做好的蔬菜小盤。

你需要1棵大的洋芹菜頭，洗淨，修掉不宜食用的部分，斜切成約5公分（2吋）小段；洋菇125公克（4盎司），很快沖洗一下，抹乾切片，從洋菇頭連蒂一起切；少許壓碎的大蒜、橄欖油、用來油煎的胡桃油或麻油、適量鹽、鮮磨胡椒、歐芹或獨行菜。

在鍋底直徑25公分（10吋）的炒鍋裏倒進剛好淹滿鍋底的油量，油燒熱之後，放進已切好的芹菜段，加鹽，煎5分鐘。然後加進壓碎的大蒜和切片洋菇，再煮3～4分鐘。磨一點黑胡椒到鍋裏，撒上切

碎的歐芹或獨行菜，趁熱吃。這分量足夠3人份，而且幾乎配什麼都好吃，單吃也可以。

未曾發表過，寫於一九七〇年代

糖醋包心菜・Sweet-sour Cabbage

*

做這道菜你需要有一個闊口煎鍋，或者老式油炸鍋，形狀有點類似中國炒菜鍋那種，不過這道食譜卻是義大利式的。

所需材料爲：1棵小而結實的包心菜，重約1公斤（2磅），或者1/2個大包心菜，以及橄欖油、鹽、葡萄酒醋、糖、歐芹。

首先將包心菜切開，去掉菜梗硬的部分，然後將包心菜切絲。在鍋裏燒熱2～3大匙橄欖油，趁沒燒得太熱之前放包心菜絲入鍋，用木鍋鏟不停翻炒。接著加大約2小匙鹽，不過你要自己嘗嘗鹹淡如何，然後蓋上鍋煮5分鐘，掀開鍋蓋再翻炒一下，加2大平匙糖和2大匙葡萄酒醋。蓋上鍋再煮5分鐘，然後試試味道來調味。炒好的包心菜絲要盛在闊口淺身的菜盤或沙拉盆中，並撒上歐芹末。

這道蔬菜料理極適宜單吃，當做沙拉來配火腿或冷的烤豬肉也很好吃。

香料梅乾糖醋包心菜・Sweet-sour Cabbage with Spiced Prunes

*

依前述做法來煮包心菜，快煮好的前幾分鐘加入8～10顆用香料炮製的洋梅乾（做法見400頁）。這是道賞心悅目的菜，但留意要保持包心菜依然有點爽脆的口感，洋梅乾也仍然要保持原味。

用一點刨碎的檸檬皮先跟歐芹末混在一起，然後才撒到包心菜上，味道會更獨特。

未曾發表過，寫於一九七九年一月

青薑雞蛋防風泥・Cream of Parsnips with Green Ginger and Eggs

*

500公克（1磅）歐洲防風洗刷乾淨後，連皮一起煮，做法可參照頁的歐洲防風獨行菜奶油湯。接著瀝乾水分，用攪拌機打成糊狀，加一點磨出來的青薑根泥，以及鹽與鮮磨胡椒。用一點點煮防風的水和1～2匙橄欖油來稀釋防風糊，然後分別舀到三個蛋碟裏。在每一碟上放1/2個煮得很老的蛋，切面朝下，撒上麵包粉，再淋一點橄欖油，放進中溫烤箱烤約10分鐘，直到防風泥烤得很燙，麵包粉呈現焦黃爲止。

未曾發表過，寫於一九八〇年左右

義式馬鈴薯餡餅・Italian Potato Pie

*

在我看來，任何利用剩菜做的料理應該要所費無幾、很容易做而且不需要再去開很多瓶瓶罐罐——只爲了要用上兩條沙丁魚或三顆櫻桃，或者一大匙鮪魚肉；結果到頭來這些開了封的瓶瓶罐罐又成了剩餘物資，不管你願不願意，都得把它們用掉。這麼一來，整個算盤根本就不划算。

從另一方面來說，我的確認爲利用剩菜做成的菜完全可以成爲一道好菜，農家餡餅㊾就是如此，法國的洋蔥回鍋牛肉亦是一例，而不是毫無目的重點地把很多不同材料湊成有點像大雜燴的東西。

這道義式馬鈴薯派食譜，堪稱表現出義大利人家裏掌廚者創作能力的典型，可以看出她們很懂得如何發揮這種能力，把不得不用掉的少量材料使用得淋漓盡致。這道料理可以用剩菜來做，而且完全看不出是湊合出來的菜，做出來的外觀很好看，足供四個胃口很好的人當作午餐或晚餐結結實實吃個飽。

餅皮的材料是1公斤（2磅）馬鈴薯、90公克（3盎司）牛油、4大匙牛奶、鹽、鮮磨胡椒、肉豆蔻、3大匙麵包粉。

做餅餡的材料包括：125公克（4盎司，除掉皮、骨等等之後的淨重）煮熟的火腿、小牛肉、小羊肉、豬肉、雞肉等等，隨便哪一樣

㊾ 農家餡餅：cottage pie，在肉末上覆馬鈴薯泥烘烤而成。

都可以；2個煮得很老的雞蛋；大約90公克（3盎司）乳酪，可以是麗鄉乳酪[50]、艾曼塔乾酪、格律耶爾乾酪、巴爾瑪乾酪或鹽漬乳酪；歐芹或羅勒。

首先將馬鈴薯連皮煮熟，然後去皮，趁熱搗成泥狀，再加入60公克（2盎司）牛油、溫熱的牛奶、足量調味料等，別忘了加肉豆蔻。

然後，在直徑20公分（8吋）的餡餅烤盤或底部可以抽掉的烤模上塗15公克（½盎司）牛油，撒上一半麵包粉，將一半馬鈴薯泥沿著烤模邊緣鋪開，只消把馬鈴薯泥攤開再用手指關節輕壓即可。

把那些肉類或雞肉切丁或切絲，雞蛋切碎，然後全部放在烤模內。接著放乳酪，刨碎亦可，切丁亦可。撒上一點歐芹或羅勒。

再把另外一半馬鈴薯泥攤在最上面，留意上下兩層馬鈴薯泥餅皮的邊緣有沒有捏緊。剩下的牛油把它融了之後刷在上層餅皮，接著把其餘的麵包粉撒在上面。

把準備的餡餅放進燒得很熱的烤箱中央架，溫度調在190°C／375°F／煤氣爐5檔，烤到上層餅皮呈現淺焦黃色爲止，大約需時35～45分鐘。

趁熱辣辣嘶嘶響時趕快吃掉，之後再吃個青菜或沙拉。

未曾發表過，寫於一九六〇年代

---

[50] 麗鄉乳酪：Bel Paese，義大利乳酪。

檸檬芹菜醬汁・Lemon and Celery Sauce

*

這是一味很怡人又非常簡單的醬汁，不過有點大手筆，除非你正好要用檸檬皮來做其他東西，否則就有點浪費（參見附記）。

做3人份的醬汁你需要用1個大檸檬、3根肥厚的洋芹菜、$1\frac{1}{2}$大匙糖、4大匙清淡橄欖油、鹽。請注意，所謂「大匙」是以目前英國標準量匙的15毫升為準，亦即大約$\frac{1}{2}$盎司，這點千萬要記住。

先洗淨洋芹菜，修掉不宜食用的部分，然後切碎。檸檬要去皮，果皮與果肉之間的襯皮也要切除乾淨。將檸檬果肉切丁，去掉籽以及中央核心部分。檸檬和糖放進大碗之後，把碗放進煮鍋，鍋裏要有用慢火燒滾的水；或者採用雙層煮鍋，把大碗放在上層煮鍋內，隔水煮到碗裏砂糖融化為止。接著加進切碎的洋芹菜，以及橄欖油和一點鹽，再煮5分鐘。

這味醬汁冷熱皆宜，可配雞或火雞，也可以配魚，但不宜配太清淡細緻的葡萄酒。

◎附記

另一個運用檸檬皮的方法，是將皮刨碎混入德麥拉拉蔗糖[51]保存起來，用來做檸檬紅糖蛋糕（見407頁）；或者用2條檸檬皮來增添蘋果泥的風味，在

---

[51] 德麥拉拉蔗糖：Demerara，產於西印度群島及其鄰近國家的淡棕色砂糖。

此情況下，使用前要先把檸檬洗乾淨才削皮。

未曾發表過，寫於一九七〇年代

鮮番茄醬汁・Fresh Tomato Sauce

*

1公斤（2磅）熟透的番茄；30公克（1盎司）牛油；鹽、糖、乾羅勒；砵酒[52]1大匙，加不加隨意。

先在闊口淺身煮鍋或直徑25公分（10吋）的炒鍋內放牛油燒融，然後放入切碎的番茄，加入鹽、糖、乾羅勒各1小匙，用中火煮到番茄大部分水分都蒸發爲止。接著取出煮好的番茄榨濾成糊狀，將番茄糊倒回洗淨的鍋中，重新加熱煮過。端上桌之前加一點砵酒，雖然可加可不加，但加了之後卻可令這番茄醬汁產生柔和芳醇的效果。

我常見到很多專業廚師和烹飪老師推薦用麵粉來勾芡煮醬汁，其實這很不得當。這味醬汁就沒有採用麵粉勾芡，但用這種簡單方式做出來的醬汁卻是既新鮮又色香味俱全，引人垂涎，而且稠度恰到

---

[52] 砵酒：port wine，或譯爲波爾圖酒，缽酒爲港澳地區長久以來的稱法。此乃葡萄牙北部所產的帶甜味深紅色葡萄酒，早期因爲由葡萄牙港市Oporto裝船外銷，故由港市得名而略稱爲 port。

好處。用這醬汁來搭配煎炸料理最理想不過，例如配炸馬鈴薯丸子（potato croquettes）和煎魚餅；配燒烤魚類料理如鯖魚和鰡魚；還可以跟其他材料如蛋、奶油和乳酪搭配出很多做法，另行創造出某些美味可口又吸引人的新穎菜式。

未曾發表過，寫於一九六〇年代

三分鐘速成番茄醬汁・Three-minute Tomato Sauce

*

先將250公克（1/2磅）熟透的上好番茄去皮切碎。在厚重型炒鍋或小煮鍋裏放入牛油和橄欖油各1小匙，再放碎番茄下去煮3分鐘就好，不要超過時間。然後加入適量鹽、糖，以及少量羅勒或1小匙新鮮歐芹末調味。

這味佐料汁亦即番茄泥醬汁，最宜用來做番茄煎蛋卷的餡料，也是搭配烘烤的乳酪香酥麵包片或麵包丁最理想的佐料汁。

也可以將分量加倍，稍微多煮幾分鐘，然後配炒蛋、炸麵包、烘燻腿薄片或香腸一起吃。

《Nova》，一九六五年七月

醃糖醋番茄香橙．Sweet-saur Tomato and Orange Pickle

*

這道泡菜隨時都可以醃漬，而且幾乎任何一種番茄都可以用，不過最適宜用很結實、有點沒熟的那種番茄。青、紅番茄各占一半，做出來的效果最好。

準備1公斤（2磅）結實的番茄、2個小橙、750公克（1½磅）糖、300毫升（½品脫）龍艾浸泡的醋。

先在高身大鍋（最好是用鋁鍋，做泡菜或者印度式甜辣醬切勿用沒有鍍錫的煮果醬用黃銅鍋）裏放進糖和醋，煮成稀薄糖漿狀。然後用滾水淋在番茄上，剝去番茄皮，切碎番茄。

香橙連皮橫切成圓形薄片，每片再切成4小塊，棄掉橙核與蒂。把橙片放在滾水中燙2分鐘，然後取出瀝乾水分；先燙是爲了使橙皮軟化。

接著把切碎的番茄放入熱糖醋漿裏，讓它繼續燒滾，但火不要太大，大約再煮30分鐘左右，注意要不時撇去浮沫。加入橙片後，還要再煮15～20分鐘，或者煮到滴入盤中凝聚而不散的程度。

煮好後分別裝入闊口小瓶保存起來，這種糖醋醬用來配冷豬肉、燻腿和火腿很好吃，配冷的鹹牛肉也不錯。

◎附記

如果要做的分量很多，準備番茄最簡易的方法就是把它們塞進一個大砂鍋裏，放入烤箱，用低溫焗1/2小時或更久，使得番茄軟化，再用粗孔漏篩或壓豆泥器將之濾壓成糊狀。

未曾發表過，寫於一九七〇年代

香草和辛香料

處處迷迭香

我留意到在最新一版的《美食指南》中經常提及迷迭香小羊肉、迷迭香小牛肉、迷迭香雞等，想來那些必然是最引起熱烈評論的料理，迷迭香似已成爲目前英國烹飪界的最愛之一。我無法說自己在這方面品味也很有同好，因爲我向來都不是很喜歡義大利人用迷迭香來做烤小牛肉的調味料，而且用量往往太多了。在普羅旺斯，迷迭香經常抹殺了小羊肉本身的天然肉味，普羅旺斯還出產一種小塊羊乳酪，外覆一層迷迭香針葉，也是似乎除了迷迭香味道之外，其他味道都吃不出來。（另一個可選的類似乳酪是覆了一層野生風輪菜，比較對我胃口，但已經越來越罕見。）

再看看法國，目前一窩蜂時興在罐裏塞滿加了普羅旺斯綜合香草（主要是乾迷迭香和百里香）的油浸橄欖，然後封住罐口，價格比那些吃得出本身味道的橄欖貴一倍。本來那些黑色小橄欖味道就很濃烈，想要蓋過它的味道是很難的，但是迷迭香卻可以做到。是沒錯，迷迭香有助於記憶❶，但我只求它不是老讓我記得那些小針葉扎喉嚨的感覺就好。

我對迷迭香這種植物本身沒有反感，種在園中不但氣味芬芳，而且看起來也迷人，但在我的烹飪領域裏它占的地位就很小了。不過多年前，在卡布

---

❶ 西方古時認爲迷迭香可助長記憶，睡覺時枕迷迭香有助記憶功能。

里島❷見到一位老婦用一枝迷迭香蘸了橄欖油輕刷在炭烤魚身上，倒是讓我學了很有用的一招。這是絕佳的概念，最近還我蒐集了其他幾種已被遺忘的迷迭香用法，它在我們老祖宗的草藥園中可曾經是很重要的植物哩！例如牙籤，以及火烤的小塊東西如雞肝等所需用到的串扦，都是用迷迭香的細枝削成的。十七世紀期間，似乎更常用迷迭香來裝飾甜品。羅柏・梅那本名作《精湛廚師》於一六六〇年初版（也就是查理二世復辟那年），書中便提到在白雪奶油（見398頁）上插一小枝迷迭香，這道甜品是在麵包上敷一層加糖鮮奶油和蛋白打成泡沫狀的奶油，我想這種運用迷迭香的手法在十七世紀必然很普遍。反正一六一一年版的寇特葛雷夫《法英字典》裏就收錄了這個詞：「白雪迷迭香（neige en rosemarin），指用鹽花或泡沫鮮奶油灑遍的迷迭香。」

巴黎烘焙師傅檔案中有一項跟採用迷迭香有關的紀錄，涉及一種很奇特的習俗。每個麵包師開始學藝、當完兩年學徒之後，至少還得再花兩年時間做遊方實習麵包師傅❸，等到最後終於通過考試正式出師（他得要做幾種大麵包，其中最難的是 coiffé 麵包，等於英國的農家麵包），就會被召去出席一項業界集會，由法國宮廷麵包總管主持。在典禮中，這個甫成爲烘焙師傅的新人會捧著一個新陶盆，內有一棵「連根」的迷迭香，枝椏上掛了糖豌豆、橙以及其他當

---

❷ 卡布里島：Capri，位於義大利南部。

❸ 這是中古時期歐洲工會相沿的習俗，等於遊方實習，爲期兩三年不等。至今德國就仍保有此俗，例如木匠，學生在高工專校念完木匠課程後，必須穿戴傳統服飾，帶著簡單行囊，到各地遊方三年，到處找木匠散工實習，三年後才算正式畢業。

季水果。他必須站到宮廷麵包總管面前說：「大總管，我已經學滿出師了。」宮廷麵包總管會問在場衆評審是否屬實，如果答案是肯定的，他會再問衆評審：這盆迷迭香是否布置得當可以接受下來？如果答案又是肯定的，宮廷麵包總管就會接過那盆迷迭香，然後頒發證書給這個新進烘焙師傅。

在這方面，迷迭香所代表的意義並不清楚，不過弗蘭克林在一八八九年於巴黎出版的《如何成爲老闆》一書中描述這典禮時提到，此習俗相沿至一六五〇年，從那之後迷迭香就用一個金路易❹取代了，比較沒有詩意，但用來向宮廷麵包總管致意，肯定是要比花心思用橙及其他物件裝飾出分量十足的迷迭香要容易多了；不過那些迷迭香灌木經過巧手布置，喜氣洋洋裝飾了珍貴繽紛的水果與甜食，必然十分迷人。

迪格比爵士❺是查理一世宮廷中很有衝勁的青年，後來又成爲孀居王后瑪麗亞的忠貞友人，也是奇女子薇內霞的專情丈夫。此君多才多藝，醉心於科學、煉金術、占星術、哲學，還兼具軍人、冒險家、旅行家、作家、藏書家等多重身分，外帶點江湖郎中之氣，更是個很有靈感的食譜及烹飪實驗記錄者。釀蜂蜜酒、蜂蜜藥酒與蜂蜜水酒❻也是他深喜致力之事，他那些大桶大甕耗用了大量香草和花朵，迷迭香花朵當然也在其中。

然而值得注意的是，卻不見迷迭香出現在他所有的食譜中，唯一例外的

---

❹ 金路易：gold louis，法國古金幣名稱。

❺ 迪格比爵士：Sir Kenelm Digby，1603～1665，英國廷臣、海軍軍官兼作家。

❻ 蜂蜜水酒：hydromel，蜂蜜和水的混合物，經發酵後成爲蜂蜜酒。

是在提到乳酒凍❼時，他建議加一根迷迭香在鮮奶油中搗爛，「以便很快帶出味道」。

迪格比建議搗爛迷迭香以促使鮮奶油和酒的味道活化，這是個很有意思的觀點，反觀羅柏．梅所述，顯然只是用迷迭香來裝飾而已。事實上，迷迭香和葡萄酒似乎一直有著密切關係，伊夫林❽在一六九九年出版的《沙拉——談拌生菜》❾提到，迷迭香的葉子雖不用來做「沙拉內容」，其花「有點苦味，但浸在醋裏永遠都很合適；尤其更宜用一兩根新鮮迷迭香小枝浸在一杯葡萄酒中」。如今我們大概不會同意這看法，但是話說回來，伊夫林那時代的葡萄酒也跟我們現在所見大不相同，而且他並非對自己的飲食不留意與不用心之人，或是隨俗地跟著流行趨勢走。因此我們必須承認，迷迭香在伊夫林那時代的確能對葡萄酒產生某種作用。

在十七世紀期間，迷迭香那些漂亮又「有點苦味」的花朵也像其他花朵如紫羅蘭、康乃馨、玫瑰、鈴蘭、薰衣草以及其他十幾種園圃香花一樣，都可用來製成糖漬花❿。

摘自《藥草植物評論》，一九八〇年秋季

---

❼ 乳酒凍：syllabub，用牛奶或鮮奶油加酒、蛋等拌製的甜食，亦拼爲sullabub。

❽ 伊夫林：John Evelyn，1620～1706，英國鄉紳和著作家，皇家學會創始人之一，撰有美術、林學、宗教等著作三十餘部。

❾《沙拉——談拌生菜》：*Acetaria, A Discourse of Sallets.* acetaria 乃拉丁文，意即用醋拌的生菜。此書按照字母順序，談所有可用來拌沙拉的蔬菜、香草、植物等，並評論其風味與做法，堪稱談論沙拉的經典。

❿ 糖漬花：sugar candy，類似中國糖薑、糖蓮子之類外層有糖衣的甜食。

新鮮與乾燥的香草

要是以爲所有新鮮香草就一定比乾燥的要好，根據事實來看，這可是一廂情願的想法，因爲有些香草或香草植物的某些部分只能在乾燥或經其他加工後才可以使用。其中最明顯的例子如當歸（angelica），香氣濃烈但沒有味道，一定要用糖煮過做成蜜餞才行；又如野茴香的莖，必須先將之乾燥到易燃程度儲藏起來，等到要烤魚或燻豬肉、用燜罐燉雞時，才用它來引火燃燒。但從另一方面來說，無論怎麼試圖乾燥茴香葉都是白費心機，因爲茴香葉太脆弱了，結果會碎成粉末狀；歐芹、細香蔥和茴芹（chervil）情況也差不多，雖然在乾燥裝罐收藏後有幾天還會散發出微香。在丹麥，茴芹湯是道很受喜愛又好吃的湯，我在那裏買過冷凍茴芹，結果解凍之後爛爛的，香與味俱缺，令人望而興嘆。

迷迭香和月桂葉的葉子都含有一定分量的芳香油質，這意味它們新鮮時很容易蓋過醬汁或大塊烤肉的味道；但乾燥後就溫和多了，味道也更細緻。很多地中海中部地區（如中東地區）的蔬菜料理都要撒些乾薄荷葉，一如英國的薄荷醬汁少不了新鮮薄荷葉一樣。普羅旺斯的野生百里香在山上長出來時就是乾燥扭曲的模樣，所以我們買到的曬乾細枝——用來增添紅酒燉牛肉香味以及當宗教儀式花束的百里香，其實可說是大自然把它們造成那狀態的。

英國產的那種有檸檬香味的野百里香又是另一回事：最好是要用新鮮嫩綠的。新鮮的羅勒和龍艾在夏季更是無與倫比，不管是脫水的或曬乾的，總之，乾燥的羅勒和龍艾就是無法取代它們；它們當季時是可讓人細細品嘗滋味的佳品，一如秋季才會有的罕見野蕈或聖誕節第一批上市的柑桔。

直到不久前，法國人使用香草都還是非常有分寸，現在最好的法國料理依然如是。然而，我認爲頗遺憾的是，如今調味料運用過度的傾向正逐漸蔓延至法國各地。食品雜貨店裏擺滿各種一般所知的瓶裝盒裝香草和香料；瓶瓶罐罐的橄欖油浸著塞滿到瓶口的「普羅旺斯香草」，即迷迭香的針葉加上其他氣味濃烈的香草如鼠尾草和風輪菜等。在餐廳裏，烤小羊肉和小牛肉也都厚厚覆蓋了一層同樣的綜合香草，牛排和鴨淹沒在層層綠胡椒之下（其實這種柔軟的綠胡椒粒運用得當倒是很美味），甚至連細膩的龍艾通常也分量下得太多。另一種經常濫用過度的香草則是馬郁蘭。的確，一涉及這些氣味甜美又濃烈的芳香植物時，要學會適可而止地運用它們並非易事。

最好記住這項原則：只有碰上品質欠佳的待烹飪食材時，爲了補救食材本身的不足，才會下重手放大量香草、辛香料、鹽與胡椒，譬如那些飼料雞、缺乏應有特色的蔬菜、冷凍魚類、飼料雞所下的蛋、不快樂的母雞等等。所以，多放一匙「普羅旺斯香草」之前，撒下大量迷迭香和蒜末之前，在蛋黃醬裏放不必要的芥末醬之前，在燉牛肉裏隨意投下野百里香之前，敬請三思。所有調味品和芳香植物都是上天的恩賜，我們當然不該忽略它們，但更不應該濫用它們。

未曾發表過，一九七〇年代

綠胡椒粒

十三世紀期間，有位人稱「英國人巴塞洛繆」的方濟會修士寫了一本著名的百科：《萬物源考》。他在這本作品裏提出的論調是「胡椒長在樹上」，而這種樹則生長在高加索山脈某座山的南麓；那片林木茂密的山上有大批毒蛇出沒，農民爲了要採收胡椒得先驅蛇，於是便放火燒樹。一場大火燒下來的結果，有些胡椒果實燒焦成了黑色，有些沒被燒到的就依然保持原來的白色狀態。

如今我們不再相信這套說法了。因爲我們已經發現胡椒並不是來自高加索，而是香料商種植出來的，黑白兩種胡椒都是如此，有時是小顆粒，有時是粉狀，裝在小玻璃瓶或硬紙包裝中。但這並沒有爲綠胡椒提出解釋，「英國人巴塞洛繆」當時根本不知道有綠胡椒（歐洲也沒有任何人知道），不過他要是知道的話，肯定不難爲這種胡椒以及爲何長在罐頭裏找出個解釋來。

由於我欠缺巴塞洛繆那種妙想天開的本領，所以只能試著將所知如實道來。

所有這些胡椒粒其實都是同一種蔓生植物*Piper nigrum*的果實，種植於東、西印度群島與馬來半島、錫蘭、巴西、馬達加斯加群島。起初就像所有果實一樣是綠色的，卻會因爲逐漸成熟而轉爲紅色，此時便可採收並乾燥之。胡椒粒乾燥後會皺縮，由紅色轉爲古銅色，這就是黑胡椒粒，帶有香氣，辛辣程度相當溫和。爲了要增加辛辣程度，有些胡椒粒會先去皮，乾燥後呈現光滑的淡黃褐色，即所謂的「胡椒色」。這種胡椒比較辛辣，香氣也比較淡。總之，這兩種不同的乾胡椒粒只要一直保持整粒狀態，它們的特性就不會消失。自從古羅馬時期以來，胡椒便是以如此不同凡響的方式成爲所有香料中最可貴又舉世用之的香料之一。

至於那些綠胡椒粒又是怎麼一回事呢？其實在栽種胡椒的地區，老早就已經習慣從藤上摘下仍未長硬、尚未成熟的胡椒粒，直接送進鍋裏，用於當地烹調之中。然而直到十九世紀，才有一位在馬達加斯加島種胡椒的法國人開始實驗保存綠胡椒粒的方法，以便出口。於是馬達加斯加島的胡椒開創了新的出口市場，也爲全球各地的廚房提供了等於是全新的一種香料。

最早看出這種新產品潛在價值的人之中，包括巴黎著名餐廳 Grand Véfour 的老闆奧立佛。到了一九七〇年，已經有幾位同行追隨仿效奧立佛的烹調手法，於是綠胡椒鴨或綠胡椒牛排因此風行一時。

由於這種綠胡椒保存在淡鹽水裏，浸在胡椒本身的天然汁液或自身精華胡椒鹼中，因此使得顆粒香氣極佳卻又不至於辛辣，而且用途很多。其中最好的一種用途是給魚類料理調味，或者跟肉桂和少許大蒜調和，做成很新穎又引人的香料醬，用來佐牛排、雞還有魚類。做烤肉之前，還沒有把肉捲起綁緊時，通常用大蒜片加在里肌肉上調味，此時綠胡椒就可派上用場，做出來的烤肉非常棒。

開了綠胡椒罐頭之後，要把它們全倒出來改放入玻璃瓶，而且瓶塞要封得很緊，然後才放進冰箱冷藏，如此可保存一星期左右，要不就放在冷凍庫裏保存亦可。

綠胡椒肉桂醬・Green Pepper and Cinnamon Butter

*

將2小匙綠胡椒和1小片大蒜、$^1/_2$小匙肉桂粉一起輾碎，加上45～60公克（$1^1/_2$～2盎司）牛油，用攪拌機打勻，最後再加入少許鹽（如果你用的是加鹽牛油，那麼鹽的分量還要再減少些）。將打好的醬放進有蓋小瓶中擺到冰箱裏儲藏。要不然分量就多做些，擺到冷凍庫裏保存，但冰箱裏可以擺一小瓶以供眼前之需。

這道食譜也可以用芫荽、磨碎的孜然芹籽，或者薑和肉桂綜合在一起，或乾脆就用這些而不用肉桂，分量比例多寡也可全憑個人口味增減。

綠胡椒肉桂醬烤雞・

Chicken Baked with Green Pepper and Cinnamon Butter

*

1隻重量1.25～1.5公斤（$2^1/_2$～3磅）的烤雞（宰殺後的淨重），需備45公克（$1^1/_2$盎司）上述香料醬。

揭起雞皮，先用鹽接著再用香料醬揉擦雞肉，並用一把小利刀在雞腿以及肉厚的部位劃幾道口，以便香料醬的味道可以滲入肉中。在雞腹腔內多放一點香料醬。可以的話，揉擦完後放置1～2小時才烤。

將烤雞連同幾片月桂葉放進淺身烤盤中，大小要剛好可容得下雞。不加蓋，放在烤箱中央架上，以中溫（180°C／350°F／煤氣爐4檔）來烤，每一面烤20分鐘，然後雞胸朝上烤20分鐘。每次翻轉雞身烤另一面時，就將滴出來的烤雞汁液淋在雞身上。烤到最後階段時，雞皮應該呈現出很漂亮的金黃色，而且很脆。

上菜時配以一切四的檸檬塊以及西洋菜，烤出的雞汁則放在醬汁盅裏一同上桌。

最好的配菜是用很清淡的佐料汁拌成的簡單青菜沙拉。

按照這道食譜來烤雉雞，做出來的效果也一樣好。烤1隻宰殺後淨重850公克（1¾磅）的嫩雉雞，所需時間和溫度跟上述烤雞一樣，不過雉雞要先用塗了牛油的紙或錫紙包住。

白酒綠胡椒豬排·

Pork Chops with White Wine and Green Peppercorns

*

豬肉向來都是略加香料調味後味道更好，以下就是一道最有成效又容易做的食譜。

買2塊厚約2公分（1吋）的里肌肉排，可以的話最好連皮一起。（如今買到的英國豬排都是去皮的，連帶去掉了大部分肥肉，結果烤出來的肉又乾又縮。）

用足量的鹽和切開的蒜瓣擦遍肉排，然後撒一點麵粉在肉排上，放到厚重的搪瓷有腳燒鍋或其他有蓋且可直接放進烤箱的鍋子裏，不要放油或其他液體。先用慢火燒肉排，然後把火加大，直到豬排兩面都有點焦黃爲止。加2～3片月桂葉以及幾根乾茴香梗，接著淋1杯（125毫升／4盎司）無甜味白酒或苦艾酒，先讓它很快燒滾幾秒鐘，然後蓋上鍋，整鍋放到烤箱中央，以中溫（170°C／325°F／煤氣爐3檔）烤20～30分鐘，直到豬排烤軟爲止。

取出豬排放到菜盤裏並保溫，再把鍋子放回火爐上燒到餘汁沸滾水分略爲減少。放1小匙黃色味濃的第戎（Dijon）芥末醬到鍋裏拌勻，如果你喜歡香料濃郁的醬汁，加1小匙高出匙面的綠胡椒粒到醬汁裏，一面攪拌一面輕輕壓碎它們，醬汁淋到豬排上時應該會嘶嘶作響，趕快端上桌趁熱吃。

將可食用的甜蘋果去蒂與核、削皮、切片，用慢火在牛油中略煎一下，撒些糖，用來配這道豬排非常美味。每1塊豬排需搭配2個蘋果的分量。

香辣綠胡椒里肌肉・Loin of Pork Spiced with Green Pepper

*

這是道非常新穎又美妙的香辣料理。

向肉店買1塊重約2公斤（4磅）的豬里肌肉，要去皮去骨，但不要捲起綁好⓫，烤肉時要骨頭和豬皮跟肉一起烤，這點很重要，因此要確定肉店把豬骨和豬皮都跟里肌肉包在一起讓你帶走。其他所需材料是：2小匙鮮綠胡椒粒、1瓣大蒜、鹽、磨碎的肉桂和薑各1小匙左右、月桂葉、乾茴香梗；約450毫升（3/4品脫）上好高湯凍，要是沒有高湯的話，就改用1高身玻璃杯（tumbler，約240毫升）白酒或苦艾酒加清水代替。

首先將肉平放在砧板上，用鹽擦遍，接著再用肉桂和薑擦過。大蒜切片，以均等距離沿著縱長擺在里肌肉上，然後均勻撒下綠胡椒粒，再略爲按壓，把肉捲成長枕狀，用細繩紮緊。

在烤盤裏放下豬骨、豬皮、幾片月桂葉和幾枝乾茴香，再把肉塊放在最上面。

⓫ 此爲西餐做烤肉經常有的步驟。

不用蓋上，把烤盤放在烤箱下層用中溫（170°C／325°F／煤氣爐3檔）烤30分鐘後，加入高湯或者是酒與水的混合再烤10分鐘，然後用錫紙蓋住烤盤繼續烤2¼小時。

烤好後把肉取出放在盤子裏，將烤盤內的汁用細紗布濾到玻璃碗或闊口瓶內，涼了之後放進冰箱以凝結油脂，第二天再把油脂揭起（把這些油脂留下來，重新融化後儲存在缽內，用它炸出的麵包好吃得很）。這道肉要吃冷盤，果凍般烤出的高湯另外放在碗裏或醬汁盅裏。這分量足夠6～8人分享。

豬骨以及豬肉修掉的部分可以再熬第二道高湯，留著下次做綠胡椒雞或綠胡椒豬肉時使用。

做這道豬肉料理還可以額外添點調味方式：加1小塊去皮的薑，切片後跟月桂葉和茴香一起放進烤盤，快要烤好之前的幾分鐘在肉上淋一點苦艾酒或白酒，甚至馬黛拉酒。

用來配魚吃的綠胡椒奶油醬汁・

Green Peppercorn and Cream Sauce for Fish

*

這是道很簡單的醬汁，所含香料極爲溫和，因此搭配最清淡的魚類料理也不致喧賓奪主蓋過魚味。唯一需要的材料是非常新鮮的高脂濃厚鮮奶油（double cream），每2人份以150毫升／5盎司爲計；30

公克（1盎司）不含鹽分的牛油；1小匙綠胡椒粒；2小匙切碎的歐芹；適量鹽。

先將綠胡椒粒放在碗或乳缽裏搗爛。在小炒鍋裏用慢火融化牛油，然後將搗爛的綠胡椒傾入溫熱的牛油中攪拌。

接著迅速倒入鮮奶油，要攪拌得很均勻，並不時傾斜鍋身以助牛油和鮮奶油混合成醬汁狀，但不是煮成很稠而是渾然合爲一體。然後將這熱醬汁倒入醬汁盅內，加入碎歐芹和適量的鹽攪勻。

這醬汁一定要現做現吃，所以可等魚先做好要上桌前才做醬汁。用來配淡水或海水的鱒魚極佳，鱒魚包在塗了牛油的錫紙內用烤箱烤，搭配白魚（例如庸鰈和比目魚），無論是煮或烤均可。

一九七四年Williams-Sonoma小冊序；

食譜摘自一九七二年伊麗莎白・大衛出版的小冊

府上有肉豆蔻嗎？

十八世紀英國雕刻大家納理肯（Joseph Nollekens）不但以爲當代名門男女雕刻胸像聞名，其妻以及他本人的吝嗇作風也幾乎同樣名聞遐邇。一八二三年他去世之後，有個曾經拜他爲師學藝的人史密斯寫了一本關於已故師父的八卦傳記，大爆其諸般缺點。史密斯靈敏的喜感以及津津樂道自己的笑話，大大有助於緩和他筆下那些幾近惡毒的尖刻逸事。在那些爆出來的內幕中，最荒唐的一段是納理肯太太向雜貨商騙取免費香料，而她老公則到莊嚴的皇家藝術協會出席晚宴時順手牽羊，把桌上的香料都拿走帶回家：

> 瑪格麗特街的雜貨商經常向人宣稱，每次納理肯太太來光顧他父親的店買茶葉或糖時，總是在離開櫃檯前要求給她一顆丁香或一點肉桂，以便消除口中的不適味覺，但從來沒見過她拿了香料後真的如此派上用場。如此這般，加上納理肯從學院晚宴桌上順手拿回家的肉豆蔻，這兩夫妻集腋成裘，不費一文地居然也累積出小規模的香料庫存。

摘自《Nollekens and his Times》，一八二八年出版

我發現這對最不可愛的夫妻也眞夠有意思，居然不怕煩，這裏弄五、六顆丁香，那裏要幾小塊肉桂皮、兩顆肉豆蔻的！我倒很希望史密斯能再多告訴我們一點詳情：他們是否把弄來的這小堆香料祕藏在特製的香料盒裏？還是連磨肉豆蔻的刨子都是學會免費贈送的？（無疑地是在宴會尾聲用肉豆蔻來爲潘趣酒⓬調味。）

十八世紀的人喜歡隨身攜帶肉豆蔻磨刨，上餐室用，參加上流社交界茶聚則用來刨磨香料加入熱飲，還有旅行也用。這實在是很文明的風尙，我倒覺得此風値得復甦；口袋裏放著裝有肉豆蔻和磨刨的小盒到處去，非但一點

⓬ 潘趣酒：punch，原指牛奶、糖、檸檬汁、香料、酒或其他飲料等五種材料混合成的飲料，現在已成爲雞尾酒的一種。

也不傻，而且去到倫敦的餐廳裏，這裝備就順手得很。說到這裏，我發現如今連去到義大利餐廳我都得開口要求，他們才會現磨一點肉豆蔻到我最愛的牛油巴爾瑪乾酪麵條裏，或者是菠菜葉上。在我心目中，這些料理是少不了肉豆蔻的，事實上，貝夏梅白醬汁、乳酪酥浮類以及幾乎所有其他混有乳酪的料理，都少不了肉豆蔻來調味。然而不知有多少次我開口要求後的結果是：滿臉歉意的服務生告訴我餐廳裏沒有肉豆蔻。

在義大利，廚房裏沒有一顆肉豆蔻的話就不叫廚房了，麝香硬果（noce moscato）在義大利料理中是不可或缺的，就跟巴爾瑪乾酪、牛至和鹽一樣。這倒不是說義大利人做菜時香料放得很多，剛好相反，他們使用香料相當節制，做粗管麵⓭和方餃子⓮時，用淡味乳酪和菠菜調餡料時，會放一點肉豆蔻，結合出妙不可言的味道，有時也有意外的美妙效果；例如肉豆蔻、白胡椒和丁香混合之後，加一點味道分明的杜松子。我記得曾在托斯卡尼一家鄉村餐廳露天座吃過上述香料燒雞，同樣也在這令人心醉的地方吃過他們的自製麵食、用檸檬皮和雞肝做的醬汁，可惜這家餐廳已經消失了。

英國料理在使用肉豆蔻方面不及義大利懂得發揮，通常都是加在布丁、蛋糕類以及甜鮮奶油裏，讓刨磨出的肉豆蔻粉直接落在乳凍甜食、奶糊、聖

⓭ 粗管麵：cannelloni，中空圓筒狀的麵食，中間通常塡餡料，其名意為「大管子」。

⓮ 方餃子：ravioli，傳統餡料為菠菜、ricotta乳酪和肉豆蔻，但也有用絞肉餡的。做法是在大張麵皮上放許多小分量餡料，然後對折麵皮，蓋住有餡料的另一半，將每份餡料周圍壓緊合攏，用刀將之分割成小方餃。

誕白蘭地牛油⓯上。我們那些可口美食如肉醬凍、肉腸、派餅餡等卻不是用肉豆蔻來調味的，而是用肉豆蔻衣（mace），這種傳統可能是根據某種邏輯而來。肉豆蔻衣和肉豆蔻乃同一果實的不同部分，香氣近似，但前者粗糙一點，甜味略遜，較爲辛香。

要說明肉豆蔻和肉豆蔻衣兩者的明確分野和不同之處，就要先講到肉豆蔻樹（*Myristica fragrans*）如洋李般的黃色果實，成熟後果實裂開，露出白色果肉，中央那顆有鮮明深紅網狀包覆的棕色硬果種子就是肉豆蔻，那層網狀外皮（即假種皮）則是肉豆蔻衣。

肉豆蔻樹是印尼群島中摩鹿加群島（Moluccas）的土生植物，該群島即昔日貿易商所熟知的「香料群島」。雖說早在喬叟那時代肉豆蔻已經出現在英國（喬叟講到麥芽酒時提及肉豆蔻），但卻是很久之後，亦即一五一二年葡萄牙人發現了香料群島後，歐洲才普遍知道肉豆蔻的存在。如今我們的肉豆蔻主要來源供應地，則是西印度群島和菲律賓。

Williams-Sonoma小冊，一九七五年七月

⓯ 白蘭地牛油：brandy butter，用白蘭地酒增加香味的牛油，通常與甜布丁一起吃。

食譜

義式綜合香料・Italian Spice Mixture

*

我是在大約二十年前記下這個配方的，那時我正在讀卡納奇納⑯的《國際美食家》。最近我一直在用小電動磨咖啡豆機嘗試磨出各種不同搭配的綜合香料，在我看來其中這味義大利式綜合香料倒是非常成功。

原來配方的分量如下：125公克（4盎司）白胡椒粒、35公克（剛好過1盎司）刨磨出來的肉豆蔻、30公克（1盎司）杜松子、10公克（1/3盎司）丁香。

爲了我自己的需要，我把分量減至如下：3小匙白胡椒粒、約1/2顆小顆肉豆蔻、1小匙杜松子、1/4小匙丁香粒。

把這些香料都放進磨咖啡豆機裏磨成粉末，肉豆蔻所需時間最久，而且磨豆機會有好一陣子發出怒嘯般的響聲（其實即使用於正途也會有此現象）。總而言之，直到目前爲止，無論機器本身或磨豆的蓋子，都還沒出現大礙。（我這個磨咖啡豆機還是很老舊、用了很久的萬能牌。）

磨出的分量大概足夠裝滿1個闊口小玻璃瓶，容量約爲45公克

---

⑯ 卡納奇納：Luigi Carnacina，國際知名的義大利名廚，有「義大利美食之父」之稱。

（1½盎司），已經夠用六個月之久——誰都不想老用同一種香料，到頭來會變得很單調乏味；而且一次磨太多分量也不明智。雖說這味道獨特的綜合香料所含的各種香氣都可保持得很好，然而似乎還是不時採用新鮮磨出的比較好。

用這種香料撒在火烤的豬肋排、待用烤箱烤的豬肉、火烤的小羊肉、雞等，倍增美味又令人回味無窮。花工夫磨這麼小分量的綜合香料畢竟是值得的。

未曾發表過，寫於一九七〇年代初期

撒在烤燻腿肉上的綜合香料・

A Spiced Herb Mixture to Spread on Baked Gammon

*

這味綜合香料是從一道舊食譜中擷取出來的，那原本是餡料食譜，用來鑲整塊脊肉（chine）或背肉培根⑰並用林肯郡方式來煮，是慶豐收晚餐中的一道菜。

有時我不用平常的麵包粉或糖漿來撒或刷在已經去皮、烤好的燻腿周圍或中央肥肉部分，而改用這種辛香料和香草的混合，只要在烤箱裏烤幾分鐘，這綜合香料就會定著，而肉也不會乾掉或老了。

---

⑰ 背肉培根：back of bacon，里肌肉做成的培根。

要做1塊重達1～1.2公斤（$2\frac{1}{2}$磅）的燻腿或燻鹹肉所用的1杯餡料，需用以下材料來配製：新鮮歐芹、新鮮或乾的馬郁蘭、薄荷、檸檬百里香（當季的話也可以用細香蔥）、1個檸檬、$\frac{1}{2}$個橙所刨下的外皮細絲、$\frac{1}{4}$小匙壓碎的芫荽籽、$\frac{1}{2}$小匙略為壓碎的黑胡椒、$2\frac{1}{2}$～3大匙乾麵包粉、少許融化的牛油。

新鮮和乾燥的香草比例可按個人喜好以及哪幾種分量最充足而調整。新鮮歐芹很重要，薄荷則爲這味綜合香料帶來獨特的英國風味，檸檬皮以及辛香芫荽彌補了這類十七世紀口味中原本採用的紫羅蘭和金盞花葉子的味道——在鄉下地區，直到十九世紀爲止，一直都還採用這兩種葉子來做煮鹹肉的餡料。

這味綜合香料用來做烤新鮮豬肉用的餡料也非常美味。

另有一個大同小異的變化做法，刊於《英倫廚房中的香料》第181頁[18]。

印度香辣粉[19]・Garam Masala

*

我這味印度香辣粉，是以Chatto一九七三年出版的噶登著作《濕婆

---

[18] 此乃原文書的頁碼。

[19] 印度香辣粉：乃辣味綜合香料，是許多印度菜的基本調味品。

的鴿子》裏的一道食譜爲依據。爲了適合英國家庭採用，我不但減了分量，也略爲更改了材料比例，少了幾顆丁香和豆蔻（cardamom）。內容如下：

4小匙芫荽籽、2小匙孜然芹籽、豆蔻莢取出的種籽約12～15粒、$^{1}/_{2}$小匙丁香粒、2小匙白胡椒粒、5公分（2吋）肉桂皮、$^{1}/_{4}$顆肉豆蔻。

將芫荽籽和孜然芹籽分別放在耐熱盤中，放進中溫（190°C／375°F／煤氣爐5檔）烤箱裏烤10分鐘左右。取出後與其他香料一起用磨咖啡豆機磨成粉末，以密封闔口瓶儲存起來。

未曾發表過，一九七三年九月

文藝復興時期的開胃醬

「正餐附帶的開胃品，配以較普通的食物一起吃可以增添滋味；有味道或有辣味的；任何東西的獨有味道。」除了這些，《牛津英語辭典》還提供 relish 一詞的其他定義，但沒有一項是特別令人滿意的。對於我們這些年紀大到足以記得戰前受人喜愛的 Patum Peperium 公司出品的「紳士開胃醬」的人來說，就非常清楚那是什麼東西了。relish 指的是一種非常有滋味、很黏稠的糊狀物，用鯷魚、胡椒加上其他材料製成，成分未特別規定，而且呈灰色，令人看了退避三舍，然而卻用很吸引人的瓷盅來包裝。由此我想到幾年前我買了一小盅這種曾經風行一時的塗醬，那是 Elsenham 的 Essex 公司所出品的，標籤上如是說：「一八二八年原創配方」，這是毋庸置疑的，而且事實上那親愛的老「紳士開胃醬」至今仍存在。然而，所有那些味道好又令人感興趣的酸甜開胃醬，既非印度式酸辣醬也非醬汁，而是味道和稠度介於兩者之間的那種開胃醬，如今下落又如何了呢？以前很多人都慣於在自家做開胃醬，從夏季到秋季的水果都可用來當材料，包括紫李、洋李、黑刺李（sloe）、布拉斯李（bullace）、歐洲越橘（bilberry）、黑莓、桑葚、野薔薇果、海棠、山茶莓（japonica berry）、榲桲等等，它們是否全都向亨氏（Heinz）公司席捲天下的番茄產品低頭了？

開胃醬在法國從來不曾流行過，但是在義大利卻曾經很受欣賞，至今在奧地利和巴伐利亞依然爲人所愛。弗婁里歐曾編纂過他稱之爲《文字世界》

M BARTOLOMEO
SCAPPI

的義英字典，於一六一一年出版，編這字典是爲了要給詹姆斯一世的王后丹麥安妮看的。他在字典裏將 sapore 譯爲「所有的好滋味、特定味道、味道或美味，以及令所有肉類吃起來很美味的醬汁」，而 saporoso 則譯爲「好滋味的，嘗起來味道很好的，很有味道的」。Sapore（醬料）和 salsa（醬汁）的主要區分，起碼在斯卡皮於一五七〇年那本烹飪傑作（起初只稱爲《作品》，後來才花心思想出《烹飪巧藝》這書名）裏是以「保存」性質來劃分的：Sapore 可以儲存起來日後使用，但是 salsa 則是做好後要很快吃掉，不宜久存。除了少數奇特的例外，一般而言，sapore（開胃醬或調味醬）是非常甜的，有時用來塗在串於扦上用火烤的畜肉、家禽或野禽，有時盛在醬汁盅裏擺在桌上任人取食。以下就是斯卡皮看家本領中的幾個例子。

食譜

凍醬・Galantina

可作開胃醬或用來塗串扦火烤的肉類和家禽

*

取1磅（500公克）無核小葡萄乾、6個煮得很老的蛋黃、3盎司（90公克）麝香味的餅乾、3塊在餘燼中烤過並用玫瑰醋浸透的麵包，全部放在乳缽內搗爛，然後加6盎司（180毫升）馬姆奇甜酒❶，和4盎司（125毫升）澄清後的酸葡萄汁調和，再用濾器或篩子榨濾，同時加入1磅（500公克）糖、3盎司（90公克）酸甜枸櫞❷

汁、½盎司（15公克）搗碎的肉桂、1盎司（30公克）搗碎的胡椒、丁香與肉豆蔻的混合。榨濾過後放到鍋裏燒熱，煮後任其冷卻，涼透後便可作爲開胃醬，吃時要撒上糖和肉桂。但若要用來塗在串扦火烤的家禽或野禽上，就要先加些瘦肉清湯調得清爽一點。

◎附記

酸葡萄汁的義大利文是 agresto，乃中世紀與文藝復興時代不可或缺的烹飪調味品。事實上，它並非如一般所以為的只是用未成熟的葡萄榨出的汁而已，而是用一種特別的酸葡萄釀製出來的，栽種這種酸葡萄的目的便是為此。這種葡萄的名稱也是 agresto，葡萄藤往往可同時長出成熟酸葡萄並且開花。

酸葡萄汁可連同渣一起保存在小缸中，用布蓋住即可。等到發酵時，浮渣自然會沉澱到缸底，葡萄汁就變清澈了。用這種方法據説可保存一整年，不但是解渴飲料，也可用在烹飪上。酸葡萄汁跟蜂蜜混合之後，被認為有助於治療喉嚨痛、口瘡以及眼睛感染發炎等功效。

---

❶ 馬姆奇甜酒：malmsey，原產於希臘，後擴及西班牙、義大利等地。
❷ 枸櫞：citron，狀似檸檬但果皮厚，通常糖漬之後用來做糕餅材料。

甜杏仁・Sweet Almonds

冷熱皆宜的黃色開胃醬

*

在乳缽裏放1磅（500公克）上等去皮杏仁、6盎司（180公克）飽浸酸葡萄清汁的麵包屑、3盎司（90公克）松果兒（pignoccati，狀若松果般的小塊甜食）、6個煮得很老的蛋黃，全部搗爛之後加入枸櫞汁、酸葡萄清汁和一點特列比亞諾白葡萄酒❸或麝香葡萄調和，然後用篩子濾過，放到煮鍋裏，加入1磅（500公克）糖。將胡椒、丁香、肉桂、肉豆蔻一起搗碎，但肉桂要多放些，搗出來的分量總共1½盎司（45公克），然後加到鍋裏，按照前述煮開胃醬的方法去煮：加入普通紅葡萄酒醋以及麝香味的餅乾。要吃熱的或冷的可隨意，吃的時候撒些糖和肉桂在上面。

蒜味開胃醬・Agliata

加胡桃和杏仁製成

*

6盎司（180公克）新鮮去殼的胡桃仁、4盎司（125公克）新鮮杏仁、6瓣煮得半熟的大蒜或1½瓣生蒜，將上述材料放入乳缽中，加

---

❸ 特列比亞諾白葡萄酒：用Trebbiano白葡萄釀製的酒。

入4盎司（125公克）用魚湯或肉湯浸透的麵包屑（不要太鹹）一起搗爛，再放1/4盎司（7公克）搗爛的薑。這味開胃醬如果搗得很細，就無需再用篩子濾過，只消加入上述浸麵包屑的清湯調開即可；萬一胡桃太乾，就先用冷水浸到夠軟可以剝殼爲止。你還可以加入一點蕪菁一起搗爛，如果那天是可以吃肉的日子❹，則可以改爲加些用肉湯煮透的花椰菜。

酸葡萄汁香料煮新鮮櫻桃・Fresh Cherries with Verjuice and Spices

*

將4磅（2公斤）新鮮羅馬櫻桃（不要太熟）放入鍋裏，加入1佛列塔（foglietta，古羅馬葡萄酒計量單位品脫的一半，約爲8盎司／250毫升）酸葡萄清汁、2盎司（60公克）精製香料餅乾、4盎司（125公克）軟麵包屑、一點鹽、1磅（500公克）糖、1盎司（30公克）胡椒、1/4盎司（7公克）丁香加肉豆蔻，全部一起煮，並加入4盎司（125毫升）玫瑰醋，煮好後放在篩內壓濾出有點稠的醬，待涼透後才食用。

---

❹ 舊時天主教徒星期五不得食肉，只能食魚。

黑葡萄・Black Grapes

可供儲存的開胃醬

*

採用結實的黑葡萄，亦即產自契塞那（Cesena）被稱爲 gropello那種紅梗葡萄。將葡萄壓爛後放入煮鍋用文火煮1小時，取出煮出的葡萄汁液濾過之後，按照每1磅（500公克）葡萄汁配8盎司（250公克）細糖的比例加入細糖，再放回鍋中煮，並撇掉煮出的浮沫。最後加一點鹽以及整片肉桂，用慢火煮到開始變稠即可。煮好後放在玻璃容器或上釉的闊口瓶裏儲存起來。

甜芥末醬・Sweet Mustard

榲桲口味

*

1磅（500公克）葡萄汁和另1磅（500公克）榲桲加葡萄酒和糖去煮，4盎司（125公克）用葡萄酒和糖煮出的甜食蘋果，3盎司（90公克）糖漬枸櫞皮，2盎司（60公克）糖漬小檸檬皮（即拿波里檸檬，果實小而皮薄多汁），以及1/2盎司（15公克）糖漬肉豆蔻，將所有這些糖漬物和榲桲以及甜品蘋果放在乳缽裏一起搗爛。然後和葡萄汁以及3盎司（90公克）澄清的芥末醬（或多或少於此量，端視想做出來的醬辛辣程度如何而定）一起用漏篩壓濾過，在濾出的醬內放一點鹽、搗得很細的糖、$\frac{1}{2}$盎司（15公克）搗碎的肉桂，以及$\frac{1}{4}$盎司（7公克）搗碎的丁香。要是你沒有葡萄汁可用，不加也可以，改爲放更多榲桲和甜品蘋果，按前述方法去煮。

◎附記

按照上述食譜可以炮製出一種濃稠的甜味芥末水果開胃醬（mostarda），想來必然就是我多年前在威尼斯買過的那種甜味芥末醬的前身。那時已是秋末，我記得是在十一月初，而這種榲桲芥末醬就只有在里奧托市場附近一家店裏有得賣。店主告訴我每年只做小量，因為這種醬無法擺到聖誕節過後。威尼斯人的「甜味芥末蜜餞」比起當今克雷莫納❺淪落為商業版本的「水果芥末開胃醬」無疑勝出很多，因為從斯卡皮食譜上很明顯看出他炮製的芥末蜜餞完全根據當季水果而定。他所用的材料之中，唯有糖漬肉豆蔻是我們完全不熟悉的。在斯卡皮那時代，甚至其後三個世紀中，肉豆蔻都是青綠未成熟時就採收下來，浸在糖漿中裝在小木桶裏從馬來西亞帶過來的。之後可以再糖漬成蜜餞結晶，或者依然照樣浸在糖漿裏，切成小粒用來為很多料理增添香料味道。

《Taste》，一九九一年七月

---

❺ 克雷莫納：Cremona，義大利西北部城市。

義大利水果芥末醬

我想，義大利的甜味芥末醬是從古羅馬帝國時期殘存至今的食品。那位了不起的法國廚藝學者蓋岡（Bertrand Guégan）曾引述帕拉丟斯（Palladius）所寫的古羅馬芥末醬做法：「將1½塞提耶（setier，相當於4公升）芥子輾成粉末，加入5磅蜂蜜、1磅西班牙橄欖油、1塞提耶酸勁很強的醋，將之打勻後就可食用。」❶古羅馬時期，這類蜂蜜、芥末和醋的混合醬有時會混以松子和杏仁，也可以當作糖漿醃漬根菜類如蕪菁等。上述風味已頗接近中世紀的水果芥末醬，也就是當時稱爲 compostes（漬水果）的食品，而且顯然爲義大利、法國、西班牙和英國的廚師所熟知。

一三九三年左右，一位小康中年人寫給年輕嬌妻看的著名論文〈巴黎的一家之主〉❷裏，有很長的篇幅詳述如何醃製這種醬：先在仲夏期間的聖約翰節（六月二十三日）採集仍然青綠未成熟的胡桃，浸在水裏10天，接著用丁香和薑調味，再用蜂蜜醃漬到萬聖節（十一月一日），然後加入去皮且切成四塊的煮熟蕪菁一起醃漬；胡蘿蔔亦如法炮製，其次是梨，但不用去皮，一切爲四就可。之後，隨著時節變換而加入當季瓜果，例如切片南瓜、未熟的

---

❶ 作者注：*Les Dix Livres de Cuisine d'Apicius*，初次譯自拉丁文，Bertrand Guégan 爲序。1938年，René Bonnel，巴黎。

❷ 作者注：1847年，法文珍本收藏家協會初版，〈巴黎的一家之主〉由該會主席 Jérôme Pichon男爵編輯。

桃子（這些顯然在萬聖節之前就已經當季了）。等到聖安德烈節前後（十一月三十日），就該加入一些茴香根和歐芹根（後者必然是我們現在所稱的「匈牙利歐芹」的前身）。

一旦所有蔬果都醃漬在蜂蜜中，就用乳缽將芥子、大茴香籽一起搗碎，山葵也同樣在搗爛後用醋調潤。需要搗碎的還有丁香、肉桂、胡椒、青薑、豆蔻籽、番紅花和檀香木（用來添加顏色）。搗好的香料都加到芥末醬料裏，但番紅花和檀香木則暫時不放入。

炮製這味奇妙的醃漬蔬果醬的下一個階段，要將大量蜂蜜加熱，撇去浮沫，煮成黏稠狀態；待蜂蜜冷卻後，用葡萄酒和醋稀釋芥末和香料的混合物，酒與醋分量各半，稀釋後混入蜂蜜中。此時就要用上番紅花了，接著再放入1把粗鹽，以及混在葡萄酒中加熱的檀香木粉。最後，把這炮製好的香料蜂蜜和醃漬蔬果混合好，將2磅新曬成的迪涅無核小葡萄乾❸搗爛，加醋調和使之濕潤，然後用細篩濾過，濾出的葡萄糊加到之前已經混好的醃漬醬物中。末了這位一家之主又補上一筆：「如果放4～5品脫發酵中的葡萄汁或熟酒汁❹，做出來的開胃醬味道更好。」

另一味英國版本的糖水水果製法，則出現在馳名的《烹飪大全》（*Forme of Cury*）一書中，此書乃十四世紀末葉由理查二世的大廚們編纂而成。英國的炮

---

❸ 作者注：如果是在十一月底做醃漬蔬果，這意味葡萄乾才曬成不久。迪涅（Digne）是位於普羅旺斯北部阿爾卑斯山區的城鎮，當地的葡萄乾顯然在十四世紀曾頗有名氣，雖然聽起來頗像是淡黃色的無核小葡萄乾。

❹ 作者注：新釀成的酒醪熬煮濃縮而成。

製法比較沒有那麼繁複，而且遠不及法國詳盡，製作過程乃一氣呵成而非持續在幾個月內分段進行。其中胡桃刪除不用，幾道不同工夫如加蜂蜜、葡萄酒、芥末和醋都沒提到，取而代之特別指定要用的材料則是「倫巴底芥末」。不熟悉義大利水果芥末醬的人逕自以爲「倫巴底芥末」就是芥子，而沒有想到質疑義大利北部生長的芥子和我們本土的芥子有何顯著不同。

在義大利，mostarda 一字當然也指在醬料中所用的煮過而濃縮的發酵葡萄汁 mosto（英文即must），這種汁和蜂蜜、葡萄酒、醋混合形成了黏稠的酸甜漿，那些根莖和水果就是用這種漿來醃漬的。而我們所說的 mustard（芥末醬）在義大利語中叫做 senape，是用辣根、胡椒和薑配製而形成辛辣的特質。

至於「倫巴底」一稱，這種什錦芥末醬也絕非當時唯一沿用此稱的食品。例如曾經有過幾種不同做法的倫巴底派餅，其食譜一直存留在我們的烹飪書中，直到十八世紀依然可見。那是種非常大型、不露餡的餡餅，餡料混有骨髓或魚、肉（這就要看吃餅當天是可以吃肉或戒肉食的日子而定）、水果乾、棗子、松子、香料和糖，有時上層餅皮還會擺一簇用糖和香料醃漬的梨爲裝飾。

同時期的法國烹飪書卻稱這類餡餅爲 tourtes pisaines（比薩圓餡餅），莫非它們起源於托斯卡尼而非倫巴底？很有可能！但我們該記得當年倫巴底餡餅傳入英國時（可能是理查王的廚師們記錄下這些食譜之前的一世紀甚至更早前），倫巴底還是神聖羅馬帝國的一部分，這個帝國幾乎涵蓋了羅馬與梵諦岡以北的整個義大利地區，只除了威尼斯共和國之外。所以比薩、佛羅倫斯、盧卡、巴爾瑪和柏加摩❺在當時就跟今天的米蘭一樣，同屬於倫巴底的一部分。很有理由推測這些稱爲「倫巴底」的食品（包括倫巴底甜食，以及用水果、蜂蜜和香料製成的硬膏等）事實上是倫巴底人傳給我們的，說不定就是那些商人和放貸者，他們於十二世紀期間在倫敦城裏定居下來，「倫巴底街」也是因他們而得名。

當年金雀花王朝❻時期，這種倫巴底漬水果的吃法又是如何呢？儘管只在一次盛宴提到過（這場盛宴是十五世紀初由德拉葛瑞勛爵宴請）❼，但似乎和「肉桂清湯」（Brode Canelle）同列爲酸甜開胃熱品類，無疑地那道湯必然是甜湯。

歐洲舊時承傳的開胃醬已經在英國消失了，取而代之的是印度口味的甜辣醬，以及英國廚子做出來的奇怪仿製泡菜。在法國，根菜與香草、蜂蜜、醋以及香料都棄而不用了，當年那種混合開胃醬菜變成了 raisiné，也就是用煮過、沉澱的發酵葡萄汁醃漬的秋季水果甜食。到了十七世紀末，composte 一詞的意義已經轉變爲目前所指的「糖水煮過的水果，用於眼前消耗」。然而在義大利，水果芥末醬依然繼續盛行。法國散文大家蒙田於一五八〇至一五八一年間到義大利遊歷，就曾三番兩次論及開胃醬及香辣調味品之妙。例如一

---

❺ 比薩、佛羅倫斯、盧卡、巴爾瑪和柏加摩：Pisa、Florence、Lucca、Parma皆爲義大利中部城市，Bergamo爲義大利西北部城市。

❻ 金雀花王朝：Plantagenet，又名安茹王朝，指從亨利二世登基（1154年）到理查三世死亡（1485年）這段期間統治英國的王朝。

❼ 作者注：可能是 Grey de Ruthyn 勛爵，他曾於1399年亨利四世加冕御宴上擔任餐桌用布總管。

五八一年十月，他來到聖二村（San Secondo）地區❽，「他們爲我在桌上擺了什錦調味醬，用各種不同的絕妙開胃醬調配而成，其中一種是用榅桲製成的。」幾天後他到了克雷莫納地區的聖東尼諾小鎮，「他們在桌上擺了如芥末醬的開胃品，用切塊蘋果和橙製成，宛如未煮透的榅桲果醬。」❾

葡萄酒醪水果開胃醬・Mostarda d'uva

*

以下這道皮埃蒙特❿食譜摘自安娜・勾瑟蒂・德拉薩達所著的《義大利地區食譜》（一九六七年初版），幾乎完全符合蒙田所描述他在聖東尼諾享用過的開胃品。

需要的材料有：成熟但仍結實的無花果1公斤（2磅）、榅桲1公斤（2磅）、馬丁梨1公斤（2磅）、葡萄酒醪10公升（2¼加崙）、幾顆胡桃和榛子。

葡萄酒醪要煮很久，所以做這種醃漬水果眞的需要用燒柴或燒煤的爐灶才行。10公升新釀酒醪要煮到濃縮爲1公升「漬果醬」。

把榅桲和梨洗淨、削皮、切塊，接著用酒醪來煮準備好的水果。

---

❽ 作者注：如今屬於巴爾瑪縣境。

❾ 作者注：《蒙田文集》，Donald M. Frame 譯，Hamish Hamilton，n.d.，倫敦。

❿ 皮埃蒙特：Piedmont，義大利西北部地區。

無花果不用去皮，切碎即可；胡桃和榛子去殼後在烤箱內烤過，然後放在金屬篩子中拋甩，使之在篩內滾動，烤乾的果仁衣便會自動脫落。

用很慢的火任由這鍋東西煮上幾小時，直到所煮的水果（composta）濃縮成很稠的醃漬蜜餞（mostarda）；這時水果應該也有點煮化了。這種漬醬可作爲皮埃蒙特熱盤或冷盤料理的「什錦白煮肉」（bollito）配醬。

◎附記

馬丁梨是秋末成熟的品種，個頭小，果皮呈赤褐色，果肉結實，如今已很少栽種了。

克雷莫納芥末水果開胃醬・Mostarda di Cremona

*

這個版本是阿妲・波尼在她的名作《口福法寶》裏所寫的做法，此書初版於一九三四年，而我手上這本是一九四七年的第十三版。這個做法刪除了用葡萄酒醪。

首先要用一定分量的水果，例如梨、蘋果、櫻桃、未熟透的無花果、橙皮等等，每一種都要分別用一點水加糖漿煮過，煮時要小心看著，以便煮出來的果肉依然保持一點硬度，不要煮爛了。

等到每種水果都煮好了，就把煮過每種水果的糖漿混在一起，再加糖去煮。熬成很濃的糖漿後，用一點水稀釋芥末醬加進糖漿裏。然後把所有煮好的水果都放在一個鍋裏，把熬好的芥末糖漿倒進鍋裏淹過那些水果，這樣醃上幾天之後就可食用了。

◎附記

我第一次在義大利北部見識到的水果開胃醬就是這種，那是一九五二年間的事，當時我正為了寫《義大利菜》在當地蒐集資料。在米蘭，克雷莫納芥末水果開胃醬是儲存在大木桶裏論公斤出售的。雖然這種商業化大量生產的芥末水果開胃醬已經不再用葡萄酵汁來醃漬了，但還是一樣好看又好吃。

未發表過的文章，寫於一九八〇年代末期

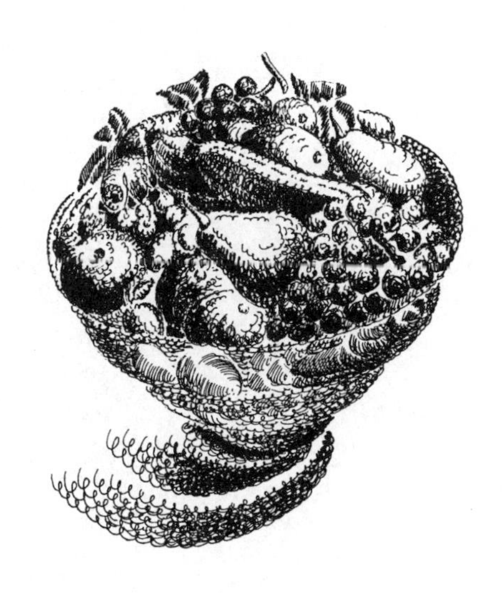

伊麗莎白一直對義大利的芥末水果開胃醬很感興趣，而且保存了一個檔案的相關資料。我認為這篇文章是她於一九八〇年末重新修訂過《義大利菜》後沒多久寫成的，但卻從未發表。她的大部分文章都起草過幾次，有時定稿已完全不同面貌，因此這篇有可能是〈文藝復興時期的開胃醬〉（見157頁）較早的版本。

吉兒・諾曼

一位眞貴婦之樂事

對於《一位眞貴婦之樂事》(*A True Gentlewoman's Delight*) 一書來源，一般咸認爲作者乃伊利沙白・葛瑞 (或稱德葛瑞)，亦即肯特伯爵夫人。我對此甚表懷疑，但或許我也該解釋懷疑的理由。我認爲整件事說來挺奇怪的！

我們所感興趣的這位伯爵夫人原名伊利沙白・塔伯特，原本就是貴族小姐，出生於一五八一年。她是第七任什魯斯伯里❶伯爵吉伯特・塔伯特的次女，其母瑪麗・卡文迪斯乃契茲渥斯 (Chatsworth) 莊園創建者威廉・卡文迪斯爵士之女，乃其很有名望的第三任妻子、哈威克家族的貝絲所出。讓人搞糊塗的是，這位貴婦貝絲以第三次守寡且身兼六名卡文迪斯家族兒女之母的身分，未幾就改嫁給我們這位伯爵夫人的祖父 (她女兒的公公) 成了他第四任妻子，變成了「什魯斯伯里伯爵夫人」。總之，她在自己的婚事還沒定下之前，不但先把自己女兒瑪麗跟伯爵兒子吉伯特的親事給定下，連她長子亨利也一併跟伯爵的幼女葛瑞絲小姐定了親，兩對新人於一五六八年二月在設菲爾德❷一起舉行了盛大婚禮。貝絲嫁給了伯爵之後，又極力撮成另一個女兒伊利沙白和蘭諾克斯年輕的蘇格蘭伯爵的婚事 (這樁婚姻誕出的女兒，亦即詹姆斯一世宮廷裏著名的美人阿拉貝拉・斯圖瓦特貴婦)。貝絲是哈威克府第

---

❶ 什魯斯伯里：Shrewsbury，英國英格蘭西部城市。

❷ 設菲爾德：Sheffield，英國英格蘭北部城市。

以及其他幾座英格蘭中部地區豪宅府邸的創始者，她生於一五一八年，幾乎與整個都鐸王朝齊壽，並成爲該王朝時期最有勢力的女性之一。富甲一方，「傲慢暴烈又自私」，她的傳記上如此寫道。她於一六〇八年去世，享年九十歲。

一六〇一年，伊利沙白女王去世之前兩年，貝絲的孫女伊利沙白·塔伯特伯爵小姐嫁給了亨利，亦即第六代肯特伯爵的兒子兼繼承人葛瑞·德魯辛勛爵。這對小夫妻後來都獲任命，在詹姆斯一世的宮廷中任職，葛瑞夫人成爲王后「丹麥安妮」的女侍臣。她從一六一〇年左右任此職直到一六一九年王后去世爲止，有紀錄記載她曾於出殯行列中尾隨已故王后之棺送葬。❸

身爲乃父的女共同繼承人❹，這位肯特伯爵夫人（其夫於一六二三年繼承了此頭銜）必然是位富婆，而肯特家族顯然也維持了一定程度的生活排場，僕役成群，養了大幫侍女以及貴族出身的侍從（據奧布里❺記載，年輕的勃特勒❻當時是伯爵府中的聽差小子）。伯爵聘用了名律師兼史學家塞爾登（John Selden）爲法律顧問，並在該家族位於貝德福郡的西園府邸內管事。關於這位紳士和伯爵夫人，奧布里有段很典型的緋聞描述。他說，這位伯爵夫

---

❸ 作者注：John B. Nichols，FSA，The Progresses, processions... of King James the First... collected from original mss, etc，倫敦，1828年。

❹ 作者注：伯爵夫人的姊姊瑪麗·塔伯特於1604年嫁給了第三世Pembroke伯爵威廉·赫伯特。

❺ 勃特勒：Samuel Butler，1612～1680，英國詩人、諷刺作家。

❻ 奧布里：John Aubrey, 1626～1697，英國文物收藏家與研究家、作家、皇家學會會員，爲同時代人物撰寫傳記小品而聞名。

人「很有心眼且好男色，會讓他跟自己一起睡，而她丈夫也知情。伯爵過世後，他娶了她。」

肯特伯爵於一六三九年去世，不管伯爵夫人那時是否改嫁了塞爾登，反正她顯然還繼續過著大排場的日子，因爲就在一六四二年英國內戰爆發那年左右，她聘用了羅柏・梅，此君是一六六〇年出版名著《精湛廚師》的作者，而且絕對不是個能容忍飲食不夠豪華或待客排場遜於一流之人。他習慣了富貴人家僕役成群，廚房裏有很多聽命於廚師的幫廚。他那本書的開首有段說明列出某些富有的前任雇主姓名，並有雇主簽名的推薦函，寫明他「曾於戰事開始的時候」爲肯特伯爵夫人工作過。

奇怪的是，儘管這位伯爵夫人貪圖享受，又有奧布里爆她濫交內幕，她最爲人所知的卻是對貧苦者慷慨樂施以及她那些醫療法和療方。看到她那盛氣凌人的外表（范索默畫過她的肖像，她那時大約四十歲左右。如今此肖像藏於倫敦泰特藝廊內），還有她在宮廷內人緣不好的傳聞——「羅克斯布貴婦離開宮廷了，」約翰・張伯倫在一六一七年十月寫信給卡樂同爵士提到：「而儘管反對葛瑞德魯辛夫人的聲浪很大，她還是接替了羅克斯布貴婦的職位。」❼——的確讓我們感到這位伯爵夫人的相貌挺飛揚跋扈的，也難怪不受同僚愛戴。不過話說回來，縱然她曾經是個潑辣女人，但范索默畫的肖像卻流露出她活潑又聰明伶俐的一面，誠如奧布里所言：很有心眼。她必然很稱職、有效率，而且很討王室喜歡，因爲她似乎後來又回到宮裏服侍瑪麗亞

❼ 作者注：Nichols，op. cit.

王后，那可能是一六二六年間的事，查理一世當時將其妻於前一年嫁過來時帶來的大幫煩人隨員（包括四百名侍臣和扈從）全都打發走了。大概就是在這個時期，青年爵爺迪格比結識了這位伯爵夫人，留意到她熬滋補肉湯爲患癆病而身體虛弱者補身的方式：「肯特夫人以及家母同樣都採用密封容器熬湯。」❽還有一位 W. H.，他應該是王后的文書，也可能是位藥劑師，記錄了伯爵夫人獻給王后的藥粉製法：用了淡黃琥珀、相思子、紅珊瑚、鹿茸、番紅花，還有用檸檬汁溶解的珍珠，調製成膏狀後再乾燥成粉末❾。這藥粉是特效藥，「專醫一切惡疾和瘟疫」，包括「梅毒、天花、痲疹、鼠疫、時疫」，被稱爲「肯特夫人藥粉」或「吹牛藥粉」。

一六五一年，伯爵夫人在懷特福來亞的倫敦宅邸去世，享年七十，沒有子女，其夫頭銜傳給了一位堂弟安東尼．葛瑞，大部分個人財產（包括懷特福來亞的宅邸）則遺贈給塞爾登。據奧布里所述，塞爾登直到那時才公開他和伯爵夫人的婚姻關係。奧布里更加油添醋描述塞爾登一直跟伯爵夫人宅內的僕婦不清不楚，包括「伯爵夫人的施布來克摩爾」以及某位情婦威廉森：「那是個很肉感的女人，趁他臨終時席捲了不少財物。」奧布里以慣有的津津樂道八卦醜聞的閒聊方式，補充說他的馬具商以前也爲肯特家族服務過，馬具商曾告訴他：「塞爾登先生靠他那根棒子賺到的比靠他執業賺到的要多。」

---

❽ 作者注：《揭開飽學之士迪格比爵士之密》，1669年初版，此處引自1910年版本的第141頁。

❾ 作者注：肯特夫人藥粉的配製法曾由她呈獻給王后。見於1658年版本的《王后之樂事》，該書於1655年初版。這個療方版本跟肯特原稿略有不同。

無疑地這是見到伯爵夫人留下如此可觀遺產給塞爾登後含沙射影之妒羨。塞爾登也不過多活了三年可以享受他的財富和肉感情婦威廉森。他飽受水腫折磨，終於在一六五四年病逝於懷特福來亞宅內。

一六五三年，塞爾登去世前一年，即伯爵夫人去世後兩年，這本以她名義出版的療方書面世了，書名爲《精選手冊》，或稱《藥劑與外科祕方：已故肯特伯爵夫人閣下蒐集並行之經年》。我手上的這本是第十九版，還加上了更進一步的副標題：「本版附加一位藥劑教授針對『吹牛藥粉』以及『抗Yarvam 石』功效所做的幾項實驗，兼及醃製、蜜餞、糖煮等最佳方式等等」。這第十九版乃於倫敦出版，一六八七年由位於聖保羅教堂庭院的火鳥印刷廠爲出版商默特洛克印製。除第一版之外，其他所有版本（至少根據牛津出版社的說法是如此）都附有肯特伯爵夫人的肖像。這幅肖像往往都失了蹤，就像我手上這本一樣，不過我已經見過三個不同版本的肖像，很可能全都是根據范索默所繪肖像而素描成的，極爲粗劣，因爲其中一幅伯爵夫人像是戴著跟范索默肖像中同樣的便帽，腦後露出帽上的羽飾。那幅肖像原爲查理一世的收藏，後來在英倫三島共和國期間轉售出去。

一六八七年的版本是很小的二十四開本，分成兩部分：中世紀療方到238頁爲止，其中有43項封面所提到的附加實驗，並有5頁未編頁碼的附加內容一覽表；第二部分就是談烹飪，另行編頁碼，並定名爲《一位貴婦之樂事》，「包含所有烹飪方式以及醃製、蜜餞、曬製、糖煮方法，爲所有紳士淑女須知。」此版本由倫敦 W. G. 紳士出版❿，於一六八七年在聖保羅教堂庭院的火鳥印刷廠爲默特洛克印製，裏面有一段獻詞提到：「獻給已故貞潔信望淑女安妮·派爾女士，派爾男爵閣下的長女。」署名爲 W. J.。另有一段獻詞是致「可親讀者」，署名爲W. L.，接著是內容一覽表，沒有編頁碼，然後是食譜療方等，共140頁。

不過，書中卻沒有任何跡象顯示這些食譜療方就是肯特伯爵夫人曾經用過的，或者是源於她文件中找到的手稿，反倒像是食譜的原稿屬於 W. J.（扉頁上那位紳士）的財產，要不就是屬於他某個朋友，而肯特伯爵夫人的療法祕方一書也落入他手裏。當他決定出版此書時（是否有取得塞爾登的同意，我們就不得而知了），兩本原稿就合併成爲一本，以便增加分量或使其更完整而可以促銷。

兩本書之間唯一的關聯是《精選手冊》裏的書信體獻詞，致「可敬的英勇上校亞歷山大·珀鳳之妻，貞潔又高貴的夫人蕾提夏·珀鳳」⓫，跟《一位眞貴婦之樂事》獻給安妮·派爾的題詞一樣，署名是 W. J.。這同一個 W. J.（這簡寫署名也見於《精選手冊》早期版本扉頁上），也在該書後來版本的附加實驗部分之書信體序文中署名。由此我們得知這位 W. J. 所以有這些食譜，是因爲一位薩繆爾·金醫生對他「青眼有加」而相贈，而該醫生又是得自於瓦特·若里爵爺，因爲他和爵爺曾一起「在倫敦塔住過很久，也曾隨他遠征」。W. J. 接著寫道，這位薩繆爾·金是「我的摯友，也是在坎特伯利和西敏

---

❿ 作者注：這個 G. 顯然是誤印，早期的版本都是 W. J.。

⓫ 作者注：生於1605年，爲珀鳳氏三兄弟之一，曾在英國內戰中爲英國議會而戰。

寺的同窗」。聽起來似乎W. J. 本人也是醫生，那些「大話藥粉或稱伯爵夫人藥粉」的多宗實驗曾「由我主導，並在我的指導下在好幾個人身上試驗過」。是否有可能這位W. J. 曾經在肯特府上擔任過醫生或藥劑師，協助伯爵夫人照料病患，因此才有機會見到她那本記載療方和祕方的書？

談到那些出名的療方和祕方，很多不過就是怡神的綜合草藥和糖漿之類，用花朵、香料、油脂和蜂蠟、杏仁、牛奶、蜂蜜、麥芽酒、露酒⓬、法國白酒、圓葉葡萄、馬姆奇甜酒調和而成，並有雞和葡萄乾熬成的清湯、西洋菜、水生薄荷和綠薄荷的蒸餾精華。忍冬、白屈菜、聚合草、藥用櫻草以及野生白玫瑰，都跟那些較常見的香草一起派上用場；例如馬郁蘭和野生百里香、歐芹根、金盞花和紫羅蘭的葉子。這些療方寫法很有文采，文筆相當好，讀來令人再度體會到肯特伯爵夫人那時代的醫療和烹飪藝術兩者關聯何等緊密。不過也得承認肯特手稿中也不乏不太引人的熬劑：「取三球馬糞放在一品脫白酒裏煮」、「取一團獵狗糞」；治療針眼或眼翳則「從頭上抓兩、三隻頭蝨下來，把它們活活放進有毛病的眼睛裏，然後閉上眼睛，保證這些頭蝨絕對可以吸掉眼翳，醫好眼睛，然後從眼睛裏出來，不會弄痛眼睛」。這就是斯圖亞特王朝時期英格蘭的醫療情況和環境。

念及肯特伯爵夫人盛氣凌人的外表以及不堪的緋聞（並非只有奧布里一人說過），我倒認爲跟她照料病患以及對貧苦人樂善好施⓭的行徑並非乍看下那麼格格不入。這位伯爵夫人很富有，沒有子女，而所有豪宅莊園的女主人

⓬ 露酒：cordial water，含有果汁或花香的酒。

原本就被視爲應該精通醫療，深諳蒸餾露酒及藥水之法，懂得熬有助復元的滋補肉湯。

做善事原是天職，如果伯爵夫人眞的做到德拉普來姆所記述的規模，那麼她眞可說發揮了女強人安排組織的能幹與管理能力，一如范索默所繪肖像中的女性。這位伯爵夫人無疑承繼了她那名祖母某些發號施令的性格。至於她肆無忌憚爲丈夫戴綠帽，及至後來如德拉普來姆在日記中所寫的與塞爾登「公然姘居」，這兩件事在那時代其實算不上稀奇。詹姆斯一世時期的人對於性方面不是很拘謹、假正經的。奧立佛・勞森・迪克在他的《奧布里之傳記小品》⓮的序裏提到：「十七世紀期間，『性』還沒有被挑出來列爲最了不得的罪惡，當時它只不過是許多弱點之一。奧布里無意隱瞞這一點，也同樣無意避談貪吃或醉酒。」或者還可以加上一句「頭上有頭蝨」的儀表。

那麼，這本長久以來一直以肯特伯爵夫人爲作者的烹飪書究竟如何？且不論其出處，《一位眞貴婦之樂事》倒是一本頗迷人的集子，是某人的個人食譜，並非爲了要刊印而寫成的，就跟《精選手冊》一樣⓯。這本食譜也如同很多這種家族食譜般，有點雜七雜八、前後不連貫；有幾道可以追溯至都

⓭ 作者注：《亞伯拉罕・德・拉・普來姆日記》，Charles Jackson編輯，1869～70年Surtees協會出版，第54卷。1686年間，德拉普來姆引述他那認識伯爵夫人的姑母所說：「夫人每年花掉兩萬英鎊在藥劑、療方實驗以及濟貧慈善上。」

⓮ 作者注：1949年，Secker 與 Warburg 出版社；1962年，企鵝叢書。這篇文章所引用的原文都出自這版本。

⓯ 作者注：但凡於《英國人名錄》裏稱肯特夫人爲「作者」的人，必然未曾細察此書內容。

鐸王朝時期，還有幾道是從中世紀流傳下來的，其他則是斯圖亞特王朝初葉的典型菜式——美味的鮮奶油類和乳凍甜食、加了香料的酵母餅、加了葡萄乾和棗子而味道更甜美的菜肉濃湯、朝鮮薊餡餅、「當宵夜的馬鈴薯餡餅」、嫩豌豆小餡餅和野薔薇果實小餡餅等。其餘很多道食譜反映出十七世紀上半葉普遍對醃製、糖煮、蜜餞以及製糖果蜜餞等大費心思，並藉此書副標題強調出這點。

這些食譜連同第一部分的療方，顯然是出版商指望此書的賣點，而且也的確賣得很好。到了一六五四年，此書初次面世後的第一年，這本書已經賣到第四版，一六五九年則賣到了第十二版。而就在第四版到第十一版（也是一六五九年印製）之間的某個時候，書中又插入W. J. 所增補的療方附加部分。我所聽到這本書的最後一版是一七〇八年的第二十一版，以這樣一本小書竟能從一六五八年不斷出版至一七〇八年，可說是壽命很長了，或許也足證肯特伯爵夫人之名的促銷力夠強。

看來我們大概永遠無法得知《一位眞貴婦之樂事》的眞正身分了。有一點我可以很肯定，如果眞是肯特伯爵夫人寫了那些療方，那麼她並未寫出食譜那部分。因爲這兩部分風格迥異，我還是不久之前才看出這一點。它不像是出於一位每兩天便招待六十或八十個窮苦人並送食物給無法上門者（又是引述德拉普來姆）的富婆之手，以我來看，這本集子倒像出自一個簡樸得多的家庭，這也是它最吸引人之處。我擁有這本書已經十五年了，也曾研究過書中的食譜（還採用過一些），一直都感到興趣盎然又很爲之著迷，但直到最近才想到要細讀那些療方，而非僅僅出於滿足好奇心而已。

療方與食譜

以下是兩則簡短療方，很有意思，但並非書裏的典型療方（因爲絕大多數都太長了，無法在此引述），選自肯特醫療系列；接著是兩則食譜，出自《一位眞貴婦之樂事》。

消除嗓音嘶啞配方・To Take away Hoarseness

*

在蕪菁蒂頭上挖洞，用黃冰糖塡滿，放在餘燼內烤熟後塗上牛油吃掉。

強身滋補品・A Strengthening Meat

*

將馬鈴薯烤過或烘過後，去皮切片放在盤裏，加上一段段生骨髓和幾顆無子葡萄乾、一點點肉豆蔻衣，按照個人口味加上適量的糖，以這吃法取代牛油防風根。

清燉閹雞或母雞湯加杏仁・

To Boil a Capon or Chicken in White Broth with Almonds

*

照其他食譜的方式燉閹雞湯，然後用沸水燙過杏仁去衣，搗至很碎程度，不時加一點清雞湯到杏仁中，以免杏仁出油。搗到夠碎時，就加入清雞湯到杏仁裏，雞湯分量起碼要多到足以淹過閹雞的那種程度，然後過濾，絞淨渣滓，加入適量調味料（如刨磨的肉豆蔻粉、糖、鹽），與西葫蘆一起食用。

佛羅倫斯餡餅做法・Florentine

*

取小牛腰子或閹雞翅膀或兔子腿任何一種，跟一個羊腰子一起切碎；如果羊腰不夠肥，就用丁香、肉豆蔻衣、肉豆蔻和糖調味。將鮮奶油、無子葡萄乾、蛋和玫瑰露這四樣與之混合好，放入盤子裏的兩層油酥麵皮之間，然後將麵皮捏合封住內餡，沿著盤子邊緣切掉多餘麵皮，再將邊緣切成琴鍵狀。接著翻轉過來，使上下兩面掉轉，在麵皮上戳些小孔，放進烤爐裏。烤好之後，撒一點糖就可食用了。

這最後一道食譜特別有意思，因爲提到切酥皮的方式（我如法炮製過，切出來的確很像古鍵琴的琴鍵），而且因爲羅柏・梅有一幅這種餡餅的繪圖（一六八五年版本第265頁），但卻不是上述食譜裏的餡餅。梅的《精湛廚師》首次出現兩百幅新增且很令人感興趣的「圖解」（他如此稱法），於一六六四年出版，這是在《一位眞貴婦之樂事》出版很久以後的事，因此看來像是梅由她的書借來點子（我還沒在其他任何作品看到相同的描繪），但卻忘了把食譜加入書中；又或者梅認爲那明顯是利用剩餘物資如雞翅膀、兔腿類的手法實在搆不上他的廚藝格調，所以沒附食譜。可想而知，他的兩道佛羅倫斯餡餅食譜要複雜得多而且比較豪華。

梅和《一位眞貴婦之樂事》還有一線關聯，那就是做小餡餅用的「黑餡」和「黃餡」製法，同時出現在二書之中，但我所見過的那時代其他烹飪書卻未見這幾道食譜。這些餅餡分別用煮過的葡萄乾和洋梅乾榨濾成糊狀，以及加糖和薩克酒⑯做成甜美的蛋奶糊。梅的黑餡有三種不同做法（見96頁食譜），其中一種非常近似《一位眞貴婦之樂事》的做法。至於黃餡做法的不同處在於夫人要用24個蛋和1夸特牛奶，梅則用12個蛋和1夸特鮮奶油。此外，梅還有紅餡、白餡和綠餡製法：用榲桲、櫻桃、紅醋栗、紫李、蘋果、小檗果、覆盆子來做紅餡；做綠餡則用菠菜、豌豆、酸模、青杏、桃子、青油桃、青醋栗、青洋李、青麥汁；白餡就只用蛋白和鮮奶油加糖、薩克葡萄酒以增加甜味，並以玫瑰露和麝香、龍涎香來增添芳香。

是否梅借用了《一位眞貴婦之樂事》的黑餡和黃餡製法的點子，然後湊

---

⑯ 薩克葡萄酒：sack，十六、十七世紀產於西班牙加納利群島的酒。

出他那些綠餡、紅餡和白餡製法？想這些也沒用，但也不見得完全沒道理，因為據說梅的書雖然總是很有趣，但其人卻是個很會自我標榜的吹噓者，而且作風有點不老實。他品評法國廚師及法國烹飪，前輩與同僚所寫的書十之八九也遭他抨擊，然而同時他又厚顏不慚地承認自己老實不客氣從法國、義大利、西班牙的最佳作品中偷師，不過他倒是很小心沒說出剽竊的內容規模有多大，例如他從拉法翰的《法國糕點師傳》（*Le Pastissier Francois*）盜用整章談蛋的烹飪法。至於英國的烹飪書，唯一讓他說好話的是《王后密室》，由 Nathaniel Brook 於一六五五年出版，巧的是那也是他原來的出版商。

有一點倒是很妙，那本簡樸的肯特小書一直出到第二十一版，而且這一版就發行了大半個世紀之久。而梅那本豪華得多、重要得多，還有華麗插圖的書，卻不過出了五版而已，壽命只有二十五年。而且很不公平地，編纂《英國人名錄》的作者還忽略掉了梅，沒有把他列入其中呢！

發表於《膳食瑣談》，一九七九年

蛋類料理

洛林鹹蛋塔

大約二十年前，當年初入社交界的妙齡小姐在那些最高級的英國烹飪學校教室裏學會做又厚又大、沒有上層麵皮封住的露餡大餅，塞了一大堆餡料：蘆筍尖、斑節蝦、洋菇、蟹肉、橄欖、火腿塊，全都溺在一片奶糊中，而且沒和乳酪渾然凝爲一體。在那些行政主管光顧的餐廳裏，稍後連價格昂貴的熟食店、新風格倫敦酒吧裏，都稱這類自創的玩意爲 quiche（法式鹹蛋塔）。這簡直就是污衊此稱，不過英國人在這種事情上原本就不太講究，反正只要是引進的異國特色美食，他們喜歡的就只是美食名稱，至於實質內容反而不那麼當一回事。這也就不難看出那些小姐選這種豐盛大餡餅來當「拿手好菜」的原因，而且將之稱爲 quiche，因爲名稱易記又易引人注意，何況她們也從沒見識過道地的法式鹹蛋塔是怎麼回事。

一九五六年，法國藍帶（Cordon Bleu）烹飪廚藝學校出版的權威著作裏有康絲坦絲・斯普來（Constance Spry）的洛林鹹蛋塔（quiche lorraine）做法介紹，材料包括乳酪和洋蔥。我認識的一位年輕小姐在一九六〇年左右去上烹飪課，指導者是位頗有名望的肯辛頓老師，教的是用煮濃的牛奶和切達乾酪❶來做餡料。等到這位小姐上完課程畢業後，進入承辦到府宴會的餐飲業圈

---

❶ 切達乾酪：Cheddar，原產於英國切達，爲多用途的烹飪乳酪，亦可單吃。

子中，卻發現圈裏的人竟然可以不按照規矩來，隨意放一堆東西到酥皮餡餅殼裏就稱爲「法式鹹蛋塔」。

一九六六年，透過企鵝出版的平裝本，朱莉亞・柴爾德（Julia Child）的《法國烹飪入門》開始接觸到廣大的英國讀者。由那本驚人詳盡的手冊裏，學烹飪者這回可學到了原來法式鹹蛋塔就是「一個露餡料的塔餅」，這點「差不多連傻子都懂得」，而且「你可以自行創作，不管什麼材料，跟蛋汁混合後倒入酥皮餅殼裏就可以了」。柴爾德太太和她的助理們還提供一道有夠靠得住的食譜（她們稱之爲「經典」）教人做洛林鹹蛋塔，用的餡料就只有蛋汁、鮮奶油與培根，還特別強調不用乳酪。不過，沒幾個英國讀者會用心留意這個指示，他們才不願意費神留意這點，當年我出版《法國地方美食》（一九六〇年）和《法國鄉村美食》（一九五二年）的時候，就在書裏列出洛林鹹蛋塔的做法，而且不需要加乳酪，讀者也沒在意。那些從事到府外燴業的小姐們，抨擊的是柴爾德太太白紙黑字認可了所有露餡的塔餅和「法式鹹蛋塔」這名稱混爲一談（要是「露餡的塔餅」是唯一想得出的形容詞，也難怪這用語上不了檯面了），而那種塔餅則有所列舉出的五十七種不同混合餡料可採用，包括魚肉、禽肉、蔬菜、加工豬肉食品和乳酪等。

這種拼湊摻合眞正方便得很，餡料食材可隨個人意願而自行變化調換。誠如柴爾德太太所應許的：法式鹹蛋塔差不多是傻子都懂得做的。廚師可以利用自己私人時間來做，可以在自己生產或經營的場所製作，易於運送，重新加熱也沒問題，可以分切成塊出售，而且利潤非常高。那些塡在厚厚酥皮餅殼內的點點片片餡料成本，比起買高脂鮮奶和雞蛋的花費可便宜太多了，然而傳統洛林鹹蛋塔的主要餡料就是這兩樣。難怪後者在牟利取向上馬上遭到酒吧和熟食店拒予考慮。何況，就像許多看來很容易做的菜一樣，洛林鹹蛋塔其實做法卻不易掌握，時間要控制得精準無比，而且重新加熱後的效果也不是很好。總而言之，英國廚師不太信賴只要用少數幾樣材料的簡單食譜，他們老疑心還少了些什麼，於是就自做主張補足他們以爲所缺少的。

一九三二年，馬塞・布萊斯坦出版的烹飪書已經爲美食家熟知，他出了一道洛林鹹蛋塔的食譜，刊印在《美味小吃與小菜》這本小書中（一九五六年再刷），列在熱盤小吃類。布萊斯坦的做法需要用千層酥皮、高身玻璃杯鮮

這張明信片曾令伊麗莎白・大衛大笑不已，她因此將之保留了很多年。

奶油一杯、¼磅刨碎的格律耶爾乾酪，但只用1個蛋打成的蛋汁來混合塔餡。幾片切碎的培根可要可不要，不是非用不可。乳酪和千層酥皮完全不符合洛林鹹蛋塔的鄉村風味，但對英國廚師卻可能很有吸引力。這種與時代不合的現象無疑是經由巴黎大廚們傳過來的。

遠溯自一八七〇年，在豪華高級的巴黎馬會廚房裏自命不凡的大廚顧費出版了恰如其分豪華奪目的《精美糕點書》。他在書中按當時珍饈美饌的標準重新詮釋了洛林鹹蛋塔，將名稱拼成 kiche，並將餅皮改爲千層酥皮，而非如原來所用的發酵麵團；至於餡料，顧費變出了幾種不同選擇，其中一種要用巴爾瑪乾酪，一種則加糖並以橙花露增加芬芳，另一種乾脆完全只用很夠分量的牛奶、蛋和鮮奶油，沒有其他花俏。顧費曾拜卡函爲師學藝，其兄阿爾豐斯又主理維多利亞女王的糕點廚房，照樣也還是先把這個很原始風味的烘餅（亦即 quiche）來個「巴黎化」。早在一八七〇年普法戰爭之前，洛林省的鄉村就經常烘這種餅。不過顧費的書出版了百年之後，該爲洛林鹹蛋塔的命運負責者卻非他以及門下的徒子徒孫，而是英格蘭那些下廚的婦女。

我們在英國外賣食物店和酒吧見到的所謂「鹹蛋塔」，「用蛋、乳酪、牛奶、火腿加上香草調味做成，半烤好，只要再放進烤箱烤20～30分鐘就可以吃」，早已將洛林鹹蛋塔的形象破壞殆盡，想恢復也爲時已晚。對此我不予置評，要在此一提僅供參考的，是關於洛林鹹蛋塔還沒遭殃前的正宗做法。

這做法由法國學者特里耶（André Theuriet）所記錄，並將之加入一個很棒的食譜與飲食學寶庫，由友人希夏丹（他們兩人都是洛林人）彙編成書，於一九〇四年出版，書名爲《美食藝術》。「洛林鹹蛋塔又稱烘餅，是我童年時代的賞心樂事。」特里耶憶及四十年或更久之前的光景：「你拿一塊做麵包的發酵麵團，擀成薄如兩蘇❷硬幣的厚度，然後小心地將麵皮攤進一個有凹槽的馬口鐵器皿裏，而且先在裏面撒些麵粉。新鮮牛油切丁後，按方格圖案狀擺在這個圓形麵皮上。做好這些初步工夫，就在大碗裏打好適量蛋汁，加入前一天從鮮奶表層撇出來的成熟濃厚鮮奶油。把這餡料調勻之後，加上適量鹽，然後倒進已備好的麵皮上。這時要把這塊餅送到附近烘焙店的烈火烤爐裏去，烤五分鐘就好，不能超過時間。餅會鼓漲起來，呈金黃色，有點起泡狀，很引人垂涎，香味瀰漫屋內，要趁熱辣辣的時候吃，配上洛林的清淡皮諾酒，然後你就能體會到什麼叫『心曠神怡』。」

眞的，沒錯！不過我建議千萬別讓那些披薩專賣店知道，不然接下來就會出現洛林披薩，然後我們又會覆轍重蹈，面對用三花牌奶水和卡夫牌乳酪做成的餡料了。

其實也該爲洛林鹹蛋塔後來那些「新貴版本」說句公道話，因爲即使在顧費登場之前，原本很基本的發酵麵團餅皮已經有了另一個「飛上枝頭做鳳凰」的對手。研究洛林飲食習俗的史學家赫諾（Jules Renauld）也是《南錫客棧與小酒館》一書的作者，該書出版於一八七五年，書中提到洛林鹹蛋塔是用很薄的常見酥皮做成圓形塔皮，酥皮上淡淡攤了一層薄如紙、用鮮奶油和蛋汁調成的餡汁。他聲稱，這種鹹蛋塔在洛林流傳至少有三百年了。他還提出證據，引用了洛林公爵查理的管家在一五八六年三月一日爲供應主人餐飮

---

❷ 蘇：sou，法國舊日的輔幣。

而購置鹹蛋塔所開列的付款單。如此說來，鹹蛋塔在當時是列爲大齋節期間可以吃的食物。

或許值得一提的是，如今要眞知道做得好的鹹蛋塔是何種滋味並非易事，除非到洛林去當場吃過才能體會。那裏做的鹹蛋塔酥皮總是很薄，永遠都是放在淺身塔餅模具裏烤出來的，所用的餡也一定是蛋和鮮奶油配製而成，從來不會放格律耶爾乾酪或巴爾瑪乾酪，而且往往有少許切得很碎的五花鹹燻肉（這也是當地的農產品）。

在孚日山脈的村子裏，或許你還會發現做法較古老的鹹蛋塔，不用鹹燻肉，而是用新鮮純淨脫脂奶做成的凝塊乳酪和鮮奶油與蛋汁混合爲餡料。我推測可能還有人考慮復古做法，採用發酵麵團來做塔皮。有人告訴我，在阿爾薩斯某些地區還有這種塔皮，而且是長方形，因此發酵麵團放在很熱的烤爐裏烘焙時，塔皮上那層新鮮凝乳和鮮奶油就跟底層的麵皮化在一起，烤成帶點焦黃又起泡的程度，看來很誘人，一如特里耶童年時代吃過的鹹蛋塔，在阿爾薩斯稱爲 Flammen Kuchen（烤餅）或 tarte à la flamme（烤塔餅）❸，要趁熱辣辣的時候吃，當然，還要配上當地的芬芳美酒。

《Tatler》，一九八五年九月

---

❸ 就譯者所見，阿爾薩斯以當地方言稱此種塔餅爲 Flammekueche 或 flambée，此處作者所用的是德文與法文稱法。而今阿爾薩斯某些餐廳便以此種現烤塔餅爲招牌，採用發酵麵團做餅皮，除了鮮奶油、凝乳、蛋、鹹燻肉之外，也有加洋蔥。

自製蛋黃醬

用慣電動攪拌機來打蛋黃醬❹的人，或許會很奇怪怎麼居然還有人要用古老的手打方式來做蛋黃醬。就某些方面而言，我同意他們的看法。畢竟電動攪拌機在過去三十年裏爲我們的烹飪生活帶來革命性改變，盡量利用它帶來的省力好處才是明智的。就以我而言，在做大量蛋黃醬時，我當然會藉助電動攪拌機。然而有時間的話，我還是會很樂意定下心來用這種如今很多人視爲花工夫的方法，製作與衆不同的醬，因此以下所寫的主要都跟手打蛋黃醬有關。對於那些已經知道理論但發現知易行難的人──說到這裏，我想時下很多年輕人倒是寧取手工而非機器製作方式，還有很多人是沒有或懶得費事去用電動攪拌機和混合器──我想以下重點或許對他們很有用。

一、使用的雞蛋越新鮮，就越容易也可以越快打出蛋黃醬恰到好處的稠度。至於稠度如何才是恰到好處，在以下的第五點有充分說明。

二、如果使用的橄欖油品質很好，細膩且眞正有橄欖味道，做出來的蛋黃醬除了加點檸檬汁或葡萄酒醋，其他什麼調味料都不需要。在極少數例外情況下，例如這醬是要調配根芹菜沙拉，加了芥末醬就會毀掉這蛋黃醬，加胡椒也是多餘的，出人意外的是連鹽也不宜加，不過當然這也關乎個人口味。只有在採用的油全無味道的情況下，才需要藉助重味佐料。即使如此，

---

❹ 蛋黃醬：mayonnaise，或譯美乃滋，源自西班牙Minorca島瑪歐港（Mahon）。據稱法國元帥利希留攻占該地後，其廚師便以該地名爲此醬命名。Mayonnaise即「瑪歐風格的」之意。

用量也要很少，因爲蛋黃醬本身會強化調味料和味道，用量過度做出來的醬很有可能走樣，而近似裝瓶醃製的東西。

三、在開始打蛋黃醬之前，要確保雞蛋和橄欖油的溫度與室溫相同。採用冰凍材料，或者其中一樣冰冷而另一樣溫暖，都難保蛋黃醬可以凝結。所以要是把雞蛋儲放在冰箱裏，記得要預估時間把雞蛋先拿出來。萬一忘了這步驟，在開始打蛋黃醬之前要先把雞蛋放在一大碗溫水裏浸幾分鐘。

四、雞蛋數量用得越少，打出來的醬越好。初學者或許爲了打很少分量的醬而用上兩個蛋黃，以便確保可以打成，但是大多數有經驗的人都發現，用一個大蛋黃就足以將300毫升（½品脫）橄欖油打成蛋黃醬，而且往往還更多。最主要還是靠這兩樣材料的品質。這裏還要再說一次，用一個新鮮雞蛋的飽滿蛋黃，比用一個不新鮮、扁塌的蛋黃打成醬的速度要快一倍，而且也可以保持得更久。

五、當然，用手打醬比用電動攪拌機所需時間較久，才能打出道地蛋黃醬那種結實如果凍的稠度，有些人就從來打不出這樣效果的蛋黃醬——大概是因爲缺乏信心——還沒等到吸收度和擴張度達到頂點階段時就放棄了，因此只打出流質醬汁，而非蛋黃醬應有的油質乳化後如油膏般的狀態。最近我在 Cassell 於一八八九年出版的《持家大全》裏的一道食譜見到很貼切的描繪：「宛如在八月熱天裏的一小塊牛油般濃稠。事實上，用湯匙舀起後可以凝立而不塌，因此可以一匙舀起三、四匙的量，而且就這麼拿著湯匙，蛋黃醬也不會塌掉。」

要等蛋黃吸收了一定分量的橄欖油，才會開始轉變爲濃稠和膨脹的狀態，而在蛋黃吸收油的這個階段，初學者得要有信心和耐心。你會在驟然間發現醬開始由濃稠鮮奶油狀轉爲平滑光潔的油膏狀，你要繼續打到這油膏狀變得很稠很實，幾乎很難再加入橄欖油攪拌爲止。

六、經驗豐富的老手多半會直接把橄欖油從瓶裏噗碌噗碌倒進蛋黃汁裏，而不太會操心那一點一滴加橄欖油的工夫（只有剛開始打蛋黃醬那兩分鐘會費心），不過最令人滿意又最簡單的方法或許是用量杯。任何有個好尖嘴（不好的尖嘴會讓你在倒油時浪費很多油）的容器都可派上用場，有些廚房用品店可能還有西班牙進口的有嘴玻璃橄欖油瓶❺，這種有嘴油瓶效果很好，雖然會大爲拖慢打醬的過程，但的確可以讓初學者安心許多。

七、分開蛋黃和蛋白其實是下廚的基本技術之一，所以我實在很驚訝看到竟然有那麼多人視此爲畏途。事實上，早就已經有針對此而發明的特殊小工具，協助那些緊張又沒經驗的人。在這方面，我所知道最好的「工具」是一個新鮮雞蛋。先在準備裝蛋白的碗沿上將雞蛋攔腰堅定一敲，使之裂開兩半，兩手各持半邊蛋殼，輪流將蛋由一半蛋殼倒往另一半蛋殼裏，蛋白就會在這過程中流到碗內，還可利用蛋殼略爲刮一下蛋白，始其容易落到碗裏。萬一蛋黃有點散開而混入蛋白內，也可利用蛋殼將之「舀」出來；但如果用的是眞正新鮮的雞蛋，不會發生這種情況，而且幾乎不到5秒就可以將蛋白和蛋黃分開了。順便一提，打蛋黃醬時，如果有一點蛋白連著蛋黃一起落到打

---

❺ 許多地中海區餐桌上都必放橄欖油和醋，用來拌生菜沙拉，故有此種油瓶。可用一般有嘴的小醬油瓶代替。

醬的大碗內是無妨的。當然，以下這情況也會發生：不新鮮的蛋在敲開蛋殼後，一股腦全落到碗裏，蛋白和蛋黃混成一團，根本無法分開，這時你唯有再用另一個蛋重新來過，要不就放棄用手打醬，改用電動攪拌機，機器一定可以用整個蛋打成醬的。不過話說回來，用不新鮮、蛋黃散開的雞蛋所打出的蛋黃醬，始終都不是很好的醬。

八、用來打蛋黃醬的大碗最好是厚重的那種，放在桌上打起醬來才不會滑動，而且碗口夠闊、碗身也夠深更好，因爲當醬開始打到凝稠時，會比較易於攪動。專業大廚多半喜愛大球型打蛋器，連帶也需要相當大而深的碗。老派的家庭廚子則通常習慣用叉子來打油和蛋。我個人則用一支很牢固的長柄黃楊小木杓來打蛋黃醬。重點在於你找到順手的工具就行。

九、我發現，只有在剛開始的階段需要把油一滴滴加到蛋汁裏，一旦蛋黃和橄欖油穩穩地混合在一起，就可以大匙大匙把油加進去了。最重要的是每次加了油之後，要打到很勻，讓油完全凝入才能加下一匙油。攪拌或打醬要遍及「全部」醬體，由碗底到周邊、上層都要攪到。隨著蛋黃醬逐漸凝稠，分量增加，你喜歡的話，這時可以細水長流般將油加進碗內。然而我發現，大體上還是繼續採用「加一些油，將之打勻再加油」兩者輪替的方式比較容易。這種方式會自行產生一種節奏，每隔不久再加一點檸檬汁攪勻。要是一切順利，這蛋黃醬很快就會變得很稠厚，難以再攪動了。這時如果你覺得分量已夠，就可以停手了。嘗嘗味道，需要的話再加幾滴檸檬汁或醋。不過加醋時要小心，因爲一不小心很容易就毀了整份蛋黃醬。所以最好先把醋倒在小匙裏，算好分量再加進去。要是你還需要更多分量的蛋黃醬，你會發現即使好像已經打到最後階段了，但要再繼續加入油打下去的話，還可以打上很長時間，當然，也打到你手臂已經瘮了很久。在我看來，1個蛋黃配300毫升（1/2品脫）的油比例正好，不過你也可以用更多油。有人用一個蛋黃就打出水槽那麼大盆的蛋黃醬可絕不是虛構，但是話說回來，好橄欖油很難得而且價昂，所以只是因爲你想大膽表現一下，或者因爲打醬的過程讓你入迷而欲罷不能頻頻加油攪拌，結果打出超過所需的分量，未免就有點暴殄天物了。

還有很重要的一點要補充。蛋黃醬最令人困擾的是：如果做得很好的話，結果好像總是不大夠吃。所以沒確定分量眞的很夠之前，千萬別停手。但是一旦到了「1個蛋黃配1/2品脫油」的程度時，就要小心控制了。

十、萬一你一開始沒打好，油和蛋黃散散的凝不起來，補救方法是另外用新鮮蛋黃放到乾淨大碗裏重新打起，把之前沒打好的蛋黃油一次加一點到新打的蛋黃中，過不了多久很快就會凝稠而加厚了。

十一、一旦你的蛋黃醬很勻稱結實地凝成一體，除非眞的很粗心大意，否則它是不會輕易壞掉的。

十二、若是你需要讓蛋黃醬放置到隔天，可能最有效的保存方法是先在表面倒一層薄薄的油，然後再用保鮮膜蓋住，擺在涼爽之處，譬如15°C／60°F這樣的溫度，但不要放在冰箱裏（蛋黃醬不宜放在太冷或太熱的地方）。用一層薄油封住表層是爲了杜絕空氣接觸，以免蛋黃醬因此結出一層皮，這往往是蛋黃醬變壞的因素。要吃的時候，只需直接把醬面上那層油跟醬攪勻就可以了，我發現這方法非常有用。還有一個方法是在蛋黃醬打好後加一大匙滾水攪勻，這一來可以使之穩固不易變壞，但卻會略爲稀釋蛋黃醬。不過對某些人而言，這樣反而更好，而且的確可以讓醬更耐吃。這就要看蛋黃醬是要用來配什麼吃而定了。

十三、上述最後一句話使我要講到橄欖油本身了。我是刻意留到這些重點的最後才講。橄欖油迷以及很懂橄欖油的人自有其觀點、喜好和經驗，而且無疑也自有供應來源。如今質優又道地的橄欖油既難得又昂貴，因此建議用果香濃郁、青綠、初榨的托斯卡尼或義大利西北部海岸的橄欖油，或者較爲精緻又略呈金黃的普羅旺斯橄欖油來打蛋黃醬，以便配這樣或那樣的菜式，這等於是告訴人家：一九六七年份的 Chambolle-Musigny 酒用來佐栗子雉雞，要比一九六四年份的 Romanée-Conti 酒好。

因此就我個人經驗來看，也爲了讓少數有興致蒐集、有能力且樂意花這筆錢得到質優橄欖油的人知道，我會說打蛋黃醬絕非得用特別醇的橄欖油，但我倒是會重申要看蛋黃醬所佐的食物而定。例如肉質較粗的白魚類，味醇的橄欖油就大有好處。吃硬頭鱒或清淡的白煮雞，我會用比較淡的普羅旺斯橄欖油。至於鮭魚，由於本身已經很有滋味，因此我也會用比較淡的橄欖油，或者同等分量的味醇橄欖油，以及精製、清淡、沒什麼味道但品質可靠均勻的橄欖油所調配的油。對於無經驗者，我還要補充一項關於橄欖油混合其他油類的警告，通常是混以玉米油或葵花子油。不久前，我在一個朋友家裏用這類混合油打蛋黃醬，得出的結論是：這混合油的比例必然是用1夸脫葵花子油混1盎司橄欖油。事實上，這是浪費了橄欖油。千萬要記住，蛋黃醬裏的油味是會強化的，到頭來，我用混合油打出的蛋黃醬完全只是葵花子的味道，無論放多少分量的調味品如芥末醬、檸檬汁、鹽、胡椒等，都無法讓這蛋黃醬變得入味能吃。

十四、最後要說的是，有個打蛋黃醬的方法是用1個生的和1個煮透的蛋黃一起打。這種結合就是現代「加味蛋黃醬」（rémoulade）的基本醬。換句話說，「加味蛋黃醬」亦即一種很稠的蛋黃醬，加了切碎的香草、酸豆，有時還加了鯷魚。不過，何嘗不能把這種基本醬視爲調得很令人驚喜的蛋黃醬？根據我的經驗，這種醬幾乎很難變壞，它比普通的蛋黃醬更乳化，若需要預先打好蛋黃醬留待隔天才用，最宜採用這種方式。

你只需剝開一個沒有煮得太老的雞蛋，取出蛋黃，放在大碗中搗碎，跟一個生蛋黃攪在一起，攪勻後才開始加橄欖油跟蛋黃混合。後面的程序一如打普通蛋黃醬，隨著醬逐漸凝稠而不時加入檸檬汁或幾滴醋。只有在你認爲打出來的醬分量足夠或者實在手痠得打不下去時（看哪種情況先出現），才需要停下來。如同前述，在蛋黃醬表層加上薄薄的油，然後用保鮮膜蓋住，放在陰涼處，但不要放進冰箱。

如果你打算用這醬來做加味蛋黃醬，而非只是做蛋黃醬，那就等到上桌前一小時左右，才把要加的其他佐料混入醬裏。調味料其實非常簡單，包括用水沖洗、瀝乾與切碎的酸豆、新鮮龍艾、歐芹各一小匙。此外可隨個人口味加入的有：幾條細香蔥的蔥花、一兩條去鹽分切碎的鯷魚、少許第戎芥末醬（要道地法國產的，不要用仿製品）。若是你的香草圃正好種有芝麻菜這種被人忽略可做沙拉與醬汁的香草，不妨用一兩片切碎的芝麻菜葉來代替芥末醬。加味蛋黃醬佐冷盤雞肉最合適，也很適宜佐「聖曼奴風味」（à la sainte

Ménéhould）的小羊胸肉，也就是燉好涼透後的小羊胸肉去骨、切條，沾上麵包粉放在鐵架上直接用火烤過。這是道很經濟實惠又好吃的菜。

《高級講習班》，一九八二年

水煮荷包蛋

過去這些年來，我想我接到請求提供關於水煮荷包蛋忠告的時候，比提供其他任何方面的烹飪忠告都要來得多，唯一可能例外的或許是關於做燙焦糖布丁❻時應該如何運用烤板將之燙到焦黃的手法。不過那又是另一回事了。

費拉爾（William Verral）在他那本一七五九年出版的《烹飪法大全》裏有一針見血的說明：

「蛋一定要新鮮。根據我的經驗，即使全國最好的廚師遇到不新鮮的雞蛋，也是無能為力；儘管整個蛋由殼內一傾而出，也無法做成漂亮的水煮荷包蛋。」

這下子你可知道了。要做出勻稱、飽滿、形狀好看又合宜的水煮荷包蛋，就得由新鮮雞蛋著手。不過也不宜「過於」新鮮。母雞才下的蛋其實並不宜做水煮荷包蛋，因為蛋白太容易和蛋黃分開。最理想的是生出來三天後的蛋。不過話說回來，除非自己養了母雞，否則怎麼知道雞蛋生出來已經多

---

❻ 燙焦糖布丁：Crème brûlée，用燒紅的燙鏟在凝結好的布丁表層把糖燙焦，使布丁表層轉為美觀的金黃色。

久了？這可是我沒法解的問題。然而就像住在很多大城鎮的人一樣，我發現值得花工夫找出一家雞蛋供應量有限的店鋪，而且補貨也快，如此便可以確定這家店賣的雞蛋是新鮮的。每當有朋友從鄉間帶來自家生產的鮮雞蛋時，我發現要確保未來幾天都有很好的水煮荷包蛋的最佳辦法，就是馬上把它們都煮成荷包蛋，然後浸在一大碗酸性的水中，放到冰箱裏，這是最行得通的方式。只要有巴爾瑪乾酪、麵包粉、牛油和新鮮歐芹或龍艾，或者一點點鮮奶油，又或者有新鮮做好的番茄醬汁、切碎的菠菜等在手，只要幾分鐘，就可以做出清淡又開胃的水煮荷包蛋午餐了。

以下就是做水煮荷包蛋的方法。撇開雞蛋新鮮不談（可以的話就選比較小的雞蛋），有些竅門是必須摸會的。這竅門很容易摸通，但在沒有掌握這簡單的技術之前，奉勸各位最好不要一次就煮超過兩、三個量的荷包蛋。

需要用到的器皿是容量爲$1\frac{1}{2}$～2公升（3～4品脫）的有蓋煮鍋、一支長柄金屬漏杓、一個大碗和兩個小茶杯或茶碟。我發現計時器也不可或缺。

先在煮鍋裏注入$\frac{3}{4}$容量的水，用慢火煮到水滾，然後加1大匙葡萄酒醋到水裏。將蛋打到茶杯或茶碟裏，讓蛋徐徐滑入慢火燒滾的水中，數到三十，熄掉火。用金屬漏杓的邊緣很快把蛋卷一次或兩次。聽起來好像是險招，但是我跟你保證（先決條件是蛋在良好的情況下），這招絕對行得通。萬一有些許蛋白散開來浮到水面，把它舀掉就是。

捲了蛋之後，蓋上鍋，讓蛋焗上3分鐘。

準備好大碗冷水，在水裏滴幾滴葡萄酒醋或龍艾醋。

用漏杓撈起水煮荷包蛋，輕輕放到冷水中，這樣會使得蛋不再受熱而變老，因此等到你要重新熱這些蛋時，依然還可以保持很嫩軟的程度。如果要刮掉那些浮散蛋白沫，可以留待稍後才做。

蓋上大碗，將這些蛋擺到冰箱下層。如果兩、三天內沒有吃完，就重新換過碗裏滴了醋的水，然後再把大碗放回冰箱裏。

我用上述方法保存水煮荷包蛋可達一星期之久。

◎附記

一、我發現每煮一批荷包蛋之後，若不重新換淨水加醋的話，是很不划算的。因為煮過一批的水會變得渾濁不清，而且需要頻頻撇去蛋白浮沫，煮出來的第二批或第三批蛋看起來也會糟糟的。因此越早把用大煮鍋一次煮出幾個荷包蛋的竅門摸熟，就可以越快煮出譬如5～6個荷包蛋，以便應付那些動輒很輕鬆地叫你「先準備好10個煮得很好的荷包蛋」之類的食譜。

二、雖然雞蛋都同樣新鮮，但其中還是有些蛋特別好——飽滿、蛋白凝固得更好。所以有時根本不需要將蛋在水裏翻過，自然就可見到蛋白本身包著蛋黃，形成很漂亮的形狀。

三、有些廚師採用淺身的長柄煎鍋而不用煮鍋來做水煮荷包蛋，我發現其實跟用哪種鍋子沒什麼關係。很可能煮大量荷包蛋時用煎鍋最好，只煮2～3個時煮鍋最好用。這就跟做炒蛋、煎蛋餅、煎荷包蛋以及煮蛋一樣，選用什麼樣的鍋子完全視個人喜好而定，立什麼規矩其實都很武斷。

《高級講習班》，一九八二年

食譜

西班牙烘蛋・Tortilla

*

西班牙烘蛋是一種沒有捲起來裹住配料的圓形煎蛋餅，材料就只是雞蛋、馬鈴薯和調味料。它是用橄欖油煎出來的，厚厚實實就像個大餅，吃熱的或吃冷的都可以，更是野餐的絕佳菜式（尤其是要乘車出遊的話）。一個大型的西班牙烘蛋可保三天依然潤而不乾。

以下做法是我看著村姑凰妮妲做烘蛋時絲毫不差記錄下來的。凰妮妲曾經在安東尼・丹尼位於阿利坎特（Alicante）的家中幫忙做飯。在我看來，這份筆記似乎比一般常見的食譜寫法更能生動表達做西班牙烘蛋的要訣，我也常常按照這些要訣去做，沒有另換方式，只除了我在煎馬鈴薯時動作比凰妮妲輕柔徐緩CD她可從不是個有耐心的女子。

大約用500公克（1磅）馬鈴薯來配4個雞蛋。

馬鈴薯全部切成小塊，用大量水浸過（一如做多芬風味❼的牛油焗烤馬鈴薯）。

在可以直接置於火上烹煮的淺身陶皿裹放橄欖油（凰妮妲讓油燒熱到冒煙地步）煎馬鈴薯，並加切片大蒜。煎馬鈴薯時要經常翻動，並用平底鐵製鍋鏟輕壓。加入適量鹽。煎到後來馬鈴薯幾乎有

---

❼ 多芬風味：法國東南部地區舊稱。

點成了糊塊，如果有些馬鈴薯太大塊，凰妮妲就在煎的過程裏用鐵鍋鏟把它們壓碎。

接著在一個大碗裏打匀蛋汁，倒入煎好的馬鈴薯（已經取出放在一個大碗裏，而且略爲涼些了），將兩者混匀。

用專門做烘蛋的鐵鍋將橄欖油燒熱冒煙時，就倒入蛋汁馬鈴薯煎烘蛋，烘蛋會鼓漲起來。這時左手持一個深盤，將鍋裏的烘蛋倒扣到盤內，然後再把烘蛋放回鍋內繼續煎另一面。這過程有時會重複兩次（就看凰妮妲是否滿意煎出來的烘蛋樣子而定）。

◎附記

由於西班牙烘蛋吃起來相當易飽，因此我發現照凰妮妲所用分量的一半，例如大約250公克（$\frac{1}{2}$磅）馬鈴薯和2個蛋所做出的分量已夠2～3人吃。當然，煎這樣小很多的烘蛋也容易應付得多，因此我是用直徑20公分（8吋）的長柄鐵鍋來煎上述分量的烘蛋。如果是煎4個蛋分量的烘蛋，我就用直徑22～24公分（$8\frac{1}{2}$～$9\frac{1}{2}$吋）的長柄鍋。

一開始煎馬鈴薯的時候，我還是採用可以直接放在火上的西班牙陶皿，就跟凰妮妲一樣（這方法煎出來的馬鈴薯非常好吃，而且不一定非要留著做烘蛋），然而普通的長柄炒鍋也一樣很好用。

至於杓狀鍋鏟則是西班牙特有的廚具，有一塊圓形的扁平壓鏟，長柄，主要都是煮西班牙海鮮飯時使用，非常便於鏟米飯以及鍋內周邊的其他配料。我沒使用這種鍋鏟，而是用薄身木製鍋鏟或鏟刀。

做西班牙烘蛋一定要用真正新鮮的雞蛋，不新鮮的蛋發不起來，做出來的是扁而不厚軟的烘蛋。

在 La Alfarella 記錄的食譜，一九六四年

乳酪布丁・Cheese Pudding

*

這是一道古老的英國料理，而且很實用，有點類似酥浮類，但做起來更快也調和得更好，還「可以」擺上一段時間，製作時也不需精準的控制時間。我想這料理可能是配合從前廚房使用燒煤爐灶所創出來的，因爲爐灶火勢很不穩定，而且鄉間宅邸的廚房和飯廳距離很遠，做好的熱盤得禁得起這段運送過程。如今我們大多數人雖然已可直接把烤箱裏烤好的料理直接端到餐桌上，但這道料理還是很合宜有用，因爲大家都需要那些不用花太多工夫、食材又好找的料理。

你需要用到的是180公克（6盎司）任何一種不錯的英國乳酪——切達乾酪、Cheshire、Double Gloucester、Leicester、Wensleydale、Lancashire（千萬別用加工乳酪❽，因爲根本沒有乳酪味道）、2大匙麵包粉、300毫升（1/2品脫）冷牛奶、2～3個中等大小的雞蛋、1小匙法式或英式芥末醬、足量的鮮磨胡椒、鹽，如果你有紅辣椒也可以用上。這道料理可以做成常見的英國派形式，也可以做成酥浮類

形式，兩者容量都是900毫升（1½品脫）。如果要做雙倍分量的布丁，我比較喜歡做成兩個，並排放在烤箱裏烤，而不會做成一大個。這道料理不需要塗牛油。

首先將麵包粉放在盤裏，倒上牛奶，加入刨碎或切碎的乳酪與調味料，邊加邊攪勻。先不要加太多鹽，因爲要視乳酪本身的鹹度而定，所以先嘗嘗味道再決定要放多少鹽。

接著分開蛋黃和蛋白。打勻蛋黃之後，徐徐拌入乳酪料中。將蛋白打成濃厚泡沫狀，先舀1～2匙拌入乳酪料，再將其餘的徐徐傾入其中，用一支金屬鍋鏟或杓子輕巧而快速地拌勻。

直接將整盤放入預先加熱的烤箱中層，溫度開到180°C／350°F／煤氣爐4檔，烤20～30分鐘，布丁表層應該會鼓漲起來，看來金黃鬆軟。先靜置5分鐘，然後才端出來準備食用，這時布丁內部應該頗似濃稠的奶糊狀。這道料理足夠3人份食用。

◎附記

一、如果方便的話，可以預先在盤裏混好布丁的主要材料——麵包粉、乳酪、牛奶和調味料。只有蛋要等到烤之前才加進去，在加蛋過程中可以

---

❽ 加工乳酪：processed cheese，通常以1種或2種原味乳酪加工製成，做法是將原味乳酪加熱融解、殺菌、密封包裝，最後再加以凝固。比較沒有天然乳酪的香味。

趁機先加熱烤箱。

二、還有一個借來的點子（挺貴的），是得自瑞士乳酪火鍋的靈感——可以加1小杯櫻桃白蘭地（Kirsch）到乳酪料中，使得布丁有芬芳可口的味道，但如果這麼做的話就不要加芥末醬。還有另一個口味可以選擇：要是你喜歡葛縷子的味道，可以加1小匙，或者孜然芹籽也可以。

三、可以的話，最好用烤得很脆、切成一指寬長條的黑麵包，來配布丁吃。

四、在過去大約二十年之間，我一直採用這道食譜（並發表在一九五五年十月《週日泰晤士報》的一篇文章裏），而且只失敗過一次。那次我做了3倍分量，用了一個很大的烤酥浮類的盤子，時間掌控因此出錯，結果那次我的客人吃到的是乳酪雞蛋湯。從此我寧願用兩個比較小的盤子來烤，而不再採用一個大盤子。同樣道理也適用於做酥浮類料理。

此版本寫於一九七〇年代

獨一無二的費拉爾

紐卡斯爾公爵佩勒姆－何樂斯氏曾任國務大臣三十年，最後終因喪失屬地梅諾加島❶而下台，也擺脫了他在賓（Byng）海軍上將事件中的可鄙角色。公爵有一個鄉間莊園是在蘇塞克斯郡的哈蘭得，年輕的威廉・費拉爾就在那裏做法國廚師庫魯埃的二廚。費拉爾出生於留易斯❷，距離哈蘭得大概有十哩之遙，他順理成章子承父業成為白公鹿客棧的主廚（該客棧也是公爵的產業）。他在一七五九年出版了《烹飪法大全》，這是英國廚藝寫作史上最逗笑又最直言不諱的書之一。

就跟其他到府承辦特殊場合外燴筵席的廚師一樣，費拉爾不免也發現他要用到的那戶人家廚房設備完全不足，而他也毫不猶疑地白紙黑字道出在「附近一帶名門」府邸內的經歷：他發現典型的塞滿了「極大量好食品和必需品」的食物儲藏室，足夠十到十二人吃一頓大餐，所以他照例先很圓滑地跟滿懷抗拒的廚娘南妮搭好關係，要求對方讓他看看廚房器具設備（他稱之為「整套炊具」），結果南妮拿得出來的就只是「一口孤零零的燉鍋」和一個長柄炒鍋：「黑得跟我的帽子似的，鍋柄則長得足以攔住一半廚房通道。」費拉

❶ 梅諾加島：Minorca，今稱之為Menorca，西班牙巴雷亞利群島之一，位於西班牙半島東部海面。

❷ 留易斯鎮：Lewes，英國英格蘭東南部城鎮，蘇塞克斯郡首府。

爾可一點時間也不浪費，馬上派人回客棧取他自己的用具過來，一面先動手準備。他先跟南妮要濾篩，等她拿來之後，他抱怨其中有沙礫，南妮火大了，怪到負責客廳和臥室的女僕頭上：「都是她，她老是拿我的篩子去撒沙子清潔她那討厭的骯髒樓梯。」她把濾篩狠狠在桌上一敲，然後在一口熬著豬肉包心菜的大湯鍋裏涮一涮，就把篩子遞回給費拉爾。這回篩子上結了一層豬油。費拉爾不肯要，南妮怒沖沖地把濾篩往洗滌室一摔，很不滿意這挑東揀西的男廚師：「這濾篩上已經沒有沙子了，六便士硬幣上沾的沙子恐怕還多些呢！」結果費拉爾還得向她示範做原汁雞塊的切雞方法才哄得她開心。

後來那天晚上的正餐非常盡興，於是客人又留下來吃宵夜，主人便吩咐再做一道原汁雞塊。向來處世圓滑的費拉爾這回監督南妮做這道菜，一直等到那些紳士（此時大概都已醺醺然了）宣稱這次做的雞塊比晚餐上吃到的更好，於是費拉爾就派南妮出面到飯廳接受褒揚和打賞。可想而知，這家戶長不久就決定添置比較合用的器具，南妮也從此逐漸變成較有涵養的廚娘，而費拉爾則繼續揶揄更多蘇塞克斯郡的市民，數落他們在烹飪配備上的吝嗇和邋遢。他在某戶人家見到壁爐竟然縮到鹽盒子那麼小❸，就只爲了節省燃煤，而戶主甚至完全無視於「火爐」這個字的意義。費拉爾當場拂袖而去，那位紳士在後面追著他不放。費拉爾實在該有全權要什麼有什麼的。

---

❸ 歐洲的古老壁爐往往大到可容人進入，不只用來取暖，也做烹飪用途，例如將鍋子吊掛在壁爐裏的火堆上煮食，或在火上放鐵架烤食物等。

我們這位費拉爾也是蘇塞克斯郡當地鐵匠的最佳顧客，因爲他似乎一直不停找他們來裝設新爐灶和廚房設備。位於留易斯市騷索佛區的安妮王后宅邸，後來由費拉爾家族於一九二五年捐贈給蘇塞克斯郡考古協會，在這房子裏就可看到令人嘆爲觀止的一系列當地廚房機械裝置——托架烤扦、扇形烤扦、煙囪起吊機（用來吊起那些重到無法用手提起的鐵鍋、鐵壺之類），還有一把鐵製烤板，用來燙某些料理例如燙焦糖布丁的表層，使之焦黃，使用起來完全就像隻手對付蠻獸般吃力。由此可以想見那些廚娘和女僕面臨的狀況了——要應付這類器材設備，做廚子的首要條件就是力氣要大。

沃爾浦爾指出，費拉爾的老東家紐卡爾斯公爵比較討喜的性格，包括奢華鋪張與大宴賓客。他的名聲顯然也爲他的廚子招來非議，因爲費拉爾在書中不時苦心地爲法國烹飪辯護，尤其是爲他師父、前任主廚庫魯埃洗刷「浪費」的指控。當時的八卦人士很喜歡散布英國貴族聘用的法國廚師，是如何傲慢與鋪張浪費的流言，譬如整塊火腿縮減爲一小瓶精華，或者將22隻山鶉熬成用來配兩隻山鶉的醬汁。據八卦消息指出，這種情形很常見；廚師就只會想著要求加寬飯廳的門，加高天花板，好讓他們「表演好戲」。面對這類傳聞，費拉爾堅決表示：「任何明智的人都無法相信！有很多閒言閒語講他（庫魯埃先生）多鋪張浪費……但恕我說一句，他根本就不是這樣……我眞心認爲他是個正直的人……他對屬下謙恭有禮，爲人和藹，使得他身邊的人都很愉快。」

費拉爾寫此書時，這位迷人的大廚已經沒再爲紐卡爾斯公爵服務而回法國去了，轉而爲法國元帥利希留公爵服務。這位元帥在一七五六年指揮法國軍隊在梅諾加島包圍瑪翁港的英軍，據說他的廚師還將製作蛋黃醬的祕方帶回巴黎。那位廚師會不會就是庫魯埃呢？至於紐卡爾斯公爵，此君常爲小事氣惱，是否有爲手下名廚竟然投效他的死對頭而惱怒呢？

從費拉爾記載的他師父所傳授的竅門與食譜來看，這位庫魯埃起碼是個聰明、見解開明而且非常一絲不苟的廚師。費拉爾從他那裏學到煮蔬菜之方，例如蘆筍和法國四季豆，只需煮到「脆生而發黃」，吃法則「如（法國）許多種蔬菜做法一樣，做成熟菜沙拉來吃」；他也學會「用兩磅肉以及我所喜歡的園中蔬做出較好的湯，這種湯好過用大多數貴族餐桌上的八磅東西，加上用法不分青紅皀白的根菜類，和其他蔬菜所做出的湯」；他還學到不要把肉煮到像常見做法那樣碎爛，以致「清湯都成了渾羹——損害了那成千個家庭原本會興致勃勃欲啖之肉」；他也留意到庫魯埃從不用氣味濃烈的香草例如「百里香、馬郁蘭或風輪菜來做任何湯或醬汁，只除了少數幾道已經做好的菜會加這些香草」；而且在烤小牛柳之前，會先用加了洋蔥、月桂葉、紅蔥頭、鹽、胡椒和芫荽籽調味的牛奶醃一晚，但烤肉時庫魯埃會在肉上先蓋一層塗了牛油的紙，而且在烤的過程中絕不用醃過肉的調味汁澆在肉上，「絕不這樣做，而且也不要澆其他東西上去。」

每次耗費大量食材來裝飾或陪襯菜式時，費拉爾顯然很重視他做出料理的「賣相」。講到他所自豪的原汁雞塊，他說誰都可以做出味美的原汁雞塊，但卻要靠一個好廚子才能讓這料理做出來好看，「而且這道菜要做得好，有一半就是要靠漂亮的外觀。」至於做肉汁菜絲湯，「你可以扔一兩把嫩豌豆到湯裏，但是豆要非常嫩，因爲老豌豆會使湯變稠，看起來不好看。」做野兔糕則勿「配襯裝飾太多而掩住了它，要讓桌上每個人都看得見野兔糕」。

不過上次我去白公鹿客棧吃中飯，費拉爾的廚藝精神一點也沒有在那道燻鮭魚的配料上表現出來。那道魚襯飾了一大堆什錦沙拉般的材料，西洋菜、萵苣、番茄和黃瓜，魚本身幾乎消失看不見。但是話又說回來，如今在白公鹿客棧甚至沒人聽說過庫魯埃或費拉爾，要是他們有聽說過，說不定（這家餐廳現在屬法國老闆所有）還會利用一點過去的關聯（「本餐廳古意盎然，富麗堂皇，供應仿效名廚庫魯埃之方的火烤小牛肉，以及蘇塞克斯郡時鮮菜蔬，並有餐廳停車場」），將佩勒姆家族成員及其廚師們的畫像掛在酒吧間內，振興休罕的扇貝業，在當斯最近距離內的人造露池養殖淡水螯蝦，並以當地的芳香植物來烹羊肉，用當地的蘋果酒（當然是Merrydown這個牌子，不然還會是哪一種？）來煮火腿。我自己對此完全贊同，只要那些女服務生不對這些反常行徑反感就行；話說哪有一家英國鄉鎮驛客棧的女服務生不會跟你大眼瞪小眼：「你會把咖啡帶到休息室去喝，現在就去，是吧？沒錯，別客氣。」

《旁觀者的選擇》，一九六七年

麵食和米飯

吃得來的像樣通心粉

一九一四年大戰期間，諾曼·道格拉斯❶逗留在羅馬。後來他在《獨自一人》這本作品裏訴說自己如何四出尋覓「吃得來的像樣通心粉——那種戰前黃金時代生產的麵粉所製造的通心粉」。後來在一位朋友的指點下，他按圖索驥終於在龐大老火山斜坡上的梭里阿諾村找到了這種通心粉。周圍環境陰沉沉的，天氣又悶，然而「那通心粉補償了一切所有不足……總算找到了眞正像樣的通心粉，潔白如百合而且絕對道地……」。

對於沒有體會過麵食佳境或從來沒嘗過如此滋味的人而言，諾曼·道格拉斯如此熱切苦尋眞正像樣的麵食，似乎有悖常理。但是那句「潔白如百合」的形容詞卻可道出許多箇中原由。實在很難再找到更好的字眼來形容這些擺滿在大而深的湯盤裏，一捲捲帶有光澤的淺米色麵食，麵中央有一小片深色且香氣撲鼻的肉類醬汁，上面還加了一塊牛油，顏色幾乎比通心粉還要白，而且正開始融化。

你所買到的通心粉、直圓麵、麵條或其他不同種類的麵食商品是否有特色，完全決定於它們是用什麼麵粉製造，而不僅在於烹飪是否得法，這點諾

---

❶ 諾曼·道格拉斯：Norman Douglas，1868～1952，英國小說家和散文家，曾周遊印度、義大利和北非，多寫義大利南部題材，代表作爲長篇小說《南風》。

曼・道格拉斯當然很清楚。最適合的麵粉是用一種叫做 Durum 的麥子磨出來的。由名稱可想而知，這是一種很硬的小麥，磨出的麵粉雖然不宜做麵包，但這種特質發揮在麵食產品上卻可使之在乾燥過程中依然保持堅硬，烹煮後也不會變形。質軟的麵粉雖然足以做家常自製新鮮麵食並即日烹煮，但要大量生產加工製造就不行了，因爲這種麵粉乾燥得不均勻，做成的乾燥麵食會碎裂，而且煮過後會分解化成麵糊，非但呈現不出百合般動人的潔白外觀，反而看起來又灰又黏死氣沉沉。

加工製造過程中所用的水據說對品質的影響舉足輕重，拿波里一帶的產品所以更勝一籌，據稱就是因爲附近的水質。不過話說回來，義大利其他地區也有很繁榮的加工麵食業，尤其是巴爾瑪和波隆那。老實說，除了最內行識貨的人分得出兩者產品的差別，譬如拿波里 Buitoni 牌直圓麵和巴爾瑪的 Barilla、Braibanti 牌麵條，一般人恐怕吃不出有什麼不同。

一流的進口義大利麵食產品都是一包包出售，包裝上說明是用「Pura semola di grano duro」製造，意即所用的麵粉（一如英國產品）是用純胚乳磨成，也就是硬麥粒的中心部分。這種硬麥有相當產量是在義大利南部種植出來的，但並非總是黃褐色品種。semola 和 semolina 這兩個字眼跟直圓麵和通心粉連在一起時，意指所用麥粒曾經過特別處理，將麥粒最好、最營養的部分與精華所在細篩出來後，才用來做成乾麵條。

加雞蛋所做成的麵食中，最好的一類也是用上述同一種麵粉做成的；做義大利的蛋麵（例如扁麵條及其他類似產品）標準分量比例是用5個雞蛋跟1公斤（2磅）麵粉和成麵團。

沒有幾家英國店舖會認爲所有的乾麵食產品值得庫存，例如蝴蝶結或蝴蝶狀的、貝殼狀的、繩結狀和車輪狀的、瓜子狀、星狀、牛眼和狼眼狀、環形、螺紋管狀和平滑管狀的、粗管通心粉、小帽狀、雛菊狀、珠子形、小洋菇形、鵝毛筆管形和馬齒形、綠色千層麵皮和扁麵條、千旋百轉形，以及利用各種巧思塑造出的形狀，這些五花八門的產品使得義大利麵食店成了令人驚豔的迷人地方。順便一提，這些麵食雖然形狀大小不同，卻很難界定清楚，因爲名稱叫法不但因地而異，也因廠商喜好而各有不同，因此同一種麵可能會有兩個甚至三個不同名稱。同樣道理，兩三種不同的麵卻又可能在不同的地區裏有相同的名稱。

波隆那肉醬麵・Spaghetti alla Bolognese

*

這可能是義大利麵食料理中最爲人熟知的一道，但是做法卻有很多種，因此若以爲冠上此稱的義大利麵（即使在名氣大的餐廳裏吃到的）就是按照應有做法做出來的，那可就大錯特錯。

每人份以90～125公克（3～4盎司）長型直圓麵爲計，煮250～280公克（8～9盎司）的麵需用4.5公升（8品脫）水，外加2大匙鹽。將水很快燒滾，下麵時保持麵條完整，切勿折斷，麵下到滾水幾秒鐘後自然會軟化沉入鍋底。讓水盡快再燒滾，然後繼續煮10～12分鐘，在這段時間內，麵條體積自然會發漲爲原先的一倍，甚至兩倍。用木叉攪兩三次，以免有麵條沾在鍋底。挑一點麵條嘗嘗，要煮到麵條雖軟但嚼起來仍帶點韌勁，麵條心幾乎還呈現白色，這就已經煮好了。將麵倒入篩盆裏瀝乾水分。先把菜盤加熱，盤裏放一點熱橄欖油或牛奶，麵倒進盤裏後就像拌沙拉一樣把麵和橄欖油拌上幾秒鐘，可以的話，拌好後放在桌上型的保溫爐上。

將做好的肉醬汁（見右頁）加在麵中央，然後在肉醬上放一小塊牛油。準備好熱餐盤，最好是用湯盤。分好肉醬麵開始食用後，繼續把裝肉醬麵的菜盤留在保溫爐上保溫。

波隆那肉醬・Ragu Bolognese

*

這是波隆那內莉娜阿姨餐廳的波隆那肉醬麵做法，如今則出現在伽利略披薩店。自從內莉娜阿姨遷至這處新店面後，我還沒去光顧過。但我料想不管生意多好，也不可能破壞她那美味的烹調。

做4人份肉醬的用料是180公克（6盎司）絞碎的上好瘦牛肉、90公克（3盎司）雞肝、60公克（2盎司）未煮過的火腿或燻腿、1根胡蘿蔔、1個洋蔥、1小塊洋芹菜、2小匙濃縮番茄糊、1小玻璃杯白酒與2小杯牛肉高湯或清水、鹽、胡椒、肉豆蔻等調味品、約15公克（1/2盎司）牛油。

把牛油放進小煮鍋裏加熱，然後放入切碎的火腿或燻腿。等到煎出肥油後就放洋蔥末、胡蘿蔔末和洋芹菜末。炒到有點焦黃時，再加入絞碎的牛肉，將之炒勻到略呈焦黃。接著加進切碎的雞肝一起炒，然後再加番茄糊與白酒，煮至冒泡幾秒鐘後，加入調味品以及高湯或清水。蓋上鍋，用慢火燉30～40分鐘。有時波隆那的廚師會在上菜前加1杯鮮奶油到肉醬裏，肉醬汁會變得比較稠，而且也更甜美濃郁。

馬斯卡波內乳酪寬麵・Tagliatelle al Mascarpone

*

馬斯卡波內乳酪是義大利北部製造的一種高脂鮮奶油純乳酪，有時加糖和草莓一起吃，就跟吃法國的 Crémets 和 Coeur à la Crème 一樣的方式。有幾種不同的高脂鮮奶油乳酪都可以做成最美味的麵食醬汁。用普通牛奶凝結成以農家乾酪形式出售的乳酪也可做麵食醬汁，但高脂鮮奶油做成的乳酪產品做出來的醬汁味道更美妙。

Tagliatelle 是窄而扁平的麵條（用綠色那種來做這道料理更是引人垂涎，因爲綠麵條配上奶油般的醬汁，會將顏色襯得很美），不過其他形狀的麵，例如小貝殼狀、筆管狀（小鵝毛筆管麵）以及諸如此類者都可以採用。

煮寬麵的時間跟煮直圓麵一樣要10～12分鐘。其他形狀的麵有些比較硬，可能要煮上20分鐘，而且雖然體積小，還是需要用大量的水來烹煮。

這道乳酪醬汁的做法如下：在上菜的盤子裏融1小塊牛油，3至4人所需的份量是125～180公克（4～6盎司）高脂鮮奶油乳酪，只需徐徐加熱而不需燒滾。把煮好且瀝乾水分的麵條放到盤裏跟這配料拌勻，加入2～3大匙刨碎的巴爾瑪乾酪、十幾顆略爲切碎的胡桃仁。吃的時候再各自加上更多刨碎的乾酪即可。

這道乳酪麵做得好會非常有滋味，但吃起來濃膩易飽，因此吃一點點就會飽脹很久。

番茄大蒜醬汁・Salsa alla Marinara

*

拌麵食的醬汁如果是用相當分量的橄欖油做成，通常沒有必要再加乳酪。事實上，有些義大利人認爲把乳酪和橄欖油混在一起很不可思議，他們認爲兩者擇其一來拌麵，就已經提供很均衡的營養了。

番茄大蒜醬汁的做法如下：在炒鍋裏熱4～5大匙橄欖油，油燒熱但未冒煙前，放些大蒜片到鍋裏。幾秒鐘後再加入750公克（1½磅）熟透的去皮番茄，番茄要切成小塊，只需煮3分鐘就好，然後加鹽和胡椒調味，並加幾片粗切的新鮮羅勒葉，沒有羅勒就改用歐芹。這道醬汁此時已經可以用來拌麵了，也可以拌煮好的飯或四季豆。大蒜用量完全視個人口味而定，如果只喜歡微微帶點大蒜味，可以在番茄下鍋前先取出大蒜，因爲橄欖油已經有大蒜味道了。

維洛那麵線湯・Minestra alla Veronese

*

義大利廚子很懂得如何添加一點額外材料來使得雞湯麵更豐富，幾乎可以充當正餐，這道料理就是一例。

每600毫升（1品脫）清雞湯所需的其他配料分量如下：45公克（1½盎司）的上好麵條或折成小段的義大利麵線；4～5份雞肝；200

～250公克（7～8盎司）剝莢嫩豌豆；適量牛油；巴爾瑪乾酪。

先在加了鹽的水中煮麵線5分鐘，再取出瀝乾水分（如果直接放到雞湯裏煮，湯會變得渾濁黏稠）。清雞湯加熱後放入嫩豌豆，然後再放煮好的麵線，用慢火煮到豌豆變軟爲止。

在此同時，將雞肝洗淨，用慢火加牛油煎熟後剁碎，加進湯裏。吃之前加1大匙左右刨碎的巴爾瑪乾酪。

法式加麵料理・Macaronade

*

在義大利，絕不會用麵食來做肉類配菜或充當蔬菜料理。麵食通常會是第一道菜，若非加醬汁或乾脆加牛油和乳酪的乾拌麵形式（asciutta），就是加肉類清湯（in brodo）或燉清湯的湯麵形式，可能放蔬菜也可能不放，例如前面幾道食譜。這兩大類麵食包括我們所知的各種麵條以及有餡麵食，如義大利餛飩、方餃子和餃子❷等。

在法國，包括南部地區普羅旺斯和尼斯一帶（當地烹飪深受義大利影響），以及東部的阿爾薩斯和洛林（這兩省的飲食習慣無疑源於德國和波蘭），有時的確把某一類通心粉和麵條用來做爲主菜。尼斯地區的傳統料理「法式加麵料理」就包括少量通心粉或麵條，淋一

---

❷ 餃子：anolini，形狀近似中國餃子的麵食，呈半圓形。

點燉牛肉的湯汁，再撒一點刨碎的巴爾瑪乾酪。最初這麵是當作第一道菜的，跟著再上牛肉；如今兩者經常併在一起成爲第一道菜，而用麵條來配那酒香蒜味濃郁的燉牛肉，也的確令人讚賞，比用馬鈴薯來搭配更合宜。在我看來，若是用麵來配一道沒有湯汁的菜，例如煎小牛腿薄肉片或牛排等，那就是錯誤的搭配了。

《住家與花園》，一九五八年五月

別對米飯感到絕望

每個喜歡下廚的人無論多有天分又好學不倦，都會有些弱點，在所知或經驗上總有不足之處；若這種不足恰好又是取得成果的關鍵，這對當事人來說就很困擾又丟臉了。某些人的不足可能在於無法掌握竅門把肉烤得恰到好處；另一些人則是做奶油醬汁時還得要看手氣，不敢保證每次都做得成；甚至一些自認做酥皮糕點或蛋糕只有一點點天分的人，眼見別人似乎不費吹灰之力就能做到的過程，自己卻被打敗了，也會感到很懊惱。有些人視打蛋黃醬爲世上最容易的事，有些人則視爲畏途又感絕望；也有些人很會做米飯，非常有天分，另一些人卻總是做得一塌糊塗，而且屋漏偏遭連夜雨，差錯幾乎總是發生在請客吃飯的時候，而因爲要請客，做菜的分量又比平常做慣的多出許多。

有時候出岔的原因很明顯，譬如所用的廚具器皿本來只供4人份，這回卻用來做8人份；或者下廚的人忽略了以下的因素：即使好對付的料理例如葡萄酒燉肉，做好後如果在烤箱裏擺太久遲遲未上桌，也可能走了樣、變了味，失去堪稱水準之作的外觀。也說不定是要烤的肉塊比平時的分量大了一倍，因此就烤了一倍長的時間，而其實眞正應該衡量的並非肉的重量，而是要看肉塊形狀和厚度來決定烤肉時間長短。

當然，有時候問題出於心理因素多過技術因素。就拿米飯類來說，只因爲曾經出過一次岔，而且無疑是由於下廚的人對所用的米沒有烹煮經驗，結果從此非常害怕煮米飯。煮出失敗的米飯的確特別令人氣餒，所以我也從不建議別人在一手包辦請客吃飯的情況下做義大利燴飯，因爲這種燴飯做好後放久的話就不好吃了。不過還有很多其他做米飯的方法，有些簡直像是特別爲我們現在做飯的方式設計的，亦即做一頓飯所包括的菜式根本不需要精準無比地掌握時間。然而米的品質要好，這點很重要。有兩種米可以去找找看：一種是長粒的巴特那米❸，另一種是圓粒的皮埃蒙特米，阿佛里歐米❹或阿波里歐米（Arborio）都好，這種米粒核心很硬，就算煮過頭也不太會煮壞。皮埃蒙特米本身的味道明顯地比巴特那米好，如果所做的米飯料理主要是靠米本身的味道而非借重其他味道或醬汁，那麼用這種米最好不過。

以下所列出的食譜都是可以在做好後等一段時間才上菜的，當然不是等到天長地久，不過也長到足夠你在開飯前坐下來喝杯飲料，而不需要老是看著爐火。

---

❸ 巴特那米：Patna，產於印度，米粒細長而堅硬。

❹ 阿佛里歐米：Avorio，意謂象牙色米。

還有一個關於煮米的重點：水的分量是米的10倍。這計算起來是很大量的，所以最好用茶杯或玻璃杯來量米，然後再根據米量放適量的水。

中東雞肉燴飯之一・Chicken Pilau I

*

4～6人份所需材料爲約2杯（250～280公克／8～9盎司）的巴特那長粒米；3杯雞高湯，但湯裏的雞油不要舀掉，因爲可以使煮出來的飯有光澤；適量鹽、胡椒；1小匙綜合香料（小豆蔻籽、少許磨碎的青薑根、牙買加胡椒、肉豆蔻衣、胡椒、孜然芹籽，或者照你喜歡的口味綜合而成）；從煮好的雞身切下約1杯的雞絲。

在一個容量約爲4.5公升（8品脫）的大煮鍋裏注滿2/3的水，水燒滾之後，放滿滿1大匙鹽到水裏，然後放米，煮到燒滾後再繼續煮7分鐘就好。由於米只是煮到幾分熟，因此尚未完全膨脹起來，所以瀝乾水分時最好用細孔篩子或篩盆，孔眼不大，米粒不會由孔眼漏出。手持篩盆用冷自來水沖洗，直至沖洗出的水變清爲止。接著將米倒進砂鍋或其他夠深的耐熱盤子裏，容量約爲1.7公升（3品脫）左右。將所有搗在一起的香料拌進米中（分量可以隨意增加），然後加進雞絲和雞高湯。整個砂鍋放到爐火上燒到沸滾就熄火。將一塊事先準備好的乾麻布茶巾對折蓋在米面上，再蓋上鍋蓋，放進低溫烤箱（170°C／325°F／煤氣爐3檔）的中層，20分鐘內米應該就煮成飯而且軟了，所有湯汁都被吸收到飯裏。煮好的飯放到先加熱過的淺餐盤內就可以上桌了，喜歡的話，可以取一點杏仁片或松子仁用烤箱烘到略呈焦黃，撒在飯面上，另外附一碟印度式甜辣醬和檸檬。如果這是第一道菜的話可供6人份，若是主菜則可供4人份。

要確定那條茶巾有仔細過水沖乾淨，不帶有洗衣粉或洗碗精的味道，否則蓋到飯面上是很冒險的事。

如果要晚一點才上桌，飯煮好後馬上先從烤箱裏取出，但是讓茶巾和鍋蓋繼續蓋著，如此至少10分鐘內依然可保熱度又不會破壞風味。但不要採用品質差、顆粒小、用來做布丁的米粒，也不要用任何美國專利發明米，那種米的包裝上已經注明煮米的用水量和所需時間。上述兩類米都不宜採用我的做法。

中東雞肉燴飯之二・Chicken Pilau II

*

假設你的烤箱已用來烤另一道菜，溫度與你要做的中東燴飯所需溫度高低不一，此時我還有一個折衷做法，所用的材料也相同。

煮米的時候，改爲煮10分鐘而不是7分鐘，然後用冷水沖過，瀝乾水分。在一個缽內或大碗、煮鍋裏（大小只要能擺進另一個鍋內就可以了）熱好30公克（1盎司）牛油，或者1大匙橄欖油，然後放進雞絲，上面再放半生熟的米，米要先用綜合香料和調味品拌好。以2

杯米配1杯熱高湯的比例注入所需高湯分量，然後再放1大匙牛油或橄欖油。最後蓋上對折的茶巾並加上鍋蓋，放進備好的雙層蒸鍋裏蒸1/2小時左右。

要煮白飯配畜肉類或雞肉的話，這也是最好的煮飯方式。

如果想用番紅花爲飯添加顏色，開始煮飯前先取5～6條花蕊，搗碎後加入熱高湯，等到要把高湯加到米裏時再把花蕊濾出。

奶油龍蝦飯・Lobster with Cream Sauce and Rice

*

這是設宴請客時非常好的菜式，因爲可以預先做好所有主要的準備工夫。

做爲第一道菜，4人份的材料需要1隻煮好的大龍蝦或淡水螯蝦，可以的話最好選母蝦，因爲龍蝦卵可使煮出來的醬汁味道更好；60公克（2盎司）長粒巴特那米；做醬汁用的牛油90公克（3盎司）；2大平匙麵粉；300毫升（1/2品脫）牛奶；4大匙白酒或無甜味的苦艾酒；150毫升（1/4品脫）鮮奶油；適量調味品；麵包粉。

先在厚重煮鍋內燒融45公克（11/2盎司）牛油，熄掉火，將麵粉攪拌入牛油，攪勻後加入熱好的白酒或苦艾酒，再加一點牛奶，牛奶也要先熱好。然後重新點火，徐徐加入剩餘牛奶，要不停的攪動。最後再加一點鹽、鮮磨胡椒、肉豆蔻和一點紅辣椒粉，調到最小火，慢慢熬醬汁。

如果你買到的是母龍蝦，就先取出蝦卵以及龍蝦殼的膏黃，加30公克（1盎司）牛油搗爛。龍蝦肉要切成小塊。

醬汁熬了10～15分鐘後，加入鮮奶油，然後再煮5分鐘。這時要攪入牛油龍蝦卵，過2分鐘後用濾篩將醬汁壓濾過，倒進乾淨鍋子裏。如果醬汁已預先做好，就在醬汁上加一層薄薄的融化牛油，如此便可防止表層凝結。

接著用加了鹽燒滾的水來煮米，煮7分鐘就好，然後用冷水沖洗並瀝乾水分。

到了要做這道菜的時候，要提早10～15分鐘加熱醬汁，另外20分鐘則是烤的時間。醬汁要用隔水燉熱的方式將整鍋醬汁放在另一鍋熱水裏加熱，等到夠熱時，就將龍蝦肉拌到醬汁裏，嘗嘗味道再自行加適量調味料。

準備好塗了牛油的淺身焗盆，將煮過的米鋪在底層，然後把龍蝦料倒在米面上，但不要攪亂了那層米。此時應該就像焗盆料理一樣，差不多裝得相當滿了。最後撒上淺金黃色的細碎麵包粉，其餘牛油也碎成小粒狀撒上去。放進烤箱用低溫（150°C／300°F／煤氣爐2檔）烤15～20分鐘，烤完時飯粒應該相當軟了，而且由於是浸在鮮奶油醬汁中慢慢烤成的，所以龍蝦肉不會又硬又乾（如果驟然加熱就會如此）。切勿自作主張增加米的分量或者把醬汁做得更濃，否則你會做出稠厚但不可口的龍蝦飯。

若要讓這飯的表層油光好看，可以放在烤火下方烤1分鐘左右，烤到表層冒泡爲止。如果要做分量較多的龍蝦飯，最好先確定焗盆的大小是否合適，要不就分兩盤米來烤，而不要統統塞在一個過深的焗盆裏烤。

乳酪醬汁飯・Rice with Cheese Sauce

*

這是由義大利做法變過來的頭盤料理。義大利做法的醬汁是用乳酪和蛋融成涮料，很容易出差錯，特別是請客下廚的時候，不是涮料無法煮稠，就是急著要煮稠卻偏偏弄巧成拙凝固了。所以不要照義大利做法去做涮料，而是變通一下做成濃郁的格律耶爾乾酪或巴爾瑪乾酪口味的奶油醬汁。米則煮成白飯，也就是什麼佐料都不加，煮熟就好。

4人份的用料如下：300公克（10盎司）圓粒皮埃蒙特的阿佛里歐米、做醬汁用的45公克（1½盎司）牛油、1大平匙麵粉、300毫升（½品脫）牛奶、150毫升（5盎司）稀奶油（single cream）、90公克（3盎司）粗刨的格律耶爾乾酪或60公克（2盎司）刨碎的巴爾瑪乾酪、適量鹽、胡椒和肉豆蔻。

可按前述龍蝦飯的醬汁做法預先做好醬汁，擺在一邊待用，但先加一層薄薄的融化牛油蓋住醬汁表面。重新加熱時一定要用隔水燉熱方式，醬汁熱了才加乳酪攪勻。調味品要放足分量，並用慢火繼續燉著醬汁，以便整鍋醬汁要用時依然熱辣辣的。

煮米的水量約為米量的10倍，加1½大匙鹽到燒滾的水裏再煮米。煮阿佛里歐米的時間要比巴特那米長，大約要煮18分鐘。然後放在篩盆裏用自來水沖洗，瀝乾水分。準備好一個做酥浮類的烤盤或烤蛋糕的模具，又或者是耐熱的大碗，將煮過的米倒進去，蓋上一塊對折的茶巾，然後放進烤箱，調到最小火的程度，如此一來可以安心地烤15～20分鐘。烤完後把飯倒在一個預熱過的淺餐盤裏，然後在飯面和周圍淋上醬汁。

《時尚》，一九五九年一月

義大利燴飯可變多少花樣？

喜歡把義大利燴飯做成英國口味的人永遠不乏食譜可循。不過有一天（我寫此文時是一九七八年）倫敦《泰晤士報》刊登了一道食譜：（花樣百變的義大利燴飯），指定用長粒米，用1/2磅米配4 1/2片培根和1/2磅洋菇。此外還建議加1個切片青椒「讓顏色好看」，並且扔上一點熟雞肉、熟豌豆以及沾麵粉炸過的雞肝。順理成章，材料清單上也無可避免地出現了雞高湯塊，亦有刨碎的切達乾酪。

這道食譜要使用嚴密蓋緊的煮鍋，大約就像中東燴飯的煮法（很可能是食譜作者發現煮義大利燴飯的方法對長粒米沒有作用），然後加入切碎煮過的洋菇（還要濾掉煮出的洋菇汁！我猜想大概就倒在水槽裏流掉了）以及相等於米量一半分量的乳酪。最後的指示步驟更是荒誕到極點：「這樣就可以吃了——最好是配一道爽脆的沙拉。」就這樣吃法！說實在也很難看出還可以再加什麼，難道是加些很好看的番茄醬汁？還是幾顆抱子甘藍？

言歸正傳，我很清楚這樣的料理可能會吸引胃口大於辨別力的人，特別是在英國飲食傳統教養下成長，不分青紅皂白便能把格格不入食材亂湊成一盤，然後一口氣吃個精光的人。這類讀者當然沒興趣知道他們吃的東西究竟是印度風味香辣炒飯，抑或炒雜碎還是中東燴飯？那又何必告訴他們這是義大利燴飯？但至少對於那些指望一份負責任的報紙提供資訊的讀者而言，如此誤導可是很失禮的。不久前我才跟《衛報》起了爭執，爲的就是一道很不像話的洛林鹹蛋塔食譜，內容包括洋菇、熟食店買來的一點火腿（聽起來很不衛生）、不新鮮的乳酪，還有雜七雜八的食材，做成奶糊狀倒進準備好的派餅皮裏。

雖然《衛報》的確很有風度地刊登了我的抗議信，但是那道食譜的始作俑者卻寫信來邀我吃她的發明之作，並向我保證「眞的很能夠入口的」。那還用說！起碼對那些能容忍剩菜雜碎的人絕對是很可以吃得下的。這位女士沒充分意識到我要抗議的是她用名不當，必也正名乎。可能對她的朋友而言，這大雜燴的東西是可容忍的；但是對任何人而言，這東西不可能是洛林鹹蛋塔。同樣道理，凱蒂·史都華女士的「百變義大利燴飯」或許也是「很能夠入口的」，但卻不能想當然爾稱爲「義大利燴飯」。要是史都華女士索性稱她的創作發明爲「培根飯」，我想這一來根本不會有人抗議或再去想它。是否因爲「義大利燴飯」聽起來比「英國飯」要響亮得多？那麼我就不知道義大利讀者對《泰晤士報》刊出的食譜有何感想了？

倒過來說，要是一個英國讀者（甚至是個見聞不廣的人）在一份備受推崇的義大利報紙上見到一道英國食譜，譬如英國式帶果皮的果醬好了，材料內容是甜橙、檸檬糊外加麗口塔乳酪、剁碎菠菜和無花果乾，試問這位英國讀者反應會如何？我跟你保證，把這樣的混合醬和帶皮果醬扯在一起，與《泰晤士報》的義大利燴飯做法與道地義大利燴飯相比的不像樣程度，可說兩者不相上下——而這道馳名的義大利原創料理，也確實有很多變化的做法可供選擇。

未曾發表過，寫於一九七八年

食譜

蔬菜蝦子義大利燴飯・Vegetable and Shrimp Risotto

*

要做出眞正道地風味的義大利燴飯，首要條件就是米要用對。義大利米跟其他米不一樣，米粒大而圓且帶有珠色，有清晰可見的白色硬米心，使得米不會煮成爛飯，這也是義大利燴飯風味獨到的主要因素。在義大利這是道必然當頭盤的料理，而且餐館菜單上也將之與湯類並列。的確，義大利燴飯幾乎（但並不完全是）可算是湯飯了。

要是你從來不曾在威尼斯或米蘭吃過做法正確的義大利燴飯，很難領會到做這燴飯的時間火候得要分秒不差，才會恰到好處（就跟炒蛋一樣），不能太多湯汁，也不能太乾，黏稠度要不稀不厚剛剛好。要看起來稀散，每粒米並未黏成飯塊，但湯汁和米的澱粉質混合出勾芡般的效果，使得所有米粒有點相黏而渾然一體。刹那間，令人驚愕地，這些效果突然沒了，你的義大利燴飯成了厚厚黏呼呼的一團，當然還是可以吃，而且味道說不定還很好，可是那種悅目分明的效果不見了。

威尼斯風味的義大利燴飯以甲殼類海鮮和綠蔬兩大食材爲主，兩者用量跟米量相比，分量都少得驚人，而且也使得燴飯吃起來特別清淡美味。

除非你就住在亞得里亞沿岸一帶，否則別指望做出一道亞得里亞甲殼海鮮燴飯；但是沿用威尼斯燴飯風格的概念做一道蔬菜義大利燴飯倒似乎可行，即使所用的蔬菜跟威尼斯不一樣，而且做出來的燴飯可能讓威尼斯人感到陌生。

2人份所需材料如下：150～180公克（5～6盎司）皮埃蒙特的阿波里歐米、75公克（$2^1/_2$盎司）牛油、2大匙刨碎的巴爾瑪乾酪、600～750毫升（1～$1^1/_4$品脫）水、小洋蔥1個、萵苣葉約5片、球形茴香1片、蝦乾5條、洋菇乾5個、適量鹽與肉豆蔻。

用直徑16公分（容量$2^1/_2$品脫）的厚重煮鍋將蝦乾和洋菇乾用溫水浸$^1/_2$小時，然後取出瀝乾切粒。萵苣切絲，茴香切丁，洋蔥剝皮後切碎。

在煮鍋裏燒融45公克（$1^1/_2$盎司）牛油，先將萵苣和茴香炒軟，然後取出，讓牛油留在鍋裏，必要的話再放一點牛油到鍋裏，接著放入碎洋蔥炒1分鐘，直至洋蔥呈透明狀。此時將米加到鍋裏，攪拌均勻，使之與牛油混合而呈現光澤。加450毫升（$^3/_4$品脫）滾水到鍋裏煮米，勿蓋鍋，用中火煮到汁液被米吸收為止，大約需時15分鐘。

等到米煮到看來水乾了，就將蝦和洋菇攪入，並加1小匙鹽以及150毫升（$^1/_4$品脫）滾水。到這階段就需看著火候了。用一支不會戳爛米的木叉攪動正在煮的米，並嘗嘗看煮得夠不夠軟。米粒必須帶有一點嚼勁，而燴飯則要有點湯汁。

將萵苣和茴香以及巴爾瑪乾酪跟燴飯拌勻，並加入足量肉豆蔻以及其餘牛油。

綠蔬義大利燴飯・Green Vegetable Tisotto

*

4人份材料爲：300～350公克（10～12盎司）阿波里歐米、2顆紅蔥頭、3條小筍瓜、1束西洋菜、100公克（$3^{1}/_{2}$盎司）牛油、1.2公升（2品脫）水、3大匙刨碎的巴爾瑪乾酪、適量肉豆蔻與鹽。

用直徑18公分（容量4品脫）的厚重鍋子來煮。

將筍瓜皮削成深淺綠條紋相間狀，縱切成4條，然後再橫切成丁。在小鍋內放30公克（1盎司）牛油，將筍瓜丁煎軟。將西洋菜洗淨，棄去白鬚莖，用15公克（$^{1}/_{2}$盎司）牛油煎1分鐘，然後切碎。在厚重鍋裏再燒融45公克（$1^{1}/_{2}$盎司）牛油，放切碎的紅蔥頭下去炒1分鐘，倒入米與之攪勻，加入600毫升（1品脫）滾水，按前述方法煮米。

筍瓜和西洋菜最後才放，在加到燴飯裏之前，把筍瓜和西洋菜一起倒在另一個鍋裏先熱一熱。最後加入巴爾瑪乾酪、剩餘牛油，並磨少許肉豆蔻粉到燴飯裏就大功告成了。

◎附記

做這類燴飯不需用高湯來煮，但餐桌上應備有足量刨碎的巴爾瑪乾酪以供嗜者所需。

未曾發表過，寫於一九七〇年代

給喬治・艾里歐特的信（摘錄）

上星期我們去了亞維農的 Hiély 餐廳。我可以很欣慰地說，它依然還是一家怡人的餐廳，菜還是做得很好吃，裏面的人討人喜歡，服務沒話說，葡萄酒醇美，整個氣氛就是很恰當，一點都沒有在 Vézelay 那裏所遇到的冷冰冰不大方的態度。中午套餐定價一百八十法郎（如今大約等於十六英鎊），包括一道前菜，有冷盤和熱盤可供選擇——我點了香草肉醬，瑧則選擇加了美味番茄濃汁和魚的麵條。接下來她點的是煎小羊肉，我則是去骨兔脊肉，鑲了兔肝和一點羊肚蕈。隨後我們兩個都同樣吃多芬風味的牛油馬鈴薯焗盆，接著端上來的是兩大托盤各式乳酪供我們挑選，然後是極特別的各式冰淇淋，還有一塊令人讚嘆的巧克力蛋糕。連服務費都包含在這一百八十法郎裏。咖啡則是唯一算起來最貴的，每杯幾乎一英鎊，但的確是很香醇的咖啡。

那天喝的是隆河區的 Lirac 白酒和該年度新釀成的教皇新堡紅酒，以玻璃酒壺爲計，這是過去這麼久以來我喝過最好的酒之一，七十毫升一壺酒售價八十法郎（大概七英鎊）。這下你明白了吧？我很高興地發現它還是那麼好的餐廳，而且完全沒有被新派烹調同化。

至於在 Uzès 餐廳吃到的大多是蔬菜、蛋（自由放養場的雞所產）、當地乳酪（星期六的市場有大量產品可供選擇：綿羊奶製的乳酪、山羊奶製的乳酪、牛奶製的乳酪等），以及各種生菜。在派屈克店裏偶爾有電動烤扦烤出的玉米飼養的雞，還有同樣用電動烤扦烤出的肥厚西班牙紅甜椒（要是我沒在多年前把自己那套坎農牌烤扦機送給馬里歐的話，說眞的，這是烹製這些紅甜椒最好的方式)。我們買了牛皮菜和狗骨狀的南瓜，有時買酸模，新鮮的白乳酪不是牛奶製的就是山羊奶製的，還有一種非常特別的甜食「鮮奶油餅」，它並非奶糊派，而是有點發酵過的麵團成品，質感類似海綿蛋糕，橫切成兩半後，在中間塡上很甜的奶油乳酪混合料，破天荒地沒有被香草口味壓倒它的味道。我們是跟市場上一個婦人買的，她還賣很好吃的小塊農家乳酪，還有用奶油乳酪與歐芹做餡料的義大利小方餃。

住宅隔壁是家麵包店，除了賣常見的棍子麵包和大塊家常麵包，他們也製作五種左右不同的有機麵包（全麥麵包)，全部都很鬆軟而且「眞的」很好吃。要是我能在瓦同街的 J de B's 烘焙店買到這樣一個麵包，我就不會費事自己做了。法國人在全營養食品業❶方面起步很慢，然而一旦進入狀況就做得很好，縱然按照那些怪人的標準來看，他們做出來的食品並非絕對合乎「有機」，但卻更能讓人吃得下去。

在市場上我們可以買到七、八種橄欖，有黑有綠，甚至還有剛用濃鹽水泡過的，不過這種橄欖很硬。市場上也有很好的淺綠色初榨橄欖油，但上星期我們才去過一家榨油坊，位於「老泉」附近（即都德《磨坊書簡》裏那座磨坊所在，猶如莎士比亞之妻在普羅旺斯的茅舍故居)，買了1公升橄欖油，未過濾的（他們說沒有濾器)，約三英鎊，品質很好。油坊也賣肥皂，是利用橄欖油渣的餘油製成的。我們買了一些，氣味不錯，但我還沒開始用。

一九八四年二月十七日

---

❶ 指未經精緻加工且不含人工添加劑的食品。

瑪格麗特・達茲太太

克麗絲汀・珍・鍾斯頓以「瑪格麗特・達茲太太」爲筆名所寫的《廚娘與家庭主婦手冊》於一八二七年出版，她其實是約翰・鍾斯頓之妻，此君原爲當佛姆林的學校老師，後來轉行爲《因弗內斯信使報》❶的編輯兼老闆，後來又與其妻合編《愛丁堡週報》。鍾斯頓太太的筆名靈感來自史考特爵士❷的《聖羅南之井》，爵士在書中創出了梅格・達茲這個角色，乃歐德鎭客來空客棧的老闆娘。鍾斯頓太太採用這個角色爲筆名實在勇氣可嘉，因爲這是史考特爵士筆下頗粗魯的人物，瘦骨嶙峋，醜而可厭，遇到她認爲不配接受她客棧招待的客人時，態度就十足像個罵街潑婦，以潑辣方式去應付客人。「你上別的地方去吧！」她會這樣扯著嗓門說，聲音大到從寇客（Kirk）到聖羅南堡都聽得見。

然而她卻是個面惡心善的人，而且下廚很有一手，不僅對廚藝自豪，也很重視廚藝。她餐桌上的好菜遠近馳名，窖藏好酒也同樣不遜色。

相形之下，鍾斯頓太太像個平易近人的才女。德・昆西❸提到她是個從

---

❶《因弗內斯信使報》：*Inverness Courier*，因弗內斯乃英國蘇格蘭北部港市，高地區首府。

❷ 史考特爵士：Walter Scott，1771～1832，英國蘇格蘭小說家、詩人、歷史小說作家、浪漫主義運動先驅。名著包括《艾凡赫》，舊譯《撒克遜劫後英雄傳》。

事寫作而又絕不犧牲女性尊嚴的人；她出版的烹飪書面世後就洛陽紙貴，終其一生都還不停再版。

鍾斯頓太太——「梅格・達茲」——最高明之處在於指導如何利用蘇格蘭盛產的食材如鮭魚、松雞、鹿肉來做菜，還有做最具代表性的地方菜如羊雜鑲羊肚、大蔥燉雞、修士濃雞湯以及燉綿羊頭清湯等。

蘇格蘭最盛行的鹽醃、加工和燻製肉類與魚類，鍾斯頓太太尤其感興趣。她條錄了鹽醃羊肉和鵝的方法，而火腿、牛肉、香腸以及「聖誕醃全牛」（Yule Mart）❹的做法，在《廚娘與家庭主婦手冊》中比比皆是。「羊肉，用肋排或胸肉皆可，」鍾斯頓太太寫道：「先用鹽醃過之後和根菜類一起煮來吃，等於同時又煮出了馬鈴薯湯，加歐芹或芹菜調味。」她有道菜叫做「柯里耶斯烤肉」，是將一條羊腿先用鹽醃一星期，烤熟之後佐以歐洲防風泥或者烤得焦黃的馬鈴薯；而在凱斯內斯郡❺，「鵝經過加工燻製，吃起來津津有味。燻鰹鳥❻更是豐盛的蘇格蘭式早餐馳名的特色之一。」

《廚娘與家庭主婦手冊》沒有收錄鹽醃和燻製鵝的詳細做法（然而瑞典某些地區也有類似的料理「鹹水鵝」，哈瑞・路克爵士在他那本非常獨到又能增廣見聞的《第十位繆斯》書中提供了很棒的食譜，可以參考），不過鍾斯頓太

---

❸ 德・昆西：Thomas De Quincey，1785～1859，英國散文家和評論家，吸鴉片成癮，以作品《一個英國鴉片鬼的自白》而聞名。

❹ Yule Mart：蘇格蘭語，Yule 意謂聖誕，乃在聖誕節期間屠宰醃製的公牛。

❺ 凱斯內斯郡：Caithness，蘇格蘭郡名，位於蘇格蘭東北部。

❻ 鰹鳥：gannet，或者在市場上美稱為 Solan geese。

太有提到燻鵝用的木柴，還有肉食加工時所用的鹽以及常用香料，令人大開眼界：「青樺木、橡木，或者其他散發香氣的木柴，例如柏木等，都可以令所有肉乾品質大為提升。」她還補充說：「其中尤其是羊肉，最能藉香氣木柴煙燻產生脫胎換骨的效果。」

從以下引用的食譜可以欣賞到鍾斯頓太太文筆的明晰風格。她的做法說明不但精確而且依然非常實用；她講述一道料理應有的外觀以及如何避免容易失手之處，還對如何呈現最佳外觀補充了一些相當重要的細節，與她同期的烹飪專家很少留意到這方面的預防措施。

煮鮭魚和其他魚類・To Boil Salmon and other Fish

*

烹煮備受喜愛的鮭魚方法很多，但恐怕都比不上做法得宜的白煮方式。首先將鮭魚去鱗洗淨，不要清洗或處理過頭，而且剖魚也不要剖得口太大。準備好容量夠大且洗刷乾淨的橢圓形煮魚鍋，要是鮭魚很大條肉又厚，就把魚放在濾盤上再放進煮魚鍋裏，注入冰涼泉水淹過整條魚，以便魚慢慢燒熱而煮透。撒一把鹽到鍋裏。如果鮭魚已經先煮熟了一部分，煮魚時也可以放熱水去煮。不論是上述哪一種情況，都要用慢火來煮魚，並要撇掉煮出來的灰色浮沫，計算所需時間可以1磅（500公克）重量煮12分鐘為計，不過掌握煮魚所需時間比掌握煮肉類所需時間更難，得要靠經驗，再加上老練廚子憑肉眼判斷徵兆的本事，才能算準，沒煮熟透的魚實在是很令人倒胃口又不衛生。可以用尖物戳戳魚身查看煮熟了沒有。

任何魚一旦煮熟了，就要馬上取出盛魚的濾盤，讓它架在鍋口上滴乾魚身水分。用對折幾次的軟布或法蘭絨布蓋住魚，這些布用熱水浸過就會變得很軟。把魚裝到加熱過的魚盤裏，用餐巾蓋住。

如今很多人家裏的餐具櫃都備有可供隨意使用的現成醬料，還有用來佐蝦、鯷魚和龍蝦的醬汁，這些都可以佐白煮鮭魚；除此之外，只用融化的牛油也可以。如果鮭魚非常新鮮並且以某些人認爲最完美的方式烹調──帶有鮮嫩、濃稠滑潤之口感，那麼最實在的莫若用醬汁盅送上煮魚的湯汁配魚一起吃。雖然仍可聽到有人用茴香和牛油來佐白煮鮭魚，但這方法幾乎已經快要被淘汰了。上菜時要用捲葉歐芹和檸檬片點綴。在餐桌切魚的人必須連帶切一片肉厚的部分與一片較小的薄肉部分，其實這薄的部分才最肥，而且是很多人心裏最愛吃的部分。黃瓜片也通常用來佐鮭魚，事實上所有白煮魚都可以佐以黃瓜片。

煎鹿肉塊．To Fry Venison Collops

*

鹿的腰腿肉或修割過的頸肉、里肌肉皆可，將之切塊，用骨頭以及修割下來的部分熬肉滷汁，然後用炒黃的麵粉混牛油勾芡，將肉滷汁煮稠。用小濾盆過濾之後，燒滾，擠一個檸檬或橙的汁液到肉滷汁裏，並加一小玻璃杯（30～45毫升）法國波爾多紅酒。按個人口味加入胡椒、一匙鹽、一丁點紅辣椒粉和少許肉豆蔻。將鹿肉塊煎熟並趁熱裝盤，把煮好的醬汁淋在鹿肉塊上，以炸麵包粉點綴。這是絕佳的烹煮鹿肉之法，尤其是鹿肉不夠肥不宜採用火烤方式時。

大蔥燉雞・Cock-a-leekie

*

用4～6磅（2～3公斤）牛腱熬湯汁，牛腱骨頭要斬開，湯汁熬好後將之過濾，放進閹雞或大隻禽類，要紮好腳和翅膀比較好煮。等到煮滾時就要用上一半已備好的蒜苗；這些蒜苗要先洗淨切段成1吋左右（2.5公分）或更長，並用滾水燙過。小心撈去湯面的浮沫，再煮1/2小時就將其餘蒜苗也都加進湯裏煮，並加胡椒和鹽調味。湯裏一定要充滿蒜苗，而且先下鍋的那一半分量的蒜苗也要跟湯煮得化成綠色軟滑狀。有時閹雞是盛在大湯盅裏加上蒜苗雞湯一起上桌。不放雞也是非常好吃的蒜苗湯。

有些人在蒜苗雞湯裏加細燕麥片使之變稠。不喜歡湯裏有太多蒜苗的人可以加青菜絲，或者菠菜和歐芹各半。蒜苗老硬的綠葉則棄之不用。

修士濃雞湯・Friar's Chicken

*

用小牛肉、羊腿肉或禽肉切除不用的部分熬清湯。湯熬好之後過濾到乾淨煮鍋裏，放1隻上好白雞❼或1～2隻嫩禽，要斬成做咖哩雞塊般大小。加鹽、白胡椒、肉豆蔻衣和碎歐芹調味。湯煮好時用2個打好的蛋黃汁勾芡煮稠，要小心不要讓蛋黃汁凝結成蛋花。把雞肉切下來加到湯裏一起吃。

也可以只用牛油和水做成高湯，並在炒鍋裏先把雞肉煎黃再加到湯裏。用兔子來做這湯也非常好。有些人喜歡凝結出蛋花，而且加大量雞蛋到湯裏，把這道湯做成了雞蛋燉雞。

妙的是梅格・達茲或其他當時馳名的烹飪書都沒提到司康鬆餅、鐵板煎餅、蘇格蘭烘麵餅和煎薄餅，這是寰宇咸認爲承傳自蘇格蘭的美食。以下是兩道速成食譜，用來當塡飽肚子的早餐或豐盛下午茶點最好不過。

---

❼ 一般在西方國家市場買雞大致有兩類：一種雞皮呈白色，通常用來煮湯；另一種雞皮呈黃色，比較肥，通常用來炙烤。

蘇格蘭煎薄餅，或稱滴麵糊司康鬆餅・

Scotch Pancakes or Drop Scones

*

250公克（8盎司）普通麵粉、1/2小匙蘇打粉、1/2小匙塔塔粉（cream of tartar）、60公克（2盎司）砂糖、2個蛋、300毫升（1/2品脫）酸奶（也可以用鮮奶，但酸奶做出來的烙餅比較不膩）。將麵粉和蘇打粉、塔塔粉一起篩過，加入砂糖，然後逐樣慢慢加入打好的蛋汁與酸奶，再很快把麵糊攪成很濃稠的鮮奶油狀。這種餅要用鐵板來烙，好處是鐵板很平，所以一次可烙好幾個餅，但是用厚重煎鍋也一樣可以烙。先將廚房紙巾捲成小紙捲，浸些肥油抹在鐵板或煎鍋裏，如此表層只會有一層薄薄的油潤。把鐵板燒熱但不要太燙，舀一大匙麵糊滴到鐵板上，烙2分鐘，然後用煎鏟將餅鏟起放到火下烤一下餅的上層。要是你沒有火烤架，那就在鐵板上或鍋裏把餅翻轉烙另外一面。餅一煎好就要馬上塗牛油趁熱吃。在烙餅過程中要留意不要讓鐵板燒到熱過了頭，不然很容易把餅底烙焦而餅內部卻沒烙熟。上述分量可以烙出20～24個餅。

蘇格蘭燕麥餅・Scotch Oatcakes

*

250公克（½磅）粗燕麥粉、30公克（1盎司）牛油或肥油、1小匙鹽、少許蘇打粉、150毫升（¼品脫）滾水。將牛油揉入燕麥粉中，並加鹽和蘇打粉，然後加入滾水，把這混合物揉成結實的麵團。在撒了麵粉的麵板上把麵團擀成薄麵皮，切割成圓塊，放在抹了油的鐵板上烙，只要烙一面就可以了。要吃的時候再放在火架下烤餅的上層。這餅有股挺開胃的煙味，跟培根搭配很好吃。上述分量足夠做一打燕麥餅。

發表於《Harper's Bazaar》，一九五一年八月

但附有部分未曾發表過的段落

海鮮類

英式魚肉蛋飯

馳名全球的米飯料理有很多種，包括倫巴底賞心悅目又簡單的番紅花義大利燴飯，以及將海鮮、雞、蔬菜等混合煮成，不需要花太多心思的西班牙大鍋海鮮飯，還有加了香料的中東燴飯、美味的中國炒糯米飯等，其中英國人另創做法的魚肉蛋飯（Kedgeree）也是數一數二。雖然這飯的名稱源自印度香辣炒飯 kitchri，但卻已完全自成一格變成英式料理。印度香辣炒飯是用扁豆、米、香料烹成，但英國廚子卻想到用燻黑線鱈、米、蛋做成最好吃的早餐和宵夜，實在應該記一大功。

香料魚肉蛋飯・Spiced Kedgeree

*

將1條中等大小的燻黑線鱈切成6片，放在深盤子裏，倒入足量滾水淹過魚片，蓋上盤子放置10分鐘。然後瀝去水分，將魚肉掐成碎片，去掉魚皮和魚刺。用大量加鹽的滾水煮200～250公克（7～8盎司）巴特那米10分鐘，取出瀝乾水分。

在雙層蒸鍋的上層融化一小塊牛油。1個洋蔥先切絲炒過之後，再加到牛油裏，並加1小匙浸過水的葡萄乾，然後加入碎魚肉。煮過的米要先放一點磨碎的青薑或1小匙鬱金（turmeric）粉末，然後輕輕把半熟米飯加到魚肉上，再加2大匙融化的牛油。接著用一塊摺疊茶巾蓋住飯面，蓋上鍋，蒸到飯熟透為止，需時約30分鐘。將蒸好的飯反扣在熱盤子裏，如此一來魚肉、葡萄乾和洋蔥正好在飯面上。用2個煮得很老的雞蛋切片來點綴飯面，上菜時伴以切成兩半的檸檬以及印度式甜辣醬。

蟹肉或斑節蝦蛋炒飯・Crab or Prawn Kedgeree

*

這道飯做起來很快，做出來多汁軟滑。先煮250公克（8盎司）巴特那米15分鐘，煮到米剛好變軟為止，取出瀝乾水分，均勻攤放在淺盤裏，放進烤箱用最低溫烘5分鐘，以便蒸發殘餘水分。在厚重鍋裏融化2大匙牛油，放米下鍋，加胡椒、鹽和肉豆蔻或搗碎的芫荽籽調味，用叉子將之拌勻，再加125公克（4盎司）蟹肉或斑節蝦仁。一面搖動鍋子一面用叉子攪拌，讓米飯與海鮮混勻。之後加入1個打好的蛋（如果是放蝦仁就加2個打好的蛋），一見到蛋汁開始凝結就把鍋子從火上移開。將煮好的飯盛到熱盤子裏，並在飯面上撒切碎的細香蔥或蔥花。

《週日泰晤士報》，一九五〇年代

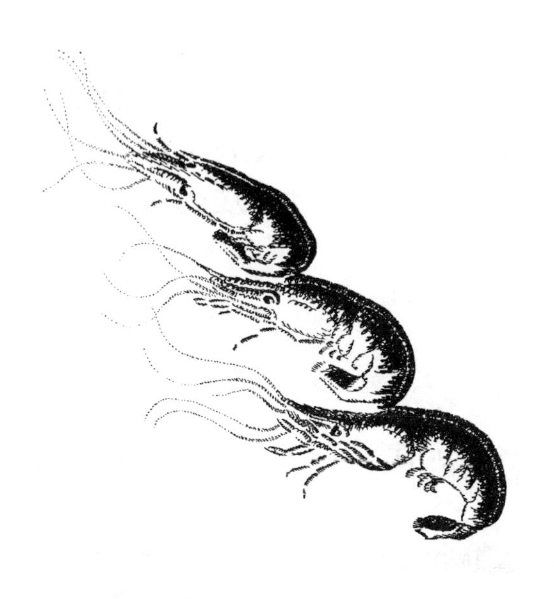

食譜

燻黑線鱈酥浮類・Smoked Haddock Soufflé

*

先用30公克（1盎司）牛油、1大匙高出匙面的麵粉、150毫升（1/4品脫）熱牛奶做成白醬汁。中等大小的燻黑線鱈煮過之後，去掉魚骨、魚刺、魚皮等，掐成碎片加到白醬汁裏，拌勻後放到食物輾磨器或電動攪拌機裏打過，再倒入乾淨的煮鍋，並加入2個打好的蛋黃，以及60公克（2盎司）刨碎的切達乾酪或格律耶爾乾酪。接著加鮮磨胡椒調好味道，但可能不需要再加鹽。把拌好的材料倒入塗了牛油、容量約爲600毫升（1品脫）的酥浮類烤盤裏，烤箱要先燒熱，溫度爲180°C／350°F／煤氣爐4檔，烤30分鐘。

這是3人份的分量，如果要做6～7人份，分量如數加倍即可，但烤時要用2個酥浮類烤盤分開裝，一起放進烤箱裏。這雖然不是道豪華的酥浮類，但卻很實在，烤出來的中心部分像奶油般柔滑，吃起來滋味無窮。

發表於《時尚》，一九五七年三月

白酒培根扇貝・Scallops with White Wine and Bacon

*

這是一道很棒的扇貝小菜，用豬肉（也就是培根）跟海鮮混合搭配，乍聽之下挺怪的，但其實卻是存在已久且很好吃的料理。

做2人份的材料需要用4個大扇貝、60公克（2盎司）五花鹹豬肉或沒有燻過的培根、1～2顆紅蔥頭、牛油、麵粉、1小玻璃杯（30～45毫升）無甜味的白酒、歐芹。

先在炒鍋裏融化牛油，放紅蔥頭末和鹹肉丁或培根丁下鍋。扇貝洗淨切小方塊，加胡椒調味，但不要放鹽。撒一點麵粉在扇貝塊上。等到鍋裏的紅蔥頭末轉爲淺黃色，肉丁開始煎香冒油時就放扇貝下鍋，用中火煎2～3分鐘，再用漏杓取出扇貝放到菜盤裏。將白酒倒入鍋裏，燒滾一下略微蒸發掉一些，邊煮邊攪勻，煮好的汁淋到扇貝上，點綴以歐芹即可端上桌。

發表於《週日泰晤士報》，一九五〇年代

酸味淡菜・Moules à la Ravigote

*

將洗淨的大淡菜放到煮鍋裏用猛火煮到開殼，然後剝殼取肉。雞蛋煮到很老後切碎，連同切碎的歐芹、龍艾以及少許酸黃瓜加到油醋汁❶裏調好，以便用來拌淡菜。淡菜要等涼透了才吃。

伊麗莎白・大衛的菜單與食譜

Lambert & Butler提供的小冊

---

❶ 油醋汁：vinaigrette，一般以橄欖油、醋或加少許法國芥末醬調成，並可隨意加蒜末、洋蔥末、歐芹末等，用來拌生菜沙拉。

魚糕・Fish Loaf

＊

準備一條淨重750公克（$1\frac{1}{2}$磅）的鮟魚（monkfish），剖殺魚所剩下的骨架及魚頭等加上大蒜、番紅花、白酒、月桂葉、幾粒茴香籽、水、少許鹽（不要洋蔥）等，熬成魚高湯，用紗布濾過。魚肉加上450毫升（$\frac{3}{4}$品脫）魚高湯，加蓋，放到烤箱裏以150°C／300°F／煤氣爐2檔，烤45分鐘左右。

烤好之後，除掉魚身中央明膠狀的魚骨及魚皮。烤出的湯汁倒入煮鍋裏，煮到濃縮而水分減少的程度，但不要煮太久。

煮好的魚肉放到高速攪拌機裏，並放2小盒抹了牛油的蝦子，牛油也一起放進去，再加上約150毫升（5盎司）鮮奶油、300毫升（$\frac{1}{2}$品脫）魚高湯與4個蛋，打出來的分量應該有1公升（$1\frac{3}{4}$品脫）左右。味道不夠的話就再加調味品、鹽、辣椒粉、檸檬汁、法國Pernod牌茴香酒或者其他牌子的茴香利口酒，如西班牙茴香酒——這種酒加$\frac{1}{2}$小匙就好，而非加大匙分量。不用茴香酒的話，可以改用馬黛拉酒，磨出的薑也可派上用場。

把魚漿放到冰箱裏冰透，再嘗嘗味道酌量調味。準備好容量為1.2公升（2品脫）的不沾底魚糕模具，在模具裏刷上橄欖油，用來蓋住模具的錫紙也刷一層橄欖油，並用烤肉串扦在錫紙上戳幾個小孔，以便烤魚糕時散發蒸氣。

把魚漿倒入模具裏（但要預留一點空間，以便魚糕發起來），烤盤要裝水滿至3/4容量，然後把魚糕模具放在裝了水的烤盤中央，用錫紙蓋住，盡量在蓋魚漿時略為拱起錫紙，不要緊貼住魚漿。

最後將烤盤放入烤箱（170°C／325°F／煤氣爐3檔）的中央偏下層，烤1 1/2～1 3/4小時。不妨掀起錫紙，用手指碰碰魚糕上層，如果很結實，就表示烤好了。

如果打算吃熱的，烤好後就讓它繼續留在烤盤熱水中再擺幾分鐘，然後才反扣在菜盤裏倒出來。若要吃冷盤，就把魚糕模由烤盤中取出，放置到要吃時才倒入菜盤裏，但切勿放進冰箱。要上菜之前，只消把魚糕模放在熱水中幾分鐘，就很容易把魚糕完整倒出來了。

吃冷盤時可佐以很基本的蛋黃醬，要不就佐以碧綠蛋黃醬❷，又或者用油醋汁加1個煮得頗嫩的蛋以及大量歐芹做成佐料（做法見《法國地方美食》第122頁）。如欲吃熱盤，我的做法是用剩下的魚糕湯煮到水分減少而湯汁濃縮，再加鮮奶油和一些茴香或其他類似香料，有時也加幾隻剁碎的牛油蝦，做成醬汁來佐這道熱盤。

未曾發表過，寫於一九八三年五月二十日

---

❷ 碧綠蛋黃醬：sauce verte，蛋黃醬加切碎的綠色香草如龍艾、歐芹、細香蔥等等，或者加切碎的西洋菜。

May 20th 1983

NOTES

Lesley, this is about the best I can do. Actually I make the dish differently nearly every time according to what fish I have. Sometimes I put crab into the mixture instead of potted shrimps, and if I have salmon or salmon trout I probably don't use either — Endless variations are possible.

Nonstick tins are sold at PJ and no doubt at Selfridges Divertissement etc.

雷斯來即雷斯來・歐馬利，他在伊麗莎白那棟房子的底層寓所住了很多年。

吉兒・諾曼

蜜瓜斑節蝦小菜・Prawn and Melon Cocktail

*

斑節蝦仁125公克(4盎司)、1/2個蜜瓜、優格與稀奶油各150毫升(5盎司)、橄欖油與龍艾醋各2小匙。調味品包括磨碎的薑或鬱金、鹽、糖、鮮磨胡椒、細香蔥、薄荷或歐芹等。這些材料足夠4人份。

蜜瓜削皮切丁。優格與稀奶油混合,加入橄欖油和醋以及其他調味品——薑或鬱金分量多寡則視個人口味而定,每樣最多只先放1/2小匙,想再多放點時才再加。此外,還要加約2小匙糖。

用這調配好的醬汁把準備好的蜜瓜和斑節蝦仁拌在一起,由於需要時間以便味道混勻入味,所以拌好後要蓋上,放到冰箱裏幾小時。

冰好之後再嘗嘗味道是否還需調味,然後就可以分別盛到玻璃杯或小盅裏上菜,並各撒一點細香蔥點綴,切碎的新鮮薄荷或歐芹、茴香亦可。

萵苣鯷魚沙拉・Lettuce and Anchovy Salad

*

這是班尼・古德曼（Benny Goodman）太太的食譜，所用材料包括長葉萵苣、罐頭油浸鯷魚肉50公克（將近2盎司）、1瓣大蒜、3大匙橄欖油、1個檸檬榨出的汁、鹽、胡椒、1個生蛋黃、1大匙刨碎的巴爾瑪乾酪。

先把大蒜瓣壓扁，放到茶杯裏，加點鹽、鮮磨胡椒以及橄欖油，放置一會兒。

將洗淨瀝乾水分的長葉萵苣折成小段放在大碗裏，淋上浸過大蒜的橄欖油，但不要把大蒜放下去。接著淋上檸檬汁，放入鯷魚肉以及一點浸鯷魚的油，跟著再放生蛋黃，然後就不停翻拌到蛋黃汁和橄欖油混勻爲止。最後再加點巴爾瑪乾酪並拌勻。

我發現只要配麵包和乳酪一起吃，這道沙拉幾乎就可以當一頓飯了，因爲吃起來既清爽又暢快。

刊登於《Sunday Dispatch》的食譜，一九五〇年代

兩個廚子

安吉拉是馬爾他島人，是個天生的廚子。她幫我姊姊打工，卻有頭沒腦又容易大驚小怪，永遠無法讓她明白我姊姊實在很不喜歡家裏從早到晚都瀰漫著牛肉熬出的油脂氣味，而且她也老記不得英國人是把馬鈴薯當飯吃的，每頓飯都少不了，因此英國人理所當然認爲不需要每次交代當天飯桌上要有馬鈴薯；結果到了吃飯時間就經常演出同樣一幕：「安吉拉，馬鈴薯呢？」「喔，太太，我忘掉了！」

安吉拉大半輩子在幫馬爾他島的海陸軍眷屬打工，因此說來也有點離奇，不知她如何保有對廚藝始終不渝的熱中？她總是興致勃勃嘗試新的食譜，而且通常做得很成功，但偶爾也有失手搞砸的時候，這往往要歸咎於她解讀做法時很反覆無常。「安吉拉，會不會是你打蛋白打得不夠徹底？」「蛋白？喔，太太，我沒留意到這個。」當年馬爾他島的物價便宜到離譜，酒又不用加稅，請客吃飯很容易而且樂趣無窮，買菜也是以東方人的手法來進行：樂此不疲地討價還價，把一個蜜瓜殺價到便宜了一便士就很了不起了。市場上可以買到宰好去骨的鵪鶉，每隻大約六便士，也可以只買雞腿或雞翅膀，喜歡的話，甚至還可以只買半隻鴿子；水果和蔬菜供應量豐富，都產自鄰近的戈佐島，島上的橙又甜又好吃，此外還有無花果、葡萄，以及漂亮美味的野草莓。

安吉拉的拿手絕活之一是鑲蜜瓜，小而甜的蜜瓜，一人一個，瓜裏塡了野草莓和剝了皮的白葡萄，加了馬拉斯加酸櫻桃酒❶調味。我之前已經說過，她是個天生的廚子，否則她怎麼會知道馬塞．布萊斯坦那道料理的竅門？那做法是在鬆漲的乳酪酥浮類混料中央放個水煮荷包蛋。而且她做這道料理就是好得沒話講，烤出來的酥浮類從來不會烤到裏面的水煮荷包蛋太老，或者外層沒烤透。她所做的下午茶點牛奶麵包和滴麵糊司康鬆餅簡直可以把蘇格蘭廚子比下去。

從安吉拉那裏我學到了烹飪入門訣竅，在她教導下，我體會到眞正的好廚子不會把一些不利的條件——例如不夠嫩的肉、不肥的老母雞等當一回事；對安吉拉而言，這些反而挑戰了她身爲廚師的尊嚴與創意巧思。當時馬爾他島上英軍眷屬所領到的配給包括來歷不明的大塊牛肉，我姊姊的餐桌大概是唯一不曾老是無藥可救地出現「星期天烤牛肉」❷的，因爲安吉拉善於運用當地粗酒，以義大利手法燉出滋味無窮的牛肉；超齡而不夠嫩的小牛肉則在肉片上放洋菇餡料，用兩片火腿夾住，包在紙裏烹煮；肉質多纖維的雞則做成柔軟多汁的酥浮類和慕斯（mousse）。

安吉拉熱中八卦，有時也惹出麻煩。我姊姊不知再三交代她多少次要留神那隻貓，可是那天她就是任由廚房門開著，自己跑出去了，晚餐要吃的鵪鶉就無遮無掩地擺在廚房桌上，結果那天成了我們大家難忘的一日。話說那天我們請了一位來頭不小又貪吃的客人來晚飯，此君最愛的料理之一就是安

---

❶ 馬拉斯加酸櫻桃酒：maraschino，用marasca酸櫻桃釀造。

❷ 英國人習慣在星期日午餐吃大塊烤肉，並在餐桌上切片分享，稱之為carving。

吉拉做的鵪鶉，安吉拉的做法是把鵪鶉去骨後鑲以甜玉米，再用培根包住。那天安吉拉跟隔壁家的廚子八卦夠本了回到廚房時，貓已經吃掉了三、四隻鵪鶉。我們只聽到慘叫聲傳遍家中。市場已經收攤了，接下來那場緊急會商眞教人傷心欲絕。到了吃晚飯時，那個不幸被選中要犧牲口福的家人只好接過遞來的雞蛋（「說來眞不巧，我正好得要戒吃鵪鶉」）。而在這場串謀演出的過程中，安吉拉先是擠眉弄眼，繼而以肘輕推表示心照不宣，最後竟縱聲大笑，整個演出於是穿了幫。

我姊姊回國時也把安吉拉帶到英國去，有段時期她在索茲伯里平原附近一帶，那連串形形色色的住宅間過得快活無比，似乎在冰冷潮濕的環境中達到人間極樂之境，認爲矗立於通往安多福路上的那棟紅色小平房是世上最美的住宅，而她也繼續出神入化地做出許多好菜來。在對付英國羊肉以及與地中海完全不同的蔬菜方面，她的天分更是大放異彩。可是，唉！她從來都不是個有條理的女人，我想最後讓她跌到谷底的就是英國村莊那種有條不紊的生活。跟英國村裏的雜貨店老闆是不能議價的，結果她開始想念馬爾他島上市場的吆喝喧鬧，還有那永無休止的八卦，以及大宴賓客所要做的大量菜餚，在馬爾他時幾乎每天都如此。道地馬爾他島民對那蕞爾小島的思鄉情懷壓倒了她，結果她終於還是回到島上去了，留下我們無限惆悵。如果她依然在爲某戶英國人家做出一手好菜，但卻又老是弄丟了買菜的清單，或者讓門開著以致貓溜進來，我希望這家人能珍惜他們的福氣。

凱利亞庫是希臘人，來自多德卡尼斯群島中的西密島，原本是採海綿的潛水夫，曾兩度由義大利人手中死裏逃生，因此對義大利人深惡痛絕。宣戰時，他駕著自己的船航行到馬特魯港❸。馬特魯港淪陷時，他寧願沉船港內也不願讓義大利軍隊得手。然後他隨同英國海軍一起逃難，攜了大袋從一家義大利店裏掠奪來的電器，究竟他是怎麼變成我們在亞歷山卓那怪異豪華公寓裏的廚子，過程已不甚了了。而且，雖然他這人很盡心又挺可愛，我卻無法稱他是個用心的廚子。他老是有點雲裏霧裏、完全不像生活在這個世界似的，也許是因爲以前在海底待太久之故，所以上了岸生活在陸地上也總是如大夢未醒般。他掃地毯的時候會兩眼凝望著天花板，彷彿期待著隨時可以浮出水面。

希臘人是世上最講民主的民族，由是之故，希臘僕役從任何意義上來說也成了家中的一分子，視家用開銷爲自己的錢，所有花費細節都要討論，那種熱中之情跟他們用在政治上的熱情不相上下。凱利亞庫跟我一起去買菜時，兩人各自用荒腔走板的法語和自創一格的希臘語交談。那時物資供應還很充裕，有希臘橄欖油、價廉的賽普勒斯和義大利葡萄酒，還有大量的進口乳酪，但是這些東西現已不停漲價，我們都心裏有數，知道這種好景不長了。

眼見一瓶橄欖油價格由十皮阿斯特❹漲到二十皮阿斯特，到後來甚至不由分說就一下子漲到八十皮阿斯特，凱利亞庫那種哀痛反應簡直令人不忍目睹。結果每次在市場上大撒金錢過後，他往往需要再喝口茴香酒來安撫心情。後來我

---

❸ 馬特魯港：Mersa Matruh，位於埃及。

❹ 皮阿斯特：piastre／piaster，埃及、黎巴嫩、敘利亞、蘇丹等國的輔幣名，一百皮阿斯特等於一鎊。

們生活開支又增加了不少，但這回卻是驚然發覺問題出在我們配屬的那戶奢華但俗氣的公寓裏，東西打破的數量大增。追究原因，原來是可憐的凱利亞庫終於也像所有深海潛水夫一樣，難逃長期深海潛水所造成的後遺症，因此有時右胳臂會產生劇烈的抽筋疼痛，而且最常發生在他捧著裝滿東西的托盤時……。

然而，即使是後遺症的影響，也不足以解釋他在幾星期內竟然要買那麼多把新茶壺！有一天我在喝茶時間進到廚房裏，發現他正把茶壺直接擺到瓦斯爐上，壺裏放了半磅茶葉和一點點水，難怪！

凱利亞庫身兼服侍女主人的女僕之職，可也真是煞費苦心想要做好工作。他會在早上以最體貼周到的態度躡手躡腳進來我房裏，接著卻失手把托盤掉到地上發出砰然巨響。有時他發了管家敬業之心，於是帶著魂在天外的表情給我送來早上喝的咖啡，並笑容滿面從菜籃裏掏出東西放到我床上，讚賞著說：「眞新鮮，太太，眞新鮮！」而新鮮一詞還不足以形容，因爲那都是些活魚、斑節蝦、螃蟹和無螯龍蝦，大清早七點鐘在我的鴨絨被上活蹦亂跳。

我們在公家機關的上班時間不定，於是凱利亞庫就自行接掌了我們很多的應酬活動。我們的朋友也就是他的朋友，他會打電話給他最喜歡的那些人，通知他們說當晚有頓好飯吃；不用說，他所垂青的客人通常會講希臘語，要不就是或多或少跟希臘有點關係，於是我們那花俏的鏡飾酒吧、俗麗的公寓裏不時就充滿了希臘傳統酒館的氣氛。凱利亞庫會跟我們平起平坐一起喝酒，以每個希臘人天生的主人風度拿出乾淨的玻璃杯爲人斟酒。

有一天，凱利亞庫接到消息：原本留在老家西密島沒能跟他一起出來的老婆兒女已經逃到了巴勒斯坦。於是他說打算慶祝一番，要宴請我們以及我們的朋友。什麼也攔不住他，甚至不准我們買一瓶酒或者以任何方式分攤一點費用。要是一個希臘人打定主意請客吃飯的話，可就絕不會省錢省事湊合。那天他究竟是到哪裏去買菜，我一直沒能探出底細，因爲我問他時，他就不好意思地呵呵笑，什麼也不透露，我私下懷疑其中有些材料起碼跟他的海底作業有關，因爲他回家時帶回一桶貝介海鮮，那是在亞歷山卓市場上沒見過的；他運用這些材料煮出了一道中東燴飯，西班牙海鮮飯一比之下簡直就是平平無奇了。那天吃的是海鮮餐，除了這道海鮮中東燴飯，還有一堆堆炸魚（在希臘，一般都喜歡吃涼透的炸魚），佐以一大盅希臘風味的大蒜蘸醬（skordalia）。而當晚的傑作則是燉章魚，他做這道菜時全心全意，我看著他先在深鍋裏鋪上一層百里香束，接著再鋪一層大量洋蔥、番茄、大蒜、月桂葉和橄欖，然後才放章魚。繼而在這精心建構的層層食材上徐徐淋遍紅酒，再拌入章魚墨汁，蓋上鍋，用慢火燉了整個下午。

要是我讓人以爲凱利亞庫不是個很好的廚子，那可眞對他不公平了，光是他竭盡全力做那道菜就已抵得上世上所有專業技巧。至於燉章魚的滋味、濃郁葡萄酒煮出的深色湯汁，以及成堆香草所散發的馥郁，實在令人難忘。

在大戰後期，凱利亞庫離職去加入希臘海軍，送我一個小型電動義大利濃縮咖啡機做爲臨別禮物，煮出來的咖啡非常好喝，這咖啡機一直陪伴我到大戰結束。我們從此沒有再見到他，然而至今只要我見到商店櫥窗裏陳列的一排海綿，就會忍不住想到那個充滿喜感的採海綿潛水夫，不知這個宛如不屬於我們世界的妙人後來如何了。

發表於《美酒與美食》，一九五〇年秋季

致傑克・安德魯斯與約翰・弗林特

親愛的傑克，親愛的約翰：

那天晚上實在太棒了！你們做東，賓主盡歡，眞不知該如何表盡我的謝意……。

這是我今年第一次吃山鶉，而且大快朵頤。有一次安德烈・西蒙請客吃飯，總共有八個人來，我得幫他做這道菜，和扁豆一起煮。他的倫敦寓所沒有人幫他下廚（而他指定的就是這道菜），於是我還得先完成這道菜前半段的準備，將材料帶到他廚房後再完成後半段。那次可眞讓我提心吊膽！你用朝鮮薊做成菜泥，我認爲眞是絕佳點子，還有石榴的做法，連我心愛的廚子蘇來曼也不可能做得比這更好。我很遺憾無法盡情吃那道料理，主要是深怕毀了補牙塡料和所鑲的假牙套，因爲那天早上我才去看過牙醫。

我自己變出了一些做麵包的新方法，我想約翰可能會對這些方法感興趣；你也可以挑個烘焙的日子來一趟，拍些照片存錄。我有一大堆用來寫新書的材料，但新書只寫了一半，所以還沒有打字或可以拿出來見人。還有，我也對採用不同成分混合的麵粉做了點研究，在找不到高筋麵粉供應時，這些研究心得倒是很有用。再聯絡。

祝你們安好

麗絲

一九七三年十一月二十一日

肉類料理

法國的聖誕節

一九一四年之前的時代，法國農家的聖誕夜晚餐是一道道家常鄉村料理，而且幾乎每一樣用到的食材都由該戶人家農場自產。以下就是最典型的菜單，內容豐實而不花俏。

農家雞飯（Poule au riz a la fermière）

牧草煮火腿（Jambon cuit au foin）

黃豌豆泥（Petits pois jaunes en purée）

鑲栗小火雞（Dindonneaux farcis aux marrons）

洋芹菜甜菜沙拉（Salade de céleris et betteraves）

紅酒燉梨（Poires étuvées au vin rouge）

麵包店麵餅（Galettes à la boulangère）

農家自產乳酪（Fromage de la ferme）

咖啡、陳年渣釀白蘭地酒

葡萄酒：風車磨坊以及……井水

艾斯科菲耶在一九一二年的專業烹飪雜誌上留下了這份菜單紀錄，他認爲這菜單「充滿簡樸農村風味」，但比起歐洲豪華連鎖大飯店如 Majestic、

Palace、Ritz-Carlton、Excelsior 等的節慶大餐毫不遜色。他反問，那些豪華大餐究竟有多少能及此餐滋味之完美呢？這讓人感受到他話裏的豔羨之情——在那時期，任何大廚要是在英國餐廳裏提供這麼一份菜單，勢必成爲笑柄。那年聖誕節Carlton大飯店（艾斯科菲耶是那裏的主廚）的聖誕大餐第一道是不能免俗的魚子醬和甲魚湯，接著是鰨魚魚排佐無螯龍蝦醬汁、鶺鴒與萵苣菜捲，以及小羊排、非當季蔬菜的蘆筍、鵝肝、冷凍椪柑；然後換過口味又從頭吃起第二回合的松露火雞、洋芹菜沙拉、洋梅子布丁、溫室桃子、其他甜點等。同一時期巴黎高雅的餐廳Marguery的聖誕夜大餐卻只包括一套菜式，只吃一回合。生蠔、水煮荷包蛋澄清湯、烤龍蝦餡餅、松露雞或松露雉雞、青菜沙拉、鵝肝醬（當年這道菜並非餐前小菜，而是吃過烤肉類之後才上）、冰淇淋、洋梅子布丁或聖誕節原木形大蛋糕❶（法文稱 bûche de Noël ）、水果。唯一可算應景的是洋梅子布丁和聖誕節原木形大蛋糕，若非如此，上述那些菜都是每個冬天夜晚精心搭配的晚餐可吃到的菜式。因爲法國的聖誕節從來都不像日爾曼和盎格魯撒克遜民族地區般是個大吃大喝的場合。對法國人這民族而言，飲食是一年到頭每天的大事，因此眼見英國人一年五十二個星期裏就只有一星期忙於掛念吃喝，不免認爲很不入流。

阿弗瑞·蘇山曾任貝德佛公爵和威爾頓伯爵的大廚，他寫的《英國菜》一書至今依然是法國人了解英國烹飪的主要資訊來源，書中提及「百塚般的

---

❶ 聖誕節原木形大蛋糕：Yule log，原指聖誕節原木。根據習俗，聖誕夜要在壁爐中燃燒大原木。

成堆火雞、鵝、各式野味，大宰肥牛、豬羊……堆積如山的洋梅子布丁，烤爐裏放滿碎肉餡餅」。菲來亞斯．吉貝爾是與他同期的另一位名廚，此君則不厭其煩地證明「洋梅子布丁並非英國料理」，但卻很有風度地讓步說，既然法國名菜已經如此豐富多樣，所以法國人不妨大方點讓英國人將之據爲己有，視爲「民族布丁」。

在法國鄉間，聖誕子夜彌撒後的宵夜，不管桌上其他飲食多麼高級，也必然會包括幾樣很鄉土風味的食品，例如可能以其他形式出現的豬血腸（亦即黑香腸），還有各種不同的麵包、餅乾、麵餅等，而且這些食品都內蘊古老的宗教意義。在普羅旺斯，這類傳統甜點不少於十三樣，主菜必然是魚，通常是鹽醃鱈魚；其他菜式還有蝸牛、馬鈴薯以及別的蔬菜沙拉，並有一大盅一大盅油亮的蒜泥蛋黃醬——爲了做這些蒜泥醬還特地儲存了最好的橄欖油。由於當地的聖誕前夕晚餐是在舉行子夜彌撒前吃，因此並非很豐盛的團圓飯。在把聖誕節原木放上火堆之前，還要先舉行在原木上灑葡萄酒的儀式，同時由一家之主帶頭禱告：「願神恩賜我們見到來年，即使我們的人口沒有增加，但願也不會少於眼前人數。」

至於加斯科涅❷以及部分隆格多克❸地區的農村聖誕料理則是葡萄酒燉牛肉，其中一種是放在火堆上用慢火燉一整天，香氣四溢，很可能都是等到全家人做完子夜彌撒回家後凌晨一點多才吃。阿爾比（Albi）這種料理的做法簡單美妙，因此逢年過節忙著做菜的日子裏也不難做出這道菜，這點已經足以令人青睞了。至於其他菜式如法式火雞、鵝、火腿、雞等，做法都跟我們差不多，雖然所鑲的餡料可能各有不同，而佐的配菜也簡單得多——例如馬鈴薯和一道沙拉、乾豌豆仁做成的豆泥，或者一盤飯，而不像英國的聖誕餐桌上以嫩芽菜、豌豆、用麵包粉調濃的醬汁、肉滷汁以及甜果凍等來佐餐。

發表於《時尚》，一九五七年十二月

不隨俗的聖誕飲食

要是可以按照我想的方式（但必然無法如願），我在聖誕節那天的飲食會是一道煎蛋卷和冷火腿，外加一瓶好葡萄酒，晚上則是燻鮭魚三明治和一杯香檳，放在托盤裏供我在床上吃喝。我相信成千上萬的婦女一定和我一樣有

---

❷ 加斯科涅：Gascony，法國西南部地區名。

❸ 隆格多克：Languedoc，法國南部地區名。

著這個爲自己打算、反暴飲暴食、很不符合聖誕待客精神的夢想，不管是請客還是被人請，因爲她們都深知箇中甘苦：過節之前忙於跑遍倫巴底街採購乃至一個甜橙的應景食品，然後從聖誕前夕到聖誕節早上一直忙著削皮、切碎、拌和、蒸燜燉煮烤。而且她們也很知道這樣從俗忙著過節的結果，到頭來只會吃喝過度；也必然會有人說今年做的火雞沒有去年好，又或者發現吃布丁必備的蘭姆酒忘了放；還有等到吃過午餐才收拾好，卻又已經到了下午茶時間，這還不提喝餐前酒以及晚餐時間緊接在後，然後翌日是週末，又從頭大吃大喝一遍。

唔，我知道每個得要爲成群兒女或大家庭忙過節的婦女是別無選擇的，只有硬著頭皮面對這駭人的揮霍以及烹煮工夫與煩亂心情。我們深陷於聖誕習俗、傳統與聖誕情緒中，非得狂買聖誕禮物，拚命做大堆菜餚，早已遠離了單純的聖誕精神。每逢聖誕節來臨，恐怕只有狄更斯筆下最堅定的小氣財神才眞做得到完全不把過節當一回事。不管怎麼說，反正總有幾個小家庭、沒有兒女的夫妻以及獨居人士等，想要以適度又合禮數的方式來過聖誕節：只邀請一兩位可能也獨自過節的朋友到家中（嗯，也許他們也跟你我一樣「情願」獨自一人，可是這在聖誕時節卻是不合常情無法被人接受）。做這種小規模的聖誕餐起碼可以免掉馬拉松式的買菜與下廚工夫，男女主人都可以盡興一番，客人又不必對事後的洗碗工夫感到內疚。

像這樣的一頓飯，我會做一道相當實而不華又很應景的主菜，採用些鮮豔又漂亮的點綴來烘托過節色彩和氣氛。我說的不是只能看而不能吃的飾菜，而是某種不花俏又令人驚喜的料理，例如用來佐烤鴨的一大盅深紅色酸甜櫻桃醬；和閹雞一起上桌的美味米飯鑲番茄，看起來賞心悅目；一大塊不加佐料烤成的牛肉，佐以帶有馬黛拉酒和松露味道的醬汁；橙片配烤豬肉或火腿等。

第一道菜我會盡量採用讓下廚者最不費工夫的料理。要是花費不成問題的話，我會買大量燻鮭魚或巴爾瑪生火腿做第一道菜，接下來再吃鴨子。吃牛肉之前，先吃混有松露和開心果果仁的法式鴨肉醬、酪梨，或者乾脆就是一道蛋黃醬拌雞蛋或斑節蝦。若不然，要是有煮火腿或醃豬後腿或醃豬肉準備用來撐過聖誕節的話，那就切幾片這些肉，配上一盅蜜瓜或某種醃桃子——英國熟火腿不見得不能像巴爾瑪生火腿或法國貝庸火腿（Bayonne）一樣當做第一道菜。

說到布丁，除非你覺得非要照傳統規矩吃碎肉派（那些只為了白蘭地牛油或蘭姆酒牛油才吃聖誕布丁的人，會發現這些酒味牛油配碎肉派也一樣好吃），其實大多數人都會很感激你略掉布丁直接上聖誕飯後水果。通常吃到這時都已經太飽了，實在無法再領受瑪拉加產的葡萄乾、斯米那❹產的無花果、杏仁、糖漬杏脯及圓球小甜食的迷人之處了；你也可以選擇上一大盅新鮮鳳梨和橙片的混合來結束這頓飯。

---

❹ 斯米那：Smyrna，位於土耳其西岸，現稱伊茲密爾。

食譜

番茄泥醬汁佐腓力牛排・

Baked Fillet of Beef with Tomato Fondue

*

通常我不大買腓力牛排，因爲價格貴而且還要預定，原因是供不應求，而每條牛身上又只有一小部分能做腓力牛排。然而到餐廳吃飯時，最保險的菜式往往又是腓力牛排，以致到後來終於令人生厭。不過到了聖誕節週末，當那麼多人家都在狂買禽類、火腿、醃豬後腿、香料牛肉以及豬腿，而不是買平時週末必備、做烤肉用的大塊肉時，反而是試試眞正上等腓力牛排的好時機，因爲它容易做也容易切割，跟那些令人飽膩的聖誕菜式恰成絕佳對比。

假如你買到重約1.2公斤（2½磅）的腓力牛排，足夠4個人吃兩頓，你所要做的工夫只不過是用刷子蘸橄欖油或融化的牛肉肥油塗遍牛排，在烤盤上擺好烤架，把肉擺到烤架上，放到燒熱的中溫烤箱（190°C／375°F／煤氣爐5檔）中層，就這樣任它烤熟，既不必時時在肉塊上淋烤汁，也不需要翻動，甚至可以完全不用理會，就這樣烤45分鐘至1小時，時間長短視你想要牛排烤得很透還是烤到剛熟的程度而定。烤好的牛排再放到熱的長形菜盤裏（切肉前先讓它在盤裏放一會兒），菜盤兩端放些西洋菜，以下的番茄泥醬汁則另外盛在盅裏和牛排一起上桌。爲了省事方便，這醬汁可以一早先做好，等到要上烤牛排時再稍微加熱就可以了。

醬汁的做法是：在小煮鍋裏燒熱45公克（1½盎司）牛油，將2個紅蔥頭或很小的洋蔥切細絲放到熱牛油中炒軟，然後加4個去皮切成小塊的番茄，放少許鹽、肉豆蔻和乾羅勒調味。用中火煮15分鐘左右，加入1大匙白蘭地或雅馬邑白蘭地（Armagnac），然後用慢火再滾10分鐘。最後再加1大匙馬黛拉酒、少許歐芹末、1小塊牛油以及少量烤牛排滴出的肉汁，這涮料就大功告成。

要是想再豪華一點，不妨買1小罐或1小瓶黑松露，在加白蘭地酒的時候先把罐內的浸泡汁液加進鍋裏，然後才加切好的松露。把醬汁盛在小醬汁盅裏上桌。如果來客喜歡傳統口味，還可以另有選擇：上一些辣根醬或者是大量歐芹牛油以及馬鈴薯，馬鈴薯用水煮熟即可。要不還有更簡單的做法，不用擔心沒看著馬鈴薯就不小心煮過了頭：先把馬鈴薯煮到半熟程度，然後切爲4塊，等到烤牛排時再把馬鈴薯塊放在淺盤中，加上牛油或牛肉烤出的肥油，放進烤箱一起烤。

在吃牛排之前或之後，吃一道很簡單的比利時菊苣沙拉會更開胃。將比利時菊苣切成1公分（½吋）小段，用平常拌生菜的橄欖油、葡萄酒醋或檸檬汁混合成油醋汁，再加小撮糖、鹽與胡椒調味，然後用來拌沙拉吃。吃過後再吃乳酪（也許吃塊上好的蘭開夏乳酪，而非慣例的斯提耳頓乾酪❺），最後才吃水果。

---

❺ 斯提耳頓乾酪：Stilton，英國所產的帶有青黴的優質白乳酪。Stilton爲英國Huntingdonshire的鄉村之一，此乳酪最早是於此處的一馬車客棧出售。

烤閹雞、胡桃米飯鑲番茄・

Roast Capon, and Tomatoes with Rice and Walnut Stuffing

*

重約2.5公斤（5磅）的閹雞1隻（拔毛去內臟後淨重1.8公斤／$3\frac{1}{2}$磅），用1 塊牛油加上龍艾或歐芹混勻後放到雞腹內，並用足量牛油抹遍閹雞，將之放在烤盤格架上，置於烤箱中央用慢火（170°C／325°F／煤氣爐3檔）總共烤$1\frac{1}{2}$小時：先烤一邊，烤到一半時間把雞翻轉過來烤另一邊，剩下最後10分鐘時將雞胸朝上烤，同時在爐上放個小鍋燒融牛油（約60公克／2盎司），烤的過程中不時要在雞身淋些牛油。雞烤好之後，將烤盤承接的帶牛油烤汁倒入鍋中，加2大匙白酒，用大火燒滾1～2分鐘，然後把這白酒烤汁盛到醬汁盅裏。也可以在前一天用雞下水煮好肉滷汁，改用這清淡的汁來代替濃膩的牛油汁。做法是雞下水加1個不去皮的洋蔥、1個切片番茄、1小塊洋芹菜、2～3根歐芹，然後加水剛好淹過這些材料，用很慢的火熬3小時左右，最好是放在烤箱裏用慢火熬成。接下來只要濾出熬好的湯汁，加調味品，等到雞烤好時再把湯汁加熱，蒸發掉一些水分使之濃稠即可。

至於用來鑲8～10個大番茄所需的餡料爲：90公克（3盎司）米、1顆切碎的紅蔥頭、60公克（2盎司）切碎的胡桃仁、1中匙無子葡萄乾、$\frac{1}{2}$個檸檬刨下的皮、30公克（1盎司）牛油、胡椒、鹽、肉豆蔻和1個雞蛋、少許橄欖油或再融一點牛油來用。首先要煮米，但不是煮到熟透，而是要有幾分生。接著瀝乾水分，趁半生熟米還溫熱時拌入其他所有佐料。切去番茄蒂，挖出番茄肉跟混了佐料的米飯拌勻，然後鑲入挖空的番茄內，要塡到餡料堆高出蒂口，然後把番茄蒂擺回蒂口上。把鑲好的番茄放到塗了橄欖油的烤盤或盤子裏，在每個番茄上淋幾滴橄欖油或牛油，趁還在烤閹雞時把番茄也放進烤箱裏，大約烤半小時就夠了。

烤雉雞佐栗子醬汁．Roast Pheasant with Chestnut Sauce

*

1隻長成但仍稚嫩的雉雞大約有750公克（$1\frac{1}{2}$磅）重，差不多要烤上45分鐘。在雉雞腹內放1小塊牛油，用塗遍牛油的紙裹住雉雞，側放在烤盤的烤架上，擺在燒熱的烤箱中層烤，溫度設在190°C／375°F／煤氣爐5檔。

烤20分鐘之後，把雉雞翻過烤另外一邊，再烤15分鐘左右就把紙拿掉，將雞胸朝上烤最後階段的10分鐘。

至於栗子醬汁則可以在1～2天前先做好，等到要吃時才用小火加熱。所用材料是250公克（$\frac{1}{2}$磅）栗子、2根洋芹菜、1片培根、45公克（$1\frac{1}{2}$盎司）牛油、約6大匙缽酒、少許鮮奶油或高湯。

在栗子一側劃個刀口，然後放進中溫烤箱（180°C／350°F／煤氣爐4檔）烤15分鐘，接著去殼去衣，略爲切碎。將牛油燒熱，先放切碎的洋芹菜和培根到鍋裏，再放入栗子，並加入缽酒與等量的水，還有少許鹽。蓋上鍋，用文火煮30分鐘左右，直到栗子煮軟爲止。重新加熱時可以再加2大匙味濃的畜肉或野味熬成的高湯，要不就加高脂鮮奶油，做出來的醬汁味道會很鮮美。

其實這道栗子醬汁頗厚實，更近乎蔬菜泥而不大像醬汁，但怎麼稱呼都行，反正用來佐雉雞是絕配美味。如鮮奶油般的麵包醬汁也是很好的佐雉雞配料，要不就乾脆用麵包粉加點牛油放在烤箱裏烤15～20分鐘也可當配料。至於我個人則很喜歡煎或烤幾條香料小香腸（chipolata）配雉雞一起吃。

要是偏好吃冷盤雉雞，可以用一盅義大利那種美妙無比的芥末水果開胃醬（見170頁）來佐雉雞，效果可是比這道栗子醬汁好多了。而且第一道菜最好是吃熱盤，或許來道雞蛋料理（用1匙272頁的番茄泥醬汁加少許鮮奶油淋到烤好的蛋上，就是很好吃的一道菜），又或者可以吃扇貝，來道羹般的蔬菜湯也行。

發表於《時尚》，一九五九年十二月

香烤方塊小羊肉・Spiced Baked Carré of Lamb

*

這種方塊小羊肉是從小羊頸末端的上肉連帶骨頭切割出來的，需要用到整塊帶有8根骨頭的肉，切除不用部分後淨重約750公克（1½

磅）。此外還要1瓣中等但略小的大蒜、芫荽籽和孜然芹籽各1/2小匙、乾芫荽或乾百里香、2小匙鹽、2大匙橄欖油、2片月桂葉、150毫升（1/4品脫）不帶甜味的白酒。

在預訂或買肉塊時，要確知肉舖有把骨頭以及切割下來不用的零碎部分都跟肉塊包在一起給你。在做烤肉之前先秤過肉塊淨重。

準備烤肉前，先把略小瓣的大蒜去皮切成兩半，用其中一半蒜瓣擦遍整塊肉的表層以及羊骨；另外半顆蒜則切成小片，在每根羊骨邊嵌1小片到肉裏。把芫荽籽和孜然芹籽各1/2小匙一起搗碎或輾碎，然後加入2小匙鹽、1/2小匙牛至或掐碎的百里香、2大匙橄欖油。用這些混好的香料橄欖油擦遍整塊肉，就像之前用大蒜瓣擦整塊肉一樣。

把所有的羊骨以及切割下來的零碎部分放進橢圓形搪瓷烤盤裏，或者放在焗盆裏，然後把那塊肉放在最上面，帶肥肉的一面朝上。若是時間能配合的話，可以預早做好這番準備工夫。

等到要烤小羊肉時，把烤盤或焗盆放在爐火上先燒熱5分鐘。聽到底層那些零碎肥肉開始滋滋響時，趕快淋下白酒略為燒滾，但最多不超過1分鐘。然後就把烤盤或焗盆從火上移開，放到烤箱火焰下方，烤箱要事先燒熱。這個燒烤的步驟就只是要把肉的表層烤到焦黃而已，大約只需4分鐘，不過當然得看烤箱的燒烤功能如何而定。

烤好表層之後，用錫紙蓋住盤內肉塊，轉放到已經頗熱的烤箱中層去烤，溫度設在180°C／350°F／煤氣爐4檔。重約750公克（1 1/2磅）

的方塊小羊肉需烤60～70分鐘，內部才會完全呈現好看的淺紅色。

把烤好的肉改放到耐高溫的菜盤裏，蓋上保溫。同時把烤汁倒入煮鍋中用大火很快燒滾，然後倒入已熱的醬汁盅裏。

◎附記

一、上述各階段的烹煮時間是以六個月大的小羊肉為準。若是更稚嫩的小羊，這部分肉塊也比較薄，所需烹煮工夫較少，上述做法就不大適用了。這道食譜就跟我提供的其他烤肉類食譜一樣，讀者應謹記，食譜所列出的時間與溫度是以一般在家下廚者使用的烤箱為準。專業大廚為餐館業者所寫的食譜所列出的時間都較短，採用的溫度也較高，這是因為他們所用的烤箱大得多，有充分空間讓熱力循環而不至於烤焦了肉或者因為高温而烤到肥油四濺。然而大廚為一般大眾寫食譜時卻很少想到這一點。反過來說，當他們看到為平常人家下廚者所寫的烤箱烘烤做法說明時，也會覺得靠不住。

二、切割肉塊時所切除的零碎肉邊及羊骨等，在烤肉過程中已經加添了烤汁的滋味，但這些依然附有可吃的肉，而且還可多加利用。這些零星碎肉可用來做中東燴飯，要不就連羊骨及碎肉全部用來熬成少量高湯；做大麥仁湯、扁豆湯或其他豆湯時，加入這高湯可使得滋味更好。

三、喜歡有點大蒜味道但寧願肉裏見不到一點蒜瓣痕跡的人，可以只用切開的蒜瓣擦遍肉塊，然後把其餘蒜瓣放在為肉塊墊底的零碎肉裏。

未曾發表過，寫於一九七〇年代

酥皮去骨小羊里肌肉・Boned Loin of Lamb Baked in a Crust

*

做這道料理頗花心思，還要留意火候，但做出來的效果很值得。

材料爲重約1公斤（2¼磅）的小羊腎末端里肌肉（此爲去骨後的淨重，但寧多而勿少）。將羊腎切除網油後切片，放回里肌肉上捲起，使羊腎片裹在里肌肉裏面，捲成香腸狀的里肌肉則用細繩捆紮好（好的肉店會幫你做好這工夫）。烤肉所需材料爲牛油、1瓣大蒜、鹽和香草；最後階段需要混合2顆切碎的紅蔥頭、歐芹、2大匙麵粉以及15公克（½盎司）牛油。至於酥皮捲的材料則是250公克（8盎司）中筋麵粉、150公克（5盎司）牛油、鹽、水、牛奶。

在烤肉之前，先用鹽和切碎的馬郁蘭或百里香抹遍肉，加上1大塊牛油和1整瓣大蒜，然後用2層防油紙或錫紙包住，放在烤碟或其他烤模裏。烤箱要先燒得頗熱才把肉放進去烤（190°C／375°F／煤氣爐5檔），需烤40～50分鐘。取出後先放置15分鐘才拆開裹住的紙，解掉紮繩。（用酥皮捲住烤肉時，烤肉必須是熱的，但不能很燙）。

先把紅蔥頭和歐芹這味綜合佐料做好，方法如下：紅蔥頭加3大匙左右歐芹、少許鹽以及鮮磨胡椒一起剁成細末。在小鍋裏燒融牛油，放紅蔥頭末等炒1～2分鐘，然後加麵包粉炒勻。

肉塊拆掉紙層之後，取出蒜瓣，將烤汁加到上述炒好的佐料裏，然後用這佐料抹在肉塊有肥肉的那一面。

至於捲肉塊的酥皮也要預先做好。把麵粉放在大碗裏，加1小撮

鹽，並將軟化的牛油弄成小粒放到碗裏，均勻徐緩地加入足量冷水（最多1/2杯，多半是少於這分量），把麵粉做成柔軟麵團。揉幾分鐘之後摶成球狀，用防油紙包住，放在涼爽處至少30分鐘。

在麵板上撒些麵粉，把麵團擀成相當薄的長方形，如果麵團濕黏的話，就在麵團上撒些麵粉。把烤肉放在酥皮中央，將酥皮兩邊及兩端拉起裹住烤肉，在烤肉面上捏合酥皮邊緣，要將合口捏緊，使酥皮完全包住烤肉。在烘焙紙上塗牛油，把酥皮烤肉放在紙上，用叉子在酥皮上戳遍（這是要讓蒸氣散出，以免酥皮帶有濕氣烤不透），用糕點刷蘸牛奶刷遍酥皮。

將酥皮烤肉放在燒得很熱的烤箱裏（200°C／400°F／煤氣爐6檔）

烤35分鐘。烤好取出後先放置5分鐘，然後才切成頗厚的一片片。外層酥皮應該鬆脆，裏層烤肉則多汁且依然略呈淺紅色。這道料理其實不需要再搭配其他醬汁，不過如果喜歡的話可以配紅醋栗（redcurrant）果凍，也可以配牛油煮比利時菊苣。

未曾發表過，寫於一九七〇年代

香料小羊肉鑲蘋果・Apples Stuffed with Spiced Lamb

*

這是道波斯料理。我第一次吃這道菜是在肯辛頓教堂街的亞美尼亞餐廳，這道食譜的原版就是餐廳老闆阿爾透・哈路圖尼安先生給我的。我在小羊肉所放的香料和調味上變了一下做法，也更動了煮蘋果的紅酒番茄醬汁。這是道很令人感興趣又引人食指大動的料理。

鑲8個當水果吃的蘋果（要採用形狀美觀的紅蘋果例如Star King或者Worcester，避免用淡而無味的Golden Delicious）所需材料爲：250公克（1/2磅）生熟皆可且絞碎的小羊肉、1個小洋蔥、1瓣大蒜、30公克（1盎司）胡桃仁、2大匙切碎的歐芹、1大匙乾薄荷、2～3小匙肉桂粉、1小匙孜然芹籽粉或者綜合甜味香料粉（做布丁的那類香料）、鹽、紅辣椒粉、炒肉的橄欖油，以及少許的水或高湯，以便肉炒出來不會太乾。

做醬汁的材料則是250公克（½磅）新鮮番茄、1小罐（250公克／8盎司大小的罐頭）義大利去皮番茄、橄欖油、大蒜、1小高身玻璃杯（少於240毫升）紅酒、鹽、糖、水。這醬汁做出來呈暗紅色，跟我做過或吃過的其他番茄醬汁很不一樣，而且在我看來重新加熱後似乎更入味，因此前一天就做好醬汁倒是不錯的主意。

首先用滾水淋在番茄上，然後剝去番茄皮，將番茄切成小塊。在煎鍋或長柄有腳小燒鍋裏注入相當分量的橄欖油，油燒熱後放新鮮番茄下鍋，煮到大部分水分收乾爲止。這時再把罐頭番茄連同汁液倒入鍋裏，並加入1瓣大蒜；大蒜要剝皮且用刀壓扁。然後加鹽調味，用慢火煮滾醬汁，等到濃稠度有點近似羹狀就加入紅酒，接著加糖，再繼續煮到水分減少汁液變濃稠爲止。如果是用搪瓷鍋或陶鍋來煮醬汁的話，把鍋裏的醬汁留到第二天再用都沒有問題，否則就要把醬汁倒出來另外盛到大碗裏。但無論採用哪一種方式都得要蓋上醬汁。

小羊肉餡料的做法如下：將洋蔥剝皮切碎，在炒鍋裏放一點橄欖油，洋蔥炒軟略呈棕色後，再放小羊肉下鍋用慢火炒。如果用的是生肉，就加一點水或高湯，否則肉會太乾。接著加入壓碎的大蒜和鹽。等到肉炒熟了，就拌入切碎的胡桃仁、歐芹、乾薄荷葉和香料，紅辣椒粉則只放一點點。當然，在這階段也必須嘗嘗味道，說不定還需要加點鹽或香料。

接著挖出蘋果的核心部分，但不要削皮。利用挖蘋果核的工具或小匙再挖出一點蘋果肉來（可以加到餡料裏），以便蘋果內有空間可以鑲肉餡。但這挖空的工夫不要做過了頭，因爲餡料若是比蘋果還多，這料理做出來就會很飽膩。

在蘋果中空部分塡入肉餡，然後把蘋果排在烤碟內，這碟子得要是蘋果烤好後可以連帶一起端上桌的，而且擺這些蘋果的碟子，其容量要大小適中。將預先做好的紅酒番茄醬汁先加熱，在蘋果周圍淋約6大匙醬汁，再加入滾水約300毫升（1/2品脫）。把烤碟置於燒熱的中溫烤箱（180°C／350°F／煤氣爐4檔）中層烤30分鐘，然後改放到下層再烤15～20分鐘，或者烤到蘋果很軟但還未破裂的程度。如有必要延緩烹飪過程，就在這階段蓋上烤碟，並將烤溫降低。

傳統吃法是用米飯來配這些鑲蘋果，但我個人比較喜歡不配米飯而只吃鑲蘋果。

每個人平均可分到2個鑲蘋果，吃不完可以留下來，要吃時放在加蓋的盤子裏用慢火加熱即可。

◎附記

一、雖然胡桃仁是波斯料理的特色，但我有時也改用松子來代替。松子最好是用整粒而不要弄碎，而且2大匙就很夠了。有時我也用碎牛肉來代替小羊肉。我是無意中把哈路圖尼安先生指定的用肉分量減半的。他（或者是他的大廚）做這料理是幾乎把蘋果肉都挖空了，對我而言這效果是肉太多，蘋果太少。

二、新鮮番茄少而且價昂的時候，可以全部用罐頭番茄來做醬汁。不喜歡醬汁裏有番茄籽的人會發現要濾出番茄籽是很容易的。

三、雖然波斯屬於正式禁酒的回教國家，但它也是世上歷史最悠久的產酒國之一，因此傳統波斯料理用到酒並不出人意外，何況也不是每個回教徒都死守先知穆罕默德定下的規矩。

四、吃這種鑲蘋果時，用調羹和叉子就可以了。

五、另有一道食譜和這家亞美尼亞餐廳的食譜大同小異，收錄在克勞蒂亞・羅登所著的《中東料理》(一九六八年企鵝出版)。不過羅登太太的食譜所用餡料包括剖開的黃豌豆仁而沒用胡桃仁，醬汁則是糖醋，用糖、葡萄酒醋及水煮成，不放番茄。

未曾發表過，寫於一九七三年九月

貝內岱提燉小牛膝・Ossi Buchi Benedetti

*

以下這道義大利北部著名料理燉小牛膝（ossi buchi）的做法，是法妮・貝內岱提太太寄給我的。有很多年我店裏所賣的橄欖油都是由她直接從她托斯卡尼的園裏供應的，我很少嘗到味道更好的橄欖油，也很少接到讀者或相識者給我這麼吸引人的食譜。

我自己寫的燉小牛膝做法收錄在《義大利菜》裏，乃義大利比較常見到的做法；我在一九五一和一九五二年於米蘭一帶吃過這道料理並記下各種大同小異的做法，事後自己照做並將之寫了出來。據說米蘭是這道料理的老家，然而貝內岱提太太的食譜在我看來卻有過之而無不及：更加清淡，也更令人感興趣。她寫給我的食譜簡單扼要，任何已經很熟悉這道料理的人一看就清楚她的說明，食譜略去洋蔥、番茄和高湯不用，反而用到大蒜、歐芹、香料、白酒，還有切片檸檬，而不是只用刨檸檬皮而已（這是通常較爲人知的做法）。我想貝內岱提太太的食譜一定是比較早期的做法，可能當時番茄還未在義大利烹飪中成爲普遍的材料。

任何人只要能弄得到切割恰當的小牛膝，也就是橫鋸成約3公分（$1^1/_4$吋）厚片的小牛膝，我都推薦這道食譜。（在義大利吃的小牛通常都比我們英國的要稚齡得多，由於附在腿骨上的肉較少，因此小牛膝切片比較厚，所需的烹飪時間也較短。）

你需要用到4片小牛膝，每片鋸成3公分（$1^1/_4$吋）厚，以及鹽、鮮磨胡椒、鮮磨肉豆蔻、肉桂粉等。我沒有明確列出香料和調味料分量的原因是要視下廚者的口味而定，起碼肉桂粉的用量就要視質量和新鮮度而有所不同，所磨出的香料亦然。此外還需要2瓣大蒜、2～3大匙略爲切碎的歐芹（可以買到的話最好用扁葉歐芹）、6片切得很薄的帶皮檸檬、約6大匙橄欖油、300～450毫升（$^1/_2$～$^3/_4$品脫）水、150毫升（$^1/_4$品脫）不帶甜味的白酒。

在此奉勸各位，如果初次嘗試這道料理，一次最多只做4片小牛膝就好（義大利原文ossi buchi之意爲「中空有洞的骨頭」）。因爲肉放到鍋裏會占掉很多空間，而且一定要全部平放，不能疊在一起，否則在烹煮過程中就無法適當地收乾水分了。

烹煮之前先用鹽擦遍每片肉，然後加鮮磨胡椒、肉桂以及肉豆蔻調味。

接著將2瓣大蒜剝皮後切片壓爛，並準備好2～3大匙切碎的歐芹與5～6薄片檸檬（要包括檸檬皮但得去掉籽）。

下鍋前先在小牛膝上撒一點麵粉。

使用直徑25公分（10吋）的煎鍋、比較深的炒鍋或者長柄有腳的燒鍋，先在鍋裏注入足夠淹過鍋面的橄欖油，油燒熱後放肉下鍋，用中火把肉的兩面煎到略呈焦黃。這時把大蒜、歐芹和檸檬薄片均勻散布在肉上，注入足量冷水，水要剛好淹過每片肉。蓋上鍋，把火調小，用慢火燜將近1小時。

此時肉雖然還沒完全做好，但應該已經頗爛，很容易用串扦戳透。倒入一玻璃杯（180毫升）無甜味的白酒，轉用大火煮1～2分鐘，讓酒和煮出的汁液燒滾一下，然後轉爲小火繼續煮30分鐘左右。至於是否要蓋上鍋，就看汁液收乾的程度而定。但要記住一點，小牛膝煮到很爛時應該沒有太多湯汁，而非泡在湯汁裏，但又得有足夠湯汁使得水分不至於收得太乾，總之下廚者得要自行拿捏才行。由於做這料理跟鍋的形狀、重量、火侯與肉質本身的老嫩程度都很有關係，因此我很難在此列出明確指示，否則很容易誤導大家。

等到肉燜得很爛了，湯汁應該收乾到大約5～6大匙分量。小牛肉的肉質（尤其是前後腿的牛腱部分）使得煮出來的湯汁必然帶有膠質與黏稠感，這道獨特料理的重點特色也在於此。

把燉小牛膝盛到熱菜盤裏，然後淋上煮出的湯汁。如果你喜歡的話，再加一點切碎的新鮮歐芹。

燉小牛膝特別好吃的部分是骨髓，因此應該提供每個人一把小茶匙或挖杓，還有麵包，以便把挖出來的牛骨髓抹在麵包上一起吃。

在倫巴底地區，習慣上吃燉小牛膝總是配以番紅花調味的義大利燴飯。這種搭配很不錯，而且分量也很夠。比較清爽的配菜是一盤筍瓜，刨絲後用牛油炒過。新鮮煮出的切碎菠菜也是另一種很好的選擇。

這道料理的分量夠2～3人份，要看個人食量而定；我自己向來最多只能吃一片，但年輕胃口大的人可以吃得下兩塊。

◎附記

為了確保能買到小牛膝，最好事先跟肉店預訂，多訂幾塊倒也無妨（一條小牛膝可以切割出7～8片，最中央部位的那4片是最好的），可以把多出來的冰起來，以後再用來熬湯，煮蔬菜牛肉濃湯或雞湯時可以加。義大利人不但使用小牛後腿，往往也採用小牛前腿，這又跟小牛的年齡與體積大小有關。而在英國最好是用小牛後腿，跟義大利剛好相反。英國的肉店把小牛後腿牛腱稱為 knuckle，前腿牛腱稱為 shin。

要留意勿讓肉店把小牛膝切得太薄，不然在烹煮過程中會走了樣，到頭來形狀難辨又不吸引人。

我也曾見過其他食譜推薦採用厚重鑄鐵小燒鍋、砂鍋，或美國人用的荷蘭金屬燉鍋，或用一些可以加蓋密封的鍋子來煮這道料理。其實最忌諱的就是用這種鍋子。雖說萬一真的有必要的話，可以在開頭把小牛膝煎到略呈焦黃後加水，再改放到烤箱裏繼續後面的烹煮步驟，但這方法比起直接放在爐上用慢火燜要失色許多，因為烤箱無法逐漸而穩定地收乾水分，燜出應有的稠度，而這些卻是做這道菜的主要重點。若用密封鍋子放到烤箱裏烹煮，就無法適當蒸發水分，做出來的效果不用說也差強人意了。

未曾發表過，寫於一九七二年

香烤豬排・Pork Chops, Spiced and Grilled

*

這是道做起來不花工夫又美味的午餐或晚餐菜式，但前提是備有自製的義式綜合香料（白胡椒、杜松子、肉豆蔻和丁香），這香料的炮製法可見152頁。

這道料理所需要的材料爲：厚約2公分（1吋）的連皮豬排、鹽、大蒜、橄欖油、義大利綜合香料、帶梗百里香、乾月桂葉。

豬排應該要厚，還要連豬皮一起，原因跟145頁的綠胡椒豬排一樣。

首先用切開的大蒜瓣、鹽以及橄欖油擦遍豬排兩面，然後撒上義大利綜合香料；很難說準確的分量要放多少，不過每塊豬排大約以¼小匙爲準。

接著把調好味的豬排放在耐高溫的淺盤裏，加上幾枝百里香還有月桂葉，以及1～2片大蒜。將豬排放在火焰下方烤，距離火苗大約15公分（6吋），燒烤15分鐘，要不時用牛排鉗夾翻轉豬排使兩面烤勻。

之後整盤豬排改放到低溫烤箱（170°C／325°F／煤氣爐3檔）烤7分鐘，烤好後原盤上桌，以便保持熱辣辣滋滋響的狀態。

配菜採用簡單沙拉比綠色蔬菜要好，不過烤箱烤出來的馬鈴薯永遠都很適合配豬排一起吃。

◎附記

在我看來，這道食譜改用小羊排來做也未嘗不可（義大利綜合香料也很適合小羊肉），不過烤的時間要比較短。

任何人只要家中廚櫃裏有各種做綜合香料的材料，當然很容易臨時為一道料理搭配所需用量的香料；但是搗丁香挺費事的，所以可能得用事先磨好的丁香。

未曾發表過，寫於一九七三年

培根奶油軟麵包・Bacon in Brioche

*

買一長條重1～1.2公斤（$1\frac{1}{2}$磅）的背肉培根（最瘦的那一端），最好是Wiltshire出產加工較少的那種，用冷水浸48小時，至少要換水兩次。

煮培根之前用兩層錫紙包住它，將錫紙兩端扭合後再摺疊裹緊，如此一來在烹煮過程中培根的汁液就不會流失。

在烤箱鐵盤內注水至半滿程度（這是爲了製造蒸氣，以便培根濕潤不乾），然後放烤架在鐵盤上，錫紙包住的培根就放在架上。把它放在烤箱下層以150°C／300°F／煤氣爐2檔的溫度烤2小時左右，或者以每500公克（1磅）烤$\frac{1}{4}$小時爲計算出要烤的時間，烤到一半時間時要翻轉錫紙培根包。

從烤箱取出來後，先放置30分鐘左右才拆掉錫紙並剝掉豬皮，培根還熱的時候要剝皮很容易。

培根涼了之後，在有肥肉的那面撒1杯香草、香料和麵包粉的混合佐料（做法見《英倫廚房中的香料》第181頁），用手指壓緊使之貼住培根，盡量在肉面上鋪厚厚一層。若是培根有去骨而留下的缺口，也盡量用這佐料塡滿。然後放置一邊待用。

至於做奶油軟麵包的麵團，你需要用到250公克（8盎司）帶高筋的中筋麵粉、鹽、15公克（$\frac{1}{2}$盎司）烘焙酵母、2個蛋、4～6大匙很濃的鮮奶油（可以的話，提前1～2天買好澤西牛乳撈出的奶油）。

先用一點溫水把酵母調成糊狀。麵粉放在大碗裏，加1～2小匙鹽，然後加酵母和雞蛋混勻，用一把木匙攪拌。接著加入鮮奶油（喜歡的話還可加75～90公克／2½～3盎司軟化的牛油），在大碗內輕輕揉成一球麵團，撒些麵粉，用剪刀在麵團上縱橫深深劃兩道。然後蓋上麵團，放在溫暖處1～1½小時以便它發起來（理想溫度是21°C／70°F）。到時麵團的體積會比原先大一倍，而且很軟，有彈性又有韌性。再把麵團摶成球形，縮減體積，但不要揉麵。

在烘焙鐵板刷上融化的牛油或豬油，撒上麵粉，把摶好的球狀麵團放在中央，用手指以及關節把麵團壓展成長方形（如果太軟的話，可能還要再撒些麵粉），要大到足夠包住那塊培根。

把培根放在這塊麵皮中央，拉起麵皮四邊使之完全包住培根，捏出一個形狀分明的長方形包狀（也許剛開始時可能做得歪七扭八不怎麼像樣，但沒關係，多做一兩回就很容易了）。

用手指沾水潤濕麵皮邊緣，然後捏緊讓接口處密合，這個細節很重要，要是忘了做好，烤到中途合口處會裂開。

先將烤箱溫度調到220°C／425°F／煤氣爐7檔，在燒熱烤箱之際，把烤板連同麵皮包住的培根放到烤箱頂的火爐上15分鐘。

最後，用刀背輕輕在麵團上劃出鑽石狀或交錯圖案，放在烤箱中層架烤15分鐘，然後調低溫度至190°C／375°F／煤氣爐5檔，再烤10～15分鐘。

從烤箱取出奶油軟麵包後，用濃厚鮮奶油刷遍外層，可使外皮產生很好的效果，又不至於太過油亮。

把裹了培根的奶油軟麵包放在砧板上幾分鐘，然後才斜切成片。

◎附記

當然，更大塊的培根也可以用這方法來做，麵團分量隨之增加就是了。不過要記住一點，雖然培根（或者可說幾乎任何肉類）裹在奶油軟麵包的麵團烤成後擺到第二天吃冷的的確很好吃，但是外層的奶油軟麵包很快就會變得又乾又硬。因此每次做時不要超過兩頓飯的分量。

通常也可以用做白麵包的麵團來取代奶油軟麵包麵團；請留意上述所介紹的麵團是根據道地奶油軟麵包做法簡化而成的，而且非常容易混成。

未曾發表過，寫於一九七一年十二月

伊麗莎白向讀者提到的那味撒在烤醃腿肉上的綜合香料做法可見152頁。

吉兒・諾曼

約翰・諾特

約翰・諾特（John Nott）那本別具一格、辭典形式的食譜大全《廚師與甜品師傅寶典》裏（以下簡稱《寶典》），收錄的都是斯圖亞特王朝後半期（大約一六五〇年到一七一五年間）出版的食譜。其中有很多道食譜都經過修訂或略微改寫，這些食譜大多源出一六五五年的《廚藝大全》，以及羅柏・梅於一六六〇年（也就是復辟那年）首次出版的《精湛廚師》。其他收錄的食譜還有摘自迪格比爵士去世後於一六六九年出版的選集《飽學之士迪格比爵士揭密》，以及一六八二年出版的《御膳房指南大全》；後者乃查理二世的御廚之一賈爾斯・羅茲（可能是御花園總管約翰・羅茲的兄弟）從法文版《L'Escole parfaite des officiers de bouche》翻譯成的英文版，法文版於一六六二及一六八二年在巴黎出版。

諾特無疑也從很多其他來源汲取了材料，包括當代先進的作品，那時許多曾爲富貴豪門以及御膳房工作過的人所寫或編纂的書大量湧現。曾爲御膳房工作過者例如派屈克・蘭柏，其名就附於名稱簡扼又權威的《御膳》食譜集裏，此書出版於他過世後的一七一〇年，但他名掛此書可說當之無愧，因爲他曾在聖詹姆斯宮❶和白廳宮❷御膳房待了五十年，服侍過查理二世、詹姆

---

❶ 聖詹姆斯宮：St James Palace，位於英國倫敦，王室於1697～1837年居住於此。

斯二世、威廉三世暨瑪麗王后，以及安妮女王。另一位御廚（或者可稱爲御膳房甜點師傅）於一七一八年出版了一本小書❸，她就是瑪莉·伊爾斯太太，即「已故安妮女王陛下之御膳房甜點師傅」。其他多位專業廚師也爭相仿效當代同仁在封面上冠以顯赫前任雇主之名，競出烹飪書或甜點做法手冊❹。大體而言，這些書多所重複且欠缺獨創性，而諾特所選取的最重要當代來源顯然是一七〇二年出版的《宮廷與民間廚師》，此書爲一六九八年出版的英譯本，原書爲馬西亞洛的名著《Cuisinier Roïal et Bourgeois》，一六九一年於巴黎首次面世。此書譯者署名J. K.，譯本除了原作內容，還結合了馬西亞洛第二本書的內容，包括如何做蜜餞、甜食、露酒、檸檬飲料、糖漿，以及如何蒸餾芳香飲料——當時這種飲料在路易十四宮廷裏很風行，稱爲「義大利水」，而且越來越常在冰凍後當飯後甜品飲用；法國王室和貴族圈都喜愛在戶外小吃一番或舉行盛宴，這種場合也少不了義大利水。馬西亞洛說明了冰凍方法，而英國奉行者包括約翰·諾特在內則起而實踐（起碼白紙黑字的印刷

---

❷ 白廳宮：Whitehall Palace，原英國王宮，位於倫敦西敏區泰晤士河與聖詹姆斯公園之間，後來大部分毀於火災。

❸ 作者注：見已故安妮女王之甜食師傅所著的《Mrs. Mary Eales's Receipts》，1718年初版，1733年再版兩次。奧克斯佛（見注❹）指出，其中有一版的書名改爲《The Compleat Confectioner》。其他再版的版本則分別見於1747年與1753年。

❹ 作者注：見A. W. 奧克斯佛所著的《English Cookery Books to the Year 1850》，1913年出版。而倫敦 Holland 出版社於1977年出版的摹本，乃按日期列出作者及書名。

品是這個說法）。

一七二三年，也就是出版商李文同首次出版諾特《寶典》的那一年，另一位曾任御廚的R・史密斯也出版了名爲《宮廷烹飪》的著作，又名《精湛英國廚師》，抬出大有來頭的前任雇主包括白金漢公爵以及奧爾蒙公爵、法國大使等助勢。這必然挺令諾特氣結，至少可以這麼說，諾特倒是挺樂得謙稱自己曾是「波爾同公爵大人的廚師」，哪知半路殺出個程咬金，冒出個作者抬出赫赫有名的前任雇主，偏偏諾特也曾爲那個雇主打過工。（第二任奧爾蒙公爵無疑就是史密斯提到的那位雇主，曾經在一七一五年涉及密謀詹姆斯二世及其後裔復辟。他被控以叛國罪名，莊園產業遭充公，後來退隱到法國——那必然是諾特和史密斯爲他工作過後多年的事了。其女瑪麗・伯特勒女勛爵倒是嫁給了蘇塞克斯郡阿什伯罕的第三任阿什伯罕男爵，所以很可能諾特是離開奧爾蒙公爵那邊的職位後，轉到阿什伯罕勛爵那裏工作。）

諾特雖然在奧爾蒙及其他大人物的廚房裏待過，但出書時卻沒有提這些人物。然而這遺憾在一七二四年就彌補過來了，因爲那年李文同再版此書時於封面上加了一連串大有來頭的人名，使得此書別具促銷吸引力。從措詞來看，那時諾特不是過世就是退休了，因爲「late cook」在現代英文裏可以解爲「不久前」或「已故的」廚師。

總之，從諾特選錄的食譜以及一般說明來看，已經可以很清楚知道他編纂完《寶典》時已經垂垂老矣。他經歷的大好時光應該正值顯赫貴族、城市富豪以及東印度公司商人頻頻興建鄉間宅邸、規畫園林與花園、創造人工湖與瀑布、引流水到新池塘裏養魚、栽種果園開墾廚房菜園、在橙橘溫室裏種植橙樹，並仿效義大利人早在一百多年前就時興的做法——挖建儲冰井窖——的時期。那是科學上大有發現的時期，是偉大的英國皇家學會揚威的時期，是各領域知識的萌芽時期。某些食譜也清楚提醒我們：那時期天花和瘟疫不時令人口大減，醫療落後的程度是我們今天難以想像的。

就各種環境因素來看，諾特的《寶典》令人大感興趣，尤其對曾經沉迷於那時代的日記、遊記或回憶錄者而言。諾特的雇主們都是斯圖亞特王朝晚期的社會知名人物，其中有些起碼是伊夫林認識的（第二任奧爾蒙公爵詹姆斯·伯特勒，之前爲歐索利勛爵，乃歐索利伯爵湯瑪斯·伯特勒之子，就是伊夫林的至交之一）❺。以寫遊記出名的西莉亞·芬尼斯（Celia Fiennes）曾經到過他們的宅邸，也寫過到訪情形，她應該知道諾特所描述的一切菜式。伊夫林也一樣。在伊夫林引人入勝的記載中，我們一再見他提及食材、餐飲、筵席、甜點的出色陳列方式，蜜餞和水果在伊夫林那時代依然是所謂酒席或請客的主菜之一，但是到了諾特彙編成書的時期，已經更常稱之爲飯後甜品了。但那當然還是屬於要精心製作的一類，不僅需要用上甜點師傅和糕點師傅的巧技，有時當家女主人也要花心思參與，親自炮製或交代要有哪些不同點心，並搭配組成迷人的陳列方式。諾特的說明指示就包括了呈現的藝術，配以簡單圖解附於書末，既清楚又寫得好，即使在今天也幾乎可以照做

❺ 作者注：見E. S. de Beer 編輯的《The Diary of John Evelyn》，牛津大學出版社於1959年出版；《英國名人錄》（*The Dictionary of National Biography*）；Cokayne 所著的《Complete Peerage》。

無誤。

至於諾特當年曾在哪一類府宅工作過，以及當時廚子的職責是哪些等等，倒是在伊夫林的作品中有鮮明的記述。以下就是他描述友人第二任克廉東伯爵暨夫人新建的園林和花園情景——

時間爲一六八五年十月二十三日，地點在柏克郡的燕地園（Swallowfield）。伊夫林是從倫敦搭乘公共馬車前往的，途中在位於巴格肖特的格雷恩先生大旅館吃了「很豐盛的一頓飯」。到了燕地園之後，伊夫林見到府邸興建得古色古香而「花園和流水極其雅致，克廉東伯爵夫人非常擅長『花藝』，並將之施展在花園裏。」伯爵大人則在種樹方面非常勤勉，因此「有很多罕見的好吃水果」，並擁有一個果園，種了上千株榅桲以及其他用來榨汁的蘋果樹。「苗圃、廚房菜圃，種滿了最令人嚮往的植物，還有兩座打理得很好的橙園。更令人想不到的是水道和魚池，一個池裏濺著白色水花，另一個池裏水深而呈黑色，分別由一條潺潺河流引水入池。池裏養了很多魚，有梭子魚、鯉魚、鯛魚和丁鱖，這是我前所未見的景象；我們每頓飯吃到的鯉魚和梭子魚大得簡直就是王爺才吃得到的，而且更賞心的樂事是眼見漁網撈起幾百條魚，廚師就站在漁網旁邊，我們喜歡哪條魚就指指，於是每頓飯都吃鯉魚，而且那樣的鯉魚在倫敦要二十先令一條。」❻（梭子魚也很貴，是按魚身長短來計價的。舉例來說，一六九一年，六條長28吋的梭子

❻ 作者注：見《The Diary of John Evelyn》第829～31頁。燕地園如今對外開放的時間爲夏季期間那幾個月。

魚，每條要花掉沃本地方的貝德佛伯爵十二先令，三條30吋長的梭子魚則每條十五先令。）❼

我們這位諾特就是在這樣的環境裏工作，當時這等豪門自有魚池供應所需，從諾特的二十五道梭子魚食譜就可看出這點（如今像這樣的食譜大全，恐怕最多也不過收錄三、四道而已）；書中鯉魚食譜有十四道，丁鱥食譜有十一道。莊園果園所產的水果也出現在諾特的大全裏，僅是有關蘋果汁的食譜就不只十道，還包括很少見的 Mure（結果原來這個字是指 marc，也就是榨汁後的蘋果渣釀成的白蘭地）。至於榲桲、杏桃和櫻桃，也分別各有二十二道、二十七道和二十五道食譜。這些食譜可追溯到斯圖亞特王朝初期，而且名列書中最得人心的食譜之林，包括深受英國人喜愛的純實果醬、蜜餞以及果凍等。自從有果樹農藝以來，加上英國殖民地進口的廉價蔗糖，以及英國港口紛紛設立的煉糖廠，這些美食就廣泛深入到許多家庭裏——雖說總是以有錢人家為主。〈帶有酸味的櫻桃果醬〉是用二夸脫紅醋栗汁來煮八磅櫻桃，是很美妙的食譜；〈穿靴櫻桃〉、〈穗狀櫻桃〉以及〈串串櫻桃〉則是摘自馬西亞洛著作的食譜，此外還有杏桃核仁酒以及「穗狀」杏桃。而「芒果般的未熟小蘋果」則反映出當時大家對自製印度式泡菜以及甜辣醬很感興趣，這些都是東印度公司的貿易商從印度帶回來的新口味。

---

❼ 作者注：見Gladys Scott Thompson 所著的《Life in a Noble Household 1641～1700》，乃倫敦開普出版社（Jonathan Cape）於1937年所出版的貝德佛歷史叢書。

十七世紀下半葉的英國最感新穎的食材莫過於巧克力和咖啡了，當時運用巧克力依然處於試探階段，分量用得很少，通常用來增添餅乾和鮮奶油糕點的顏色和滋味而已，但最常見的是當作熱飲料。諾特摘錄了馬西亞洛一七〇二年出版的烹飪書中那些巧克力餅乾以及鮮奶油甜點的食譜。該年九月十日，貝德佛有位女勛爵黛安娜．艾斯翠記載了在澳洲亨伯里吃的那頓飯：「第一回上的是碎切小牛頭、燉鯉魚、羊脊肉和鹿肉餡餅。第二回上的菜有兩隻烤火雞、鮭魚、餡餅、一托盤乳酒凍與巧克力布丁，以及第五道菜 harricock pye。」❽難道亨伯里的廚師早已研讀過那本新出版的書了？

harricock pye 其實就是朝鮮薊派，當時朝鮮薊的拼法各有不同，最常見的拼法是 hartichock。吃到最後才上派餅聽起來很不尋常，不過很多蔬菜本來就帶有點甜味，例如嫩豌豆、防風根、澤芹（skirret）、馬鈴薯、胡蘿蔔等，古人很知道這點，往往也添加無子葡萄乾、棗子、洋梅乾甚至蜜餞一起煮，以增加這些蔬菜的甜味。這些菜式也就是諾特所稱的「中間料理」（intermesses），有時是在兩道大菜之間等上菜的空檔吃，有時是主菜都吃過了最後才吃，然後接著就上甜點。這種「中間料理」有甜有鹹，有的甚至分量頗多，諾特書中就有很多道這類食譜，書裏的「十月菜單」也列出了朝鮮薊派的做法，並有「用於菜餚、塔餅和蛋奶糊裹的水果」。他很熱心地寫道：「朝鮮薊一年到頭都很有用，幾乎可用來做各種濃味蔬菜燉肉、蔬菜湯以及配菜，所以應該充

---

❽ 作者注：見出版於1700年左右的《The Recipe Book of Diana Astry》，取自貝德佛郡史記協會於1957年出版的第37期。

分儲備，不妨加工保存起來。」他也列出兩種醃泡菜法以及三種乾燥法，這些食譜必然都源自普羅旺斯和義大利，因爲直到不久之前，那些地方依然常見把朝鮮薊乾燥後留待冬天用。

諾特審慎地認爲該將這類食譜納到《寶典》中，他並解釋了這些食譜的廣大用途。由此看來，他工作過的府邸之廚房菜園必然都種有大量朝鮮薊。這些府邸（大多數在南部和西南部地區）無疑有一座是位於漢普郡，靠近巴辛斯托克，名爲「黑克伍德」。這是波爾同公爵名下的豪宅之一，顯然是第三任公爵查爾斯．波雷（亦即溫徹斯特侯爵）於一七二二年繼承了其父頭銜。諾特的書在一七二三年出版時，正受雇於這位新任公爵。西莉亞．芬尼斯於一六九一年描述黑克伍德乃「波爾同公爵的另一座美好府邸莊園」❾。後來在一七〇二還是一七〇三年她另一本遊記裏提到的豪宅府邸，是位於馬伯樂（如今的馬伯樂學院中心地）的「新建築」，屬於薩默塞特公爵所有。她對園林、溝渠灌溉以及「如此的水道，可以流入魚池養魚，然後又流出魚池匯入河流，魚池上還蓋了房子以便魚留在池中」❿的格局印象十分深刻。

薩默塞特公爵查爾斯．西莫爾（一六六二～一七四八）當時正在興建新府邸，想必幫他打工是很不容易的事。因爲此君有「傲氣公爵」之稱，出外

---

❾ 作者注：見由Christopher Morris 編輯並撰寫導讀的《The Journeys of Celia Fiennes》，1947年倫敦 Cresset 出版社出版。

❿ 作者注：出處同注❾。欲知該時期的社會與家庭生活詳情，亦可參閱 Mark Girouard 所寫的《Life in the English Country House》，1978年紐黑文與倫敦的耶魯大學出版社出版。

時慣例要派人一路先循他要走的路線「清場」，他經過時不准有「黎民」見到他。有一回，有個農民被他大人這種跋扈作風惹惱了，偏偏就要從自家樹籬後面瞧著公爵經過，不聽攔阻。他還發揮「貓也能瞧瞧國王」的精神，抱起他的豬也讓豬瞧瞧公爵⓫。公爵另一個可惡行徑是強迫兩個女兒要在他睡午覺時站在一旁看守。有一天他醒過來時逮到一個女兒竟敢坐著，馬上就從她的繼承權裏扣除了兩萬英鎊。反正據說經過情形是這樣⓬。這些雇主既任性無常又霸道，因此僕役流動性極大，東家不打打西家，轉工速度快也就不足爲奇了。諾特的著作封面列出不少前任雇主，然而他究竟分別爲這些人工作過多久時間，就不得而知了。我們也不知道他投效到蘭斯東勛爵府之前是在哪裏掌廚，不過顯然是西部地區的鄉村豪宅，位於威爾特郡的隆利特。

喬治・格倫維爾（Grenville或Granville，這個家族是那著名的「復仇號」艦理查・格倫維爾⓭爵士的後代，歷代家族似乎都沒決定好究竟要怎麼拼這姓氏）是伯納・格倫維爾之子，貝維・格倫維爾爵士之孫，貝維爵士於一六四二年以保皇黨身分戰死於蘭斯東。喬治年輕時是個相當有成就的劇作家兼詩人，有段時期更是很成功的政壇人物兼廷臣，安妮女王於一七一一年冊封他爲比迪福德的蘭斯東男爵。一七一四年女王駕崩，一七一五年蘭斯東男爵

⓫ 作者注：見由Vicary Gibbs 編輯的《Cokayne's Complete peerage》。

⓬ 作者注：見《Memoirs of the Kit Kat Club》，1821年出版。

⓭ 理查・格蘭維爾：Richard Grenville，1542～1591，英國海軍司令。他率艦隊載英國移民至羅阿諾克島，後來在亞速群島海面攔截西班牙珍寶，所乘「復仇」號艦被俘，本人重傷致死。

及其妻涉及復辟事件，使得奧爾蒙公爵所有莊園盡遭充公，蘭斯東男爵夫婦則雙雙在倫敦塔被嚴加囚禁了一年半，出獄後隱退到隆利特。男爵夫人與前夫湯瑪斯・泰恩⓮所生的七歲兒子正好不久前繼承了第二任韋茅斯子爵封號，因此也繼承了隆利特莊園。蘭斯東男爵夫婦一家在那裏住到一七二二年，由於財政困難，於是因時制宜遷居到巴黎去，在那裏住了十年⓯。男爵是個揮霍慣了的人，根據各種流傳說法，他也是個和藹可親又斯文的人。諾特一定覺得他是個好雇主。我們甚至可以假設他在黑克伍德幫波爾同大人打工沒有那麼開心。《英國名人錄》記載波爾同傲氣十足、虛榮心重、貪得無饜，「在朝廷裏是個麻煩人物，在鄉間招人怨恨，在他治理下則醜聞連連」（也是個惡名昭彰的情棍）。像這樣的貴族實在不是黑克伍德的理想主人，老實說，放在哪裏都不是理想主人。因此我們就見到一七二四年諾特辭去公爵府另謀高就了。

雖然我們只是推測諾特十之八九還是繼續發展職業生涯，但起碼知道了他打工的宅邸是怎樣情景。就以這樣規模的門第而言，他必然有幫廚、轉動烤肉叉的專人、做粗活的廚工、見習學徒等人來協助他。宅內也必然有個管事負責總務，並有司膳總管料理葡萄酒以及其他飲料、餐具與桌布等等事宜（司膳總管的重要職責之一，是把漿過的餐巾摺疊成精美形狀）。有心也有力

⓮ 作者注：見Roger Granville 所著的《History of the Granvilles》，1895年由 Exeter 出版。

⓯ 作者注：見《英國名人錄》。

維持這等排場生活的雇主也會雇用專業糕點和甜食師傅，要不起碼會在特殊場合臨時雇用一名，這或許也解釋了諾特雖然在選集裏收錄馬西亞洛做冰凍甜品的食譜，但實際上做雪泥類飲料、加糖鮮奶油以及由這些後來變成冰淇淋的甜品食譜卻是最少，我們見到的做法包括櫻桃、紅醋栗（在醋栗這一欄），以及覆盆子果汁冰，但卻完全不見冰淇淋的做法。

要說他的雇主中沒有一個能在莊園裏設儲冰井窖，這是頗說不通的。從十七世紀下半葉以來，在冬天儲存冰塊或壓雪爲冰儲藏起來保存食物、冰凍葡萄酒和其他飲料，是英國的一大創舉。查理二世復辟之後，旋即在聖詹姆斯宮、白廳宮、格林威治宮等的園林都挖建了儲冰井窖⓰，沒多久民間就廣爲仿效。這是英國冷凍史上的重要里程碑，諾特即使做冷凍甜品的第一手經驗不多，但必然很熟悉運用冰塊來冰葡萄酒和水果。

到了十八世紀初期，儲冰井窖的存在已經被視爲理所當然。一七〇二年西莉亞・芬尼斯提到它們時已是必備設施。她到過前任當格女爵盧斯夫人位於艾波森的宅邸，記述在園林裏有「兩座砌得很平整的土墩，兩者之間有一條水道，土墩之下是儲冰庫，有幾級台階可以走上土墩，冰庫頂是四方平面，圍有土堤，再過去是一間避暑樹屋。」⓱儲冰井窖通常都加上茅屋頂，

⓰ 作者注：見H. M. Colvin 所著的《History of the King's Works》第5卷，1976年出版；Edmund Waller所著的《A Poem on St James's Park As Lately Improved by His Majesty》，1661年出版；《泰晤士報》1956年9月19日刊登的文章；伊麗莎白・大衛所寫的《寒月的禮贈》之一文，首次發表於1979年《膳食瑣談》第3期，收錄於Propect 叢書。

冰塊或雪塊一層層緊密地擺在裏面，每一層之間都鋪有麥桿。當格女爵的儲冰庫聽來像是更近代的產物。

一七〇九年，約瑟夫・艾迪森以「以撒・畢可斯塔夫」爲筆名，在《Tatler》發表了一篇冷嘲熱諷幾近有欠風度的文章，講前一年夏天有個崇尚法國料理的朋友請他吃飯的事。艾迪森對於滿桌花俏的菜式都不感興趣，反而鍾情那塊樸實無華的烤莎朗牛排，而且添了不只一次，然而這塊牛排卻被降級擺到餐具櫃去，令他忿忿不平。最後上到甜品時，艾迪森眼前一亮：「比之前上過的任何一道都更不同凡響。」他描述那道甜品看起來「就像很漂亮的冬宮」，有幾座「堆成金字塔般的蜜餞，像垂懸的冰條，上上下下點綴著水果，並覆有人造霜般的東西。同時還有大量鮮奶油打成白雪狀⓲，近旁有一盤盤圓形小糖果，擺得就像很多堆冰雹。」此外還有「許多冷凍物」（即冰類甜點）以及「繽紛的果凍」。艾迪森不肯碰這道甜點，以免破壞如此美麗的整體效果，然而在座者卻毫不留情地大快朵頤，令他很不高興。「我忍不住莞爾，」他惡毒地評論：「見到其中幾位以一塊塊冰來爲剛吃過鹽和胡椒後辣呼呼的嘴巴降溫。」⓳這眞不是位理想嘉賓。倒是他說的「一塊塊冰」無疑指的就是當時不盡理想的冰淇淋。從諾特書裏的說明可以看出，當時的冷凍方法時好時

⓱ 作者注：見注❾。

⓲ 作者注：指那道誘人的發泡奶油加蛋白，這是古早就經由義大利傳入英國的甜點。十七世紀刊印或家傳手寫的食譜書幾乎沒有一本未包括至少一道白雪奶油或白雪乳酪的做法。諾特則收錄了〈冰與雪〉這版本。

⓳ 作者注：見第148期《The Tatler》期刊，1709年3月18至21日出版。

壞，想來若非硬如石塊結成大塊玻璃狀，就是不成形狀的軟冰。「趕快端上桌，不然很快又融化了」，這是十七世紀末或十八世紀初一本手寫烹飪書裏對冰淇淋做法的結語，這本書乃葛瑞絲・格倫維爾女伯爵[20]所有，她是比迪福德的蘭斯東男爵的堂妹，兩人同年，她書裏有些食譜就是諾特所採用的。

談到這裏，得先撇開我們這位廚師以及他的書，回過頭來講他的出版商查爾斯・李文同。一七二三年他出版諾特的《寶典》時，已經是很有成就的出版商——他於一七一一年收購了理查・奇斯威爾的出版社後就一直做得很成功，當時那出版社已有五十年歷史，出版過德萊頓（Dryden）的詩集，也曾於一六八五年發行第四版的莎翁劇集對開本。

李文同出版的書籍都屬教育類以及嚴肅讀物，浩繁秩卷包括了布道書、史籍、法律及醫學手冊（包括瑞克立夫醫生的《藥典》，於一七一六年出版），還有兩本出版於一七二〇年代的狄福的著作：《道地英國商人》（*The Complete English Tradesman in Familiar Letters*）以及《英國商業大計》（*A Plan of the English Commerce*）。李文同父子以出版這類書種而聞名。他們出版了諾特的選集後，接著又於一七二五年出版了詹姆斯・西吉威克的《烈酒新論》，一七三〇年代則出版了菲力普・米勒的重要著作《園藝寶典》。

後來李文同出版社更大獲其利，一七四一至四二年間出版了理查遜

---

[20] 作者注：我曾在1979年第2期《膳食瑣談》上寫過葛瑞絲・格倫維爾女伯爵及她的食譜書。亦可見芳香植物協會1980年春季版的《The Herbal Review》，該會地址：34 Boscobel Place， London，SWI。

（Samuel Richardson）一套四冊的《帕美勒》，此作品被譽爲英國第一部小說。爾後整個十八世紀期間，理文同出版的都是那時期文壇上大名鼎鼎人物的作品，例如艾迪森、蒲伯、約翰遜博士以及斯摩萊特（Tobias Smollett）。

從李文同的出版路線可以看出他不是個出版膚淺書籍的人，諾特的《寶典》一定是被他認爲是很扎實而且有教育啓發性的參考書，而作者本人在他看來也是位行尊。當然，出版烹飪書籍的出版商未必見得對烹飪及其相關文學要有認識，李文同可能只是想到這樣一本以字典形式編纂的手冊應該很有銷路，同時也對諾特的信譽另眼相看。事實上這書也的確叫好又叫座。奧克斯佛在他那本《一八五〇年之前的英國烹飪書籍》（一九一三年出版）就有記載，諾特的第一版面世後，一七二四年曾再刷兩次，一七二六年再刷三次，一七三三年再刷四次，之後需求量就好像停止了。奧克斯佛不經意地表露出他似乎對諾特公開記述從前正式筵席上鬧過的笑話頗爲驚訝，其實諾特是摘自羅柏．梅一六六〇年出版的書中敘述，老早已經不是新聞了。類似例子也見於一五九三年羅馬聖天使堡舉行國宴，招待巴伐利亞公爵威廉的三個兒子。這三個年輕人當時是去晉見教宗克雷孟八世，整個經過情形都寫在一五九三年出版的《切肉刀》（*Il Trinciante*）裏，這是徹爾維歐（Vincenzo Cervio）所寫的論切肉刀的名著。我想諾特是把羅柏．梅書中記述當作史實來看，事實上也是如此，如今這整本書就是史料紀錄。李文同的直系後裔勞倫斯重新出版此書，薪傳家族志業——根據金氏世界紀錄，李文同出版社是英國最古老的出版家族。誠如勞倫斯的父親賽提謬斯在一九一九年出版《李文同出版家族》[21]一書中所寫，他們的姓氏是「書籍經銷與印刷行業中的最老字號……

對於一個家族來說，堪稱一種成就」。六十多年來依然留在這一行業裏，可更是令人刮目相看的成就。

約翰・諾特在一七二六年出版的《廚師與甜品師傅寶典》，

於一九八〇年重新出版摹本，此文為該摹本之導讀。

㉑ 作者注：1919年由李文同出版。

家禽與鳥類

如何對付禽類料理？

想來很不錯，雖說沒什麼了不得的，但聖誕節天亮之後，接下來整整四天不用買菜（反正也沒有什麼正經食物要買），這意味家裏總算有這麼一回不會擺了大堆不必要的食物，而最令人訝異的是我們居然還餓不著呢！

我想倒是要事先計畫好該怎麼烹煮剩下來的火雞（雖然火雞冷了也很好吃，不過總有讓人不想再見到它的時候）或鵝、火腿以及其他剩菜，不過這其實也沒像大家所假設的那麼令人頭痛。我自己是不信非得要再開很多瓶瓶罐罐的材料才能改造這些剩菜來消耗它們，我可不想到頭來又多出更多零星東西堆在那裏成了問題。大體上，要是你把那些熟的禽肉或畜肉剩菜就當成一道菜，它們反而還更引人垂涎。毫無重點或目的地加上一大堆材料，這些剩菜就會成了讓人敬謝不敏的雜燴。

因此，我所需要的額外備用食材不過是比平時多幾個雞蛋、冰箱裏的一些鮮奶油，以及平常用的食材，例如熬高湯的洋蔥和胡蘿蔔、米、少量待刨成粉的巴爾瑪乾酪或格律耶爾乾酪、大量橄欖油、檸檬，還有咖啡以及一塊豬肉，以便到時煮鵝時可以用上。我大概會考慮準備一個鮪魚或斑節蝦罐頭來做沙拉，或者再買兩個新鮮蜜瓜，既可用來做沙拉又可做甜品。

要是那些成群結隊在鄉間閒逛、自稱爲「不速之客」的人突然上門來，嗯，他們只好將就點喝個湯，吃個煎蛋卷，外加一杯葡萄酒，補充體力後上路找下一個倒楣鬼。我想，請他們吃這類飲食起碼我沒那麼緊張，我若是弄一大堆名稱如「食品室架上零丁魚」、「奇妙比利時肉丸」、「節慶火雞迷原木」這些出人意表的小東西，那可就夠我受了。這些名稱可不是我捏造出來的，我發誓眞的不是！我是在一本很令人喪氣的美國烹飪書裏看到的，書裏講的全部是做剩菜的方法。

以下首先談一道眞正値得用火雞肉來做的菜。通常我會特地煮雞來做這道菜，因爲那奶油般柔滑的乳酪口味醬汁和雞一道煮出來，所混合的味道與口感非常柔和，吃起來令人心曠神怡。當然，醬汁要確實如奶油般柔滑，而且和雞肉或火雞肉的分量相比，它的比例要占很多才行。

焗烤奶油火雞・Gratin of Turkey in Cream Sauce

*

做3～4人份的材料爲：375公克（3/4磅）熟火雞肉或雞肉，這是去掉骨頭之後的淨重。而醬汁材料包括：45公克（1 1/2盎司）牛油、2大匙麵粉、300毫升（1/2品脫）牛奶、原雞或火雞熬成的高湯與奶油各4大匙；要是沒有高湯的話，就改爲8大匙奶油。調味品則包括肉豆蔻、鹽、鮮磨胡椒、3大匙刨碎的巴爾瑪乾酪或格律耶爾乾酪。再另外多備一點乳酪還有麵包粉，用來完成做這道菜的最後步驟。

首先在厚重煮鍋裏燒融牛油，放麵粉下去炒，然後把鍋子從火上移開，攪到麵粉呈柔滑糊狀爲止。此時加一點熱牛奶到麵糊裏，把鍋子放回火上，繼續加入其餘牛奶，邊加邊攪動。牛奶麵糊煮到如羹狀時，就加入高湯、奶油和調味品；胡椒和肉豆蔻分量要放足，但鹽要放很少，因爲稍後還要加乳酪，鹽分會因此增加。如果到時覺得不夠鹹，可以再放點鹽。接下來把煮鍋放到另一個裝了水的大鍋裏，隔水來煮醬汁，並且要經常攪動。整整煮上20分鐘後，加乳酪到醬汁裏，不停攪到跟醬汁結合得很匀爲止。雞或火雞要剝皮去筋，切成細絲，盡量切成同樣大小。

在淺身焗盆裏先倒點醬汁淹過底層，然後放一層火雞絲或雞絲，再將其餘醬汁全部倒在上面淹過它們。最後撒些麵包粉和刨出的乳酪在頂層，放在中溫烤箱（180°C／350°F／煤氣爐4檔）烤15分鐘左右，然後改用火烤1～2分鐘，烤到表層呈金黃冒泡狀就端上桌。如果要做比較多的分量，所用的焗盆比例也要加大，不然過多材料堆擠在過小空間裏，烤出來的效果會不好。

火雞或雞肉沙拉・Turkey or Chicken Salad

*

想要用冷掉的烤火雞來做菜，最要緊的是記住火雞肉可能會偏乾，因此要設法解決這問題。用蛋黃醬看來是理所當然的辦法，不過如果才大魚大肉吃過聖誕節大餐，這時未必見得想吃蛋黃醬。從另一方面來說，火雞肉拌上醋油汁，再補充煮得很老的雞蛋，這樣做出來的沙拉似乎更合乎要求：所用材料雖說跟蛋黃醬沙拉差不多，效果卻相當不同。

將350公克（3/4磅）去皮去骨的冷火雞肉或雞肉切成均等薄片，然後製作醬汁，材料如下：2顆紅蔥頭、1束沖洗乾淨的歐芹葉片（約30公克／1盎司），以及其他或許手邊就有的香草（例如龍艾和少許檸檬百里香），全部加在一起切碎；接著攪入鹽、鮮磨胡椒、2淺小匙法國芥末醬、6大匙橄欖油以及1個小檸檬的汁液。

所有的醬汁材料攪勻後，就放入火雞片拌勻，然後蓋住拌好的火雞片沙拉，擺到要上桌前才排在淺盤裏，並將煮得很老的雞蛋切片排在沙拉周圍。要是有幾條斑節蝦的話，就用橄欖油和檸檬汁調味，點綴在沙拉上面。斑節蝦配火雞肉和雞肉都風味絕佳。其他例如酸豆、酸黃瓜、爽脆的生芹菜絲或蜜瓜丁等都可加到這道沙拉裏。

熟鵝肉醬・Rillettes d'oie

*

雖然用煮熟的肉來做熟肉醬並非正統做法，但用生的肥豬肉和一塊烤鵝肉卻能做出很棒的熟肉醬來，而且這也是用掉聖誕鵝的好法子，因爲熟肉醬可以保存好幾天，擺到覺得又有胃口吃這類食品時才吃都沒問題。

如果你手邊還有一條鵝腿，或許還有幾塊不錯的帶骨鵝肉塊，那麼不妨去買750公克～1公斤（$1\frac{1}{2}$～2磅）新鮮豬腹肉，但要去掉豬皮與骨頭。將鵝肉和豬肉都切成2.5公分（1吋）大小的肉丁，放進可用於烤箱的鍋子。取烤鵝時留下的肥油4大匙加到鍋裏，注入150毫升（$\frac{1}{4}$品脫）水，放1束綜合香草和1瓣壓碎的大蒜到肉堆中央，然後用肉丁蓋住，並加入1小匙鹽和少許胡椒調味。蓋上鍋，放到烤箱裏用很慢的火（140°C／275°F／煤氣爐1檔）烤4個鐘頭，直到肉丁浸在烤出的清肥油裏。在一個大碗上架好濾篩，將整鍋燉肉全部倒入，由得肥油透過濾篩流到大碗裏。可以輕輕壓爛濾出的肉丁，嘗嘗味道夠不夠，需要的話就再加鹽和胡椒，然後兩手各持一把叉子將肉丁扯碎，動作很輕地將之裝入上了釉的陶罐或瓷罐裏，但要留下充足空間以便放肥油。等到肉涼透了，就把原先濾出的肥油湯汁倒入盅內的熟肉醬上，一直滿到盅口，但底渣汁液不要倒入。蓋上罐蓋或用防油紙緊罩住罐口。如果只能擺在冰箱裏儲存而非放在食品室裏，要吃之前幾小時得先從冰箱取出，因爲熟肉醬應該吃起來很軟，和英式罐封肉（見V頁）不同。可以把熟肉醬當餐前小菜來吃，配麵包或者烤麵包片，但不需用到牛油。

發表於《住家與花園》，一九五九年一月

食譜

薇蘿妮克冷盤雞・Chicken Veronica❶

*

多年前我還住在熱帶地區時，自己變出了這個做法來當野餐以及冷盤宵夜，以取代雞肉拌蛋黃醬這道料理。野餐食品照理都要預先做好，然而像雞肉或魚佐蛋黃醬這類料理在大熱天很容易就化油了，尤其是帶著它們長途開車時。然而這道薇蘿妮克冷盤雞卻不管在什麼環境或氣溫下，奶油醬汁都可以連續許多小時而不變質。

提前一兩天煮好1隻重約2公斤（4磅）的肥雞，連雞內臟一起（雞肝除外，留著做煎蛋卷，要不就給貓打牙祭）；此外還需要4～5條胡蘿蔔、2個洋蔥、1塊洋芹菜、1瓣大蒜、1束歐芹梗和龍艾、一長條檸檬皮、2大匙鹽等，然後加水淹過所有材料。

這隻雞需用慢火煮2½～3小時，蓋上鍋時蓋子要略為偏留一點空隙，以便散發蒸氣而不至於滾溢鍋外。要是方便的話，可以放到慢火烤箱裏煮。等到雞煮得很爛且雞腿肉脫骨時，就從鍋裏取出來放在一邊待涼。接著濾出雞湯，留下150毫升（¼品脫）分量準備做醬汁，其餘則留著煮新鮮牛肉或小牛腱肉，做成雙味澄清湯。做醬汁所需的其他材料為：300毫升（½品脫）高脂鮮奶油、4大匙香醇的

---

❶ 此食譜原收錄於作者第一本著作《地中海料理》，一篇名為〈Cold Chicken Veronique〉的文章裏。

雪利酒或馬黛拉酒、4個生蛋黃。

將鮮奶油、150毫升（1/4品脫）雞湯以及雪利酒倒入寬闊的淺身煮鍋或煎鍋，混合煮到很熱時，先取出一點加到打好的蛋黃汁裏，攪勻後再把這蛋黃汁全部倒回鍋裏用文火煮，邊煮邊仔細攪勻，直煮到有點羹狀爲止。要是用寬闊淺身的鍋來煮的話，很快就可以煮出這效果；若用高而深的鍋子就有得你煮到天長地久了。千萬別煮得太燙，而且要不停攪動以免蛋汁凝結成蛋花。煮出來的醬汁應該像家常蛋黃奶糊的稠度，可嘗嘗味道再來調味，可能需要再多加點鹽或檸檬汁，甚至還可加1～2滴雅馬邑白蘭地、干邑白蘭地、蘋果白蘭地或者雪利酒。把這鍋醬汁從火上移開後，要再繼續攪動一陣子讓它稍微涼一下。

把雞切成大小適中的均等肉塊，雞皮和雞骨頭要留下來，等要用到其餘雞湯時再來熬雞湯，使之味道更濃。

把雞肉排在淺盤中，醬汁則透過濾篩淋到雞肉上。此時要是醬汁似乎還頗近似流質，沒關係，因爲它涼透後就會變稠。要上菜之前可在盤裏撒遍切碎的歐芹、龍艾或細香蔥。

在聖誕節期間，這道食譜倒很適用於做冷火雞肉。

《考心思烹飪法》，寫於一九六九年

米飯黃瓜沙拉・Rice and Cucumber Salad

*

這道料理用來配雞肉菜餚最適合不過了。

做6～8人份需要500公克（1磅）好米，以及容量為8公升（1½加崙）的湯鍋。放大鍋水加鹽燒滾後煮米，煮到水再度沸滾時就加入半個檸檬，並放2大匙橄欖油在水面上，如此可防止水滾溢鍋外。米大概煮12～18分鐘就好了，時間多寡要視所用的米是哪一種而定。總而言之，米不要煮得太軟，要保持結實程度。

用篩盆過濾掉水分後，把米倒入大碗裏，隨即加適量鹽調味，以及6大匙左右橄欖油、2小匙龍艾醋、2顆切成圓形薄片的紅蔥頭，以及足量刨出的肉豆蔻。肉豆蔻粉可令整個味道大為不同。

準備黃瓜1條，削皮後縱切成4條，挖去籽，將瓜肉切丁，加鹽調味，然後跟米飯混合。喜歡的話，還可以加入1打左右黑橄欖、幾顆生芹菜丁，以及一些生青椒絲（罐頭紅甜椒不宜放到這沙拉裏，因為它們太軟、太甜，而且也太喧賓奪主）。輕輕混合好上述材料後，沙拉就算做好了，可以再撒點細香蔥或歐芹點綴。

也可以換換黃瓜口味，改用綠色或黃色蜜瓜切成小丁，因為蜜瓜跟雞或者火雞一起吃味道很好。

《考心思烹飪法》，寫於一九六九年

義式香料橄欖油烤雞・Chicken Baked with Italian Spice and Olive Oil

*

做這道極為簡單的料理需要有隻眞正很好、適合用來烤的雞，要是可以的話最好是放山雞，宰殺後的淨重約為1.8公斤（$3\frac{1}{4}$磅）。此外還需要3～4大匙優質橄欖油、$\frac{1}{2}$小匙義式綜合香料（見152頁），外加用來裹住雞的錫紙或防油紙，以及一把點心刷，烤雞時用來在雞身刷上橄欖油。

首先用鹽擦遍洗淨的雞，然後用1/2分量的橄欖油抹遍，接著再用香料揉遍雞身。

用防油紙或錫紙包好雞，側放在耐高溫的淺盤裏，然後放到中溫烤箱（180°C／350°F／煤氣爐4檔）中層，烤30分鐘後拆開紙層，再度用橄欖油刷遍雞身，翻轉側放烤另一邊，並用紙層蓋住雞，但這次烤20分鐘就好。

接著把雞胸朝上擺，用其餘橄欖油刷遍雞身，再用紙層蓋住雞，烤最後階段的20分鐘。

除去防油紙或錫紙時要小心，以便烤出的汁流到烤盤裏。用大火很快燒熱烤汁，倒入小碗或醬汁盅，就用這烤汁當佐雞的唯一配料汁。

如果雞的飼養方式得當，那麼這香料和橄欖油可說是最美味的調味品。雞如果烤得好的話，肉嫩又多汁，雞腿內部還有點淺紅色，吃冷盤風味絕佳。可以讓雞自然涼透，然後做道簡單的沙拉來配雞一起吃。

上述的小量橄欖油就是唯一要用來保持雞肉潤而不乾的東西。品質不好的雞必須在烤的過程中不時淋上油或烤汁，好的雞就不需要做這些工夫。至於那什麼撈什子「灌油注射器」❷玩意兒，我從來就搞不懂怎麼會有人需要用到那東西。

未曾發表過，寫於一九七〇年代

烤雞用的檸檬蒜味醬汁・

Lemon and Garlic Sauce or Marinade for Grilled Chicken

*

這是很棒的黎巴嫩醬汁，做炭烤雞之前就用這醬汁來醃雞。所需材料爲結實的好大蒜、1個多汁的檸檬、粗鹽、果香馥郁的橄欖油。

用來醃1隻體型小的雞或500公克（1磅）里脊豬肉，會用到大約12瓣大蒜（剝皮後重15公克／1/2盎司）、1個檸檬、1大匙粗鹽、2大匙橄欖油。

將大蒜剝皮（如果是很大瓣的蒜，可以少用幾顆），放在乳缽裏加鹽一起搗爛，然後加入濾掉渣的檸檬汁約3～4大匙，接著攪入橄欖

---

❷ 灌油注射器：bulb baster，類似大型滴眼藥管的廚具，可用來注射油或烤汁至雞身內。

油。

把拌好的佐料汁倒入乾淨碗裏蓋上，等待使用。所有用大蒜做的醬汁都是趁新鮮用最好，所以不要太早做好以免擺太久。尤其要注意的是，做這大蒜醬汁千萬不可用壓蒜泥器。大蒜很明顯就是氣味強烈的食材，不該再加重它的辛辣刺鼻味，用壓蒜泥器會榨出蒜汁而造成這種後果。

用這醬汁來醃雞腿或雞胸肉需要2小時。雞腿要燒烤30～40分鐘才會烤透，去骨雞胸肉要烤10～15分鐘。用這醬汁醃過的串扦里肌小肉塊，烤出來的效果甚至可能比雞肉好，燒烤的時間20分鐘就夠了。

12瓣大蒜用量聽起來口味太重了，但說也奇怪，等到醬汁均勻醃入每塊豬肉或雞肉後，又不令人覺得味道有那麼重。而且容易偏乾

的肉結合這種滋味以及先醃過再烤，特別能補其短處。

未曾發表過，寫於一九七〇年代

侯貝童子雞・Poulet Robert

*

這是道法國諾曼地風味的雞料理（僅供2～3人份的特別菜式），雖然來自僅隔英吉利海峽彼端的地區，卻充滿美妙的異地風味。

做1隻重約1.2公斤（2½磅）的雞，所需其他材料為：45公克（1½盎司）牛油、2大匙橄欖油、1個洋蔥、60公克（2盎司）火腿、2小匙龍艾末或洋芹菜葉末、150毫升（¼品脫）白餐酒❸或無氣泡不太甜的蘋果酒、2小匙辛辣的黃色芥末醬、鹽、鮮磨胡椒、4大匙蘋果白蘭地——這是諾曼地從蘋果酒蒸餾出的烈酒，乃當地名酒（但也可以用英國產的威士忌來代替，好過用干邑白蘭地）。

用大小正好可以容納整隻雞的厚重鐵鍋先燒熱牛油和橄欖油，放洋蔥絲和切碎的火腿下去炒軟，然後先放雞脖子、雞心和胗肝下鍋，接著才放雞。雞要先用鹽、胡椒和龍艾或洋芹菜葉擦在雞腹內調味。將雞的兩面煎到略呈焦黃。

---

❸ 餐酒：table wine，為法國葡萄酒中等級最低的酒，供消費者日常飲用。通常只標示酒廠名，而沒有法定產區酒標的限制。

在湯杓或小煮鍋裏燒熱蘋果白蘭地或威士忌，然後點火燃燒，把燃燒中的酒淋在雞上，並且把火開大，輪流左右傾斜鍋子，讓烈酒火焰燒到熄滅爲止。然後加入葡萄酒或蘋果酒燒滾2～3分鐘，蓋上鍋，用慢火煮20分鐘。接著翻轉雞身，再用慢火煮20分鐘就取出雞和雞內臟。把留在鍋裏的汁液用大火很快燒滾一下，一面趁機趕快把雞切成大塊。

最後再放芥末醬到鍋裏攪勻就可起鍋，連同美味的碎火腿以及洋蔥一起倒入加熱的菜盤裏，盤子應該像老式湯盤一樣深（雖說醬汁分量並非很多，但卻香氣撲鼻又有滋味）。把雞塊放在醬汁上，撒點歐芹在上面。這道雞的配菜可用2個蘋果削皮切丁，用牛油炸過；要不就只用一點煮熟的新鮮馬鈴薯；又或者是250公克（1/2磅）小洋菇切片，用牛油煎過。不要用煮熟的綠色蔬菜來配，但新鮮爽脆的綠色生菜沙拉卻最好不過。

如果需等到先吃完第一道菜才上這道雞，就蓋上菜盤，放在有滾水的煮鍋上，用慢火讓水繼續燒滾。用這方法保溫比用烤箱好，因爲烤箱熱度會讓醬汁繼續處於烹煮狀態，結果牛油和汁液會分離，到頭來會變得一塌糊塗。

為《考心思烹飪法》所寫小冊中的食譜，一九六〇年代末

白色吃法・Bianco-Mangiare❹

這是類似肉醬的冷盤雞

*

300～375公克（10～12盎司）去皮去骨的熟雞肉。

60公克（2盎司）去皮杏仁。

2個雞蛋。

150毫升（1/4品脫）鮮奶油。

2大匙玫瑰露。

3片很小的青薑。

鹽、糖。

點綴：松子或杏仁瓣。

杏仁要磨得很細碎。

雞肉要加玫瑰露、薑、糖、少許鹽一起絞碎。

加入杏仁拌匀。

加蛋打匀。加鮮奶油拌匀。不夠鹹的話再加點鹽。

倒入不沾底的長方形蛋糕模具內，用錫紙蓋住。

---

❹ 白色吃法：原爲托斯卡尼相傳的老食譜，名稱由來乃因所用佐料皆以白色爲主，例如糖、牛奶、杏仁、蛋白等等。這做法不限於只用來烹煮雞，亦有甜品或魚，是一種烹飪法的總稱。

放在隔水蒸鍋裏，擺到烤箱中央偏下層用170°C／325°F／煤氣爐3檔烤50分鐘。

涼透後放到冰箱裏。

第二天再倒出來時，只需將蛋糕模具底部浸在一點冷水裏幾分鐘，然後把模具倒扣在菜盤裏，用刀柄在底部敲一兩下，肉醬凍就會滑到菜盤裏了。

用烘烤過的松子或杏仁片插遍肉醬凍，猶如刺蝟般。

這是伊麗莎白給朋友歐馬利的手寫稿食譜，很像筆記重點，大概寫於一九七〇年代。所列重點的確很短，但很扼要；告訴你何時要加何種材料，以及該如何加。最重要的是告訴你做這道菜的溫度要用多少，以及要烤多久。

吉兒・諾曼

蘋果酒烤鴨・Duck Baked in Cider

*

用125公克（1/4盎司）粗鹽揉遍重3公斤（6磅）的鴨子，然後放在深盤裏醃24小時，期間要翻轉1～2次並再用鹽揉過。烹煮前再用冷水沖洗掉鹽分。

在夠深的烤盤或有蓋搪瓷盤（例如燜式烤鍋）裏放2根胡蘿蔔、1個連皮洋蔥、1瓣大蒜、1束綜合香草以及鴨內臟，但鴨肝除外。然後把鴨子放在這些蔬菜上，注入450毫升（$^{3}/_{4}$品脫）無甜味的陳年蘋果酒，再倒水使之剛好淹過鴨子。蓋上鍋蓋，把這鍋放在有水的烤盤中，然後放進烤箱用很慢的火（150°C／300°F／煤氣爐2檔）烤2小時就好。

想要吃熱食的話，就在烤到最後15分鐘時拿掉鍋蓋，以便鴨皮可以烤成好看的淺棕色。若打算吃冷盤（其實味道可能更好），就先放$^{1}/_{2}$小時左右讓它浸在湯汁中逐漸變涼，然後才取出。

這道鴨子的味道好極了，所以只需要用最簡單的沙拉做配菜就夠了。

煮鴨子的高湯過濾並撈掉肥油後是很棒的湯底，非常適合煮洋菇湯或扁豆湯，又或者煮洋蔥湯都好。

未曾發表過，寫於一九六〇年代

牛奶燉山鶉・Partridges Stewed in Milk

*

燉4隻山鶉所需要的其他材料爲90公克（3盎司）牛油、750毫升（1$^{1}/_{4}$品脫）牛奶、600毫升（1品脫）水、3大平匙麵粉、調味品。

先在相當深的厚重燉鍋裏燒融牛油，用慢火把山鶉煎到略呈焦黃，然後注入600毫升（1品脫）熱牛奶以及熱水，等到燒滾時就蓋上鍋，改放到文火烤箱（150°C／300°F／煤氣爐2檔）裏至少3$^{1}/_{2}$～4

小時。烤到那時山鶉應該燉爛了，但事實上老山鶉的肉往往硬得令人難以置信，我就曾經燉它們長達7小時，照樣一點也損害不了它們。

醬汁做法如下：在煮鍋裏把麵粉和其餘冷牛奶調成柔滑糊狀。然後把鍋放在很小的火上徐徐加入一些熱的燉山鶉湯汁，邊加邊攪，煮到醬汁如羹狀。這時可以加2大匙白蘭地、蘋果白蘭地或雅馬邑白蘭地到醬汁裏以便帶出味道。醬汁不宜太稠，如同比較濃的奶油就差不多了。

接著倒空鍋裏剩餘的湯汁，把醬汁（要是有結塊現象就用篩濾）淋到山鶉上，蓋上鍋，把鍋子再放回烤箱裏至少再烤1/2小時。吃時配水煮馬鈴薯和法國四季豆就好。

以上是最簡單的基本做法，任何人都可以運用一點想像力變出大同小異的其他做法。

◎加洋菇或洋芹菜的做法

將250公克（1/2磅）洋菇切片或一切為4，用牛油煎1～2分鐘，調好味道，在醬汁煮稠時加到醬汁裏，做出來的味道大不相同。另一個做法則是加2大匙切碎的洋芹菜、西洋菜或是5～6顆壓碎的杜松子到醬汁裏調味。

《Sunday Dispatch》，寫於一九五〇年代

阿雷克斯・梭耶

阿雷克斯・梭耶（Alexis Soyer）十七歲時已是巴黎一家餐廳的大廚，手下有十二名二廚。一八三一年他來到英格蘭發展，不到五年已經在倫敦貴族圈以及鄉紳間聲名大噪，被公認爲天賦異稟的大廚。他也是個極具組織能力的人，起先在兄長菲力普手下工作（當時菲力普是劍橋公爵的大廚），之後陸續服務過蘇塞蘭公爵與瓦特佛子爵府，還在紳士洛伊德位於奧斯沃斯屈的阿斯頓・荷爾之宅邸工作了四年。

一八三七年，年僅二十五歲的梭耶受聘擔任新成立的「修正俱樂部」❶的大廚，才使得他有機會對這宏偉俱樂部的格局與裝潢置喙。這新俱樂部是要用來取代同樣位於蓓爾美爾街（Pall Mall）的舊會所，其建築師乃查爾斯・巴里（Charles Barry），梭耶因而可以與他共同規畫廚房範圍、爐灶、設備等整體設計。對於這個企圖心旺盛、極具創意、精力充沛的法國青年而言，這的確是人生難得的機會。

梭耶在「修正俱經部」的事跡已經成爲傳奇。這座氣派非凡的新俱樂部在一八四一年開幕；五、六年後，梭耶已經出人頭地成爲倫敦三大名廚之一；而「修正」的廚房也成爲熱門話題，也是國內最多人參觀的場所。那間

---

❶ 修正俱樂部：Reform Club，創立於英議會選舉法修正法案《Reform Bill》的爭取及推動期間（1830～32），故以此命名。

廚房的烹煮事宜是靠不同性質的燃料完成的，如煤塊、木炭以及煤氣爐灶（這可是一大新發明）。肉類及野味貯藏室有特別定做的石板頂櫃，襯鉛裏的抽屜裝滿了冰，室內溫度保持在華氏35～40度。魚則放在龐大的大理石板上，四周用三吋高的石板圍住，有流動冰水可冰魚。主廚房中央有張榆木桌子，設計成別出心裁的十二角形，桌面中央有鐵鑄蒸櫃，需要小心處理的餐前小菜可擺在裏面保溫。另一邊有兩根大柱穿過桌面支撐住天花板，梭耶利用這兩根柱子來靠放很多有襯錫裏的調味料銅盒——分別放了香料、鹽、新鮮切碎的香草、麵包粉、瓶裝佐魚醬汁等，如此一來，任何在此桌工作的廚師毋需四處奔走便能取得各式調味料（梭耶有好幾個二廚是年輕女性）。

至於現代的廚房規畫者可就差遠了，不如用心研究梭耶那本圖文並茂的名著《美食學改革者》，看看裏面描述的廚房裝潢。從另一方面來說，他在宣傳造勢上也很有天分，而且竭盡其力投入其中，令人難望項背；要是在今天的話，恐怕連當今法國名廚博庫斯（Paul Bocuse）之流也望塵莫及。不用想也知道他必然會做電視宣傳、印製彩色補充書籍、公開示範烹飪、上訪談節目、接受報紙訪問等等。他是個很擅長募款與賑饑的人，鮑伯・蓋朵夫❷跟他一比簡直成了鄉下牧師。即使是十九世紀的英國，梭耶的一舉一動都馬上可以成爲新聞。不管他有什麼創新之舉，從新瓶裝醬汁到切割禽類用的解剖剪，由六吋的輕便型桌上小爐到可以噴出瓦斯火的烤全牛用具，每家倫敦報紙（以及爲數不少的地方報，往往還加上幾家巴黎期刊）都會大篇幅報導他

❷ 鮑伯・蓋朵夫：Bob Geldof，英國歌手，曾發起「四海一家」援非等活動。

的最新進展。對於《笨拙》雜誌而言，他整個生涯宛如上天賜與他們的厚禮。

一八四六年，他那本厚達七百多頁的《美食學改革者》面世，《泰晤士報》甚至把作者的工作成果拿來跟首相或大法官相提並論，扯上了皮爾爵士以及著名才子布洛恩勛爵的大名。《泰晤士報》透露，梭耶花了十個月準備這本書稿，期間這位名廚還供應了兩萬五千份餐點，主理了三十八場重要筵席，總共爲這些筵席做了七千道菜餚，除此之外每天還要爲俱樂部六十名僕役提供伙食，並接待一萬五千名外來訪客，而且「他們都急欲參觀這處偉大美食聖殿裏的著名祭壇」。

他的確是個令人刮目相看的人物。不過該報書評只引述了梭耶的自序，題爲〈寫此作品的經過〉，換句話說就是今天書套內側的吹捧推薦文。所以這份具權威性的報紙恐怕從來沒大言不慚地聲稱：梭耶最值得敬佩的是無與倫比的謙遜。扯上梭耶時，這絕對不會是最讓人馬上聯想到的形容詞。一八五八年梭耶過世之後，他的前任祕書佛蘭特和瓦倫爲紀念他而合寫了他的生平，於一八五九年出版。閱讀他的生平事蹟可以看出，雖然謙遜並非他的強項（畢竟他的成就是足以誇耀的），但他卻也是個對人充滿關懷、很有親和力、受人愛戴且頗令人感動的人物。儘管他無疑是個行政管理天才，有很了不起的頭腦，非常有創意，然而我認爲他其實從來不曾眞正長大，當然更沒有長大到不再愛戲劇化的功業、荒誕的惡作劇、運用不當的雙關語、愛打扮等的事。他那種旋風般的熱中投入以及對錢財的輕忽態度，經常也讓愛護他的朋友們氣得半死。

他的祕書們稱這本小書爲《阿雷克斯・梭耶小傳》，書中很平實地評估了主人翁的長處和短處；然而此書印量必然不大（以梭耶當時的名氣而言，這點頗令人訝異），所以如今已成了收藏家的稀有珍本。《阿雷克斯・梭耶小傳》爲這位「修正俱樂部」的萬能大廚補充了許多故事：原來他也曾志願組織上克里米亞戰場爲部隊做飯的活動（戰場上原本幾乎沒有「烹飪」這回事）；也曾在愛爾蘭鬧飢荒的年頭裏盡過賑災的心力。還有誰能像他一樣，輕鬆自如地監督爲恭賀英女王夫君而在約克設下的兩百三十八桌筵席，或遊刃有餘地調度供倫敦兩萬兩千名窮苦人食用的聖誕濟貧晚餐（這回又是用瓦斯火管來烤全牛），又或者是前往豪爾堡（Castle Howard）用那神奇小爐子展示廚藝巧手：梭耶在舞會大廳桌上烹調宵夜時（女王也臨幸於此），做了（或者似乎如此）馳名的「燙煎嫩荷包蛋」❸，而且速度是平均每兩分鐘煎出六個。

舉凡梭耶策畫、組織或參與的活動，他都有本事將之變成一場壯觀的演出，而且必能讓媒體廣爲宣傳。他甚至可以在雅典衛城利用一根坍塌的斷柱當桌子，把他的神奇小爐子放在上面做出一頓「用叉子吃的午餐」（這是他的用語）給五、六個旅伴吃。當時他們正在前往克里米亞途中，之後他把經過情形寫下來寄回國內給《倫敦新聞畫刊》。一八五七年《梭耶廚藝上戰場》出版了，記述他在克里米亞戰場上的所作所爲，還有新聞畫刊爲他那篇報導所

❸ 燙煎嫩荷包蛋：原名爲oeufs au miroir，意爲「鏡子蛋」，乃用最新鮮的雞蛋放在平底鍋煎，同時用燙鏟燙一下表層，使蛋白剛好凝結晶瑩如鏡可以映出人影，但又包住蛋黃不散。

繪的插圖。

若有讀者已經擁有一九三八年出版、海倫·莫理斯所寫的傳記《大廚肖像》，發現有些故事和《阿雷克斯·梭耶小傳》多所雷同，那是因為這兩本書的內容本來就是一樣的。莫理斯太太從佛蘭特和瓦倫的著作裏剽竊了大量內容，有時甚至是逐字抄襲，但卻一點也沒有提及資料出處。這實在是很不可思議的疏忽遺漏，因爲她的書也並非毫無公信力，雖然頗單調乏味，但的確也提供了不少詳實資料以及事過境遷的清晰看法。我們這位主角四十八歲就不幸英年早逝，那本小書在他去世後旋即出版，不免缺少了清楚的分析。如果是當參考資料，其實兩本書都各有必要，不過倒楣的莫理斯太太卻被人徹底揭發出來。

佛蘭特和瓦倫的書中讀來最引人入勝的其中一處，是關於他們參與創造「寰宇交誼中心」的記述。此建築豪華氣派，出於梭耶手筆，他命名爲「勾爾宮」，並規畫了裏面可以做出各國菜色的廚房；此外還設有各種等級的餐廳及小吃部，豐儉由人，迎合顧客消費程度。這座「勾爾宮」乃一八五一年英國主辦萬國博覽會時所設，用來接待前來博覽會的參觀者。布萊辛頓夫人❹以前的廳堂全被改造成寶塔、亭閣、涼亭與拱頂石窟，到處都裝飾了鏡子和眞正的冰，以及天花板垂懸水晶玻璃的凹室。外面園林架起了野餐帳篷及一座龐大的宴會亭，隨處可見噴泉和雕像。以戲劇總監而言，梭耶可說是生不逢時，要是趕上好萊塢默片鼎盛的時代，他就能淋漓盡致發揮其才了。但起碼

---

❹ 布萊辛頓夫人：Lady Blessington，1789～1849，英國社交名媛、作家。

他這座「寰宇交誼中心」拆除之後，取而代之建築的艾伯特廳在規模和功能上也都不相上下。

發表於《Tatler》，一九八六年三月

香水牙籤與桌上躍鳥

斯卡皮所著的《作品》後來又加上副標題——烹調技藝，於一五七〇年初版。斯卡皮可能是波隆那人，並自稱是教皇庇護五世的專用廚子。這位教宗從一五六六年一月登基統治直到一五七二年五月，登基前爲波隆那樞機主教吉斯勒利，是羅馬教會中少數曾雇用斯卡皮的大人物之一。這些大人物還包括了樞機主教康裴糾，他和沃爾西❶曾於一五二九年開庭審理亨利八世與阿拉岡之王后凱塞琳的離婚訴訟案。

一五三六年，康裴糾已遷入與羅馬相隔著台伯河的越台伯河區府邸內。同年四月，他在府邸設下豪華盛宴款待查理五世，歡迎這位帝王前來晉見教皇保祿三世。

雖那時正値齋戒期，卻一點也不影響豪華的排場以及琳瑯滿目的珍饈美味。席上當然沒有肉類招待皇帝，然而卻端出了義大利各地的魚蝦佳餚，如黑海運來的魚子醬便曾二度上場，一次是純魚子醬佐以檸檬汁，另一次則做成餡餅。此外還有橄欖油和枸櫞汁燉松露、五種不同的沙拉、蘆筍、酸豆、小茴苣葉、琉璃苣的花、迷迭香的花等等。至於據斯卡皮記載，不分季節且

---

❶ 沃爾西：Thomas Wolsey，1475～1530，英國樞機主教、大法官、約克大主教，控制英王亨利八世的內外政策，因未能使教皇同意亨利八世與王后凱薩琳離婚而以叛國罪被捕，解往倫敦途中過世。

幾乎餐餐都少不了的生甜茴香，則做成兩種不同的菜式。

爲了向皇帝表示盛意，金光燦爛是免不了的：大斑節蝦（我想就是我們所知道的海螯蝦）先用葡萄酒煮熟，尾巴和蝦鉗鍍上金銀兩色，上到最後兩道甜食和蜜餞等之類時（前面已用過十道菜，而且總共才十二個人吃而已），還撤下了先前用過的普通叉子，換上了金銀叉子。你可知道任何一種餐用叉子在一五三六年都是很罕見的。

當時每位嘉賓面前都擺了香水牙籤與花莖鍍成或銀或金的小束花朵。此外還有音樂演奏和歌唱；在打開摺疊巧妙的漿燙細紗餐巾時，竟然還有鳥兒飛出在室內飛翔跳躍。樞機主教康裴糾這番帝王氣派的招待顯然非常成功。

斯卡皮這套《作品》總共有六冊，記錄下來的這些難忘盛宴雖然迷人，但也只占了一冊分量；大部分內容還是以食譜爲主。不過食譜裏卻沒有提到番茄、甜椒以及馬鈴薯的做法，因爲那時這些食材尚未引進到他的鍋裏❷。除此之外，幾乎當時所有的食材做法都齊了，由朝鮮薊到茄子（他稱之爲molignane），蛋奶酒❸到葫蘆醬菜等都包括在內。其中葫蘆醬菜是把葫蘆瓜皮刨成一條條曬乾，用水煮過後再用杏仁或胡桃仁跟大蒜調成的醬汁一起煮。一磅重的葫蘆醬菜（古羅馬的1磅等於現在的10½盎司）可以分成五盤。聽起來不是很吸引人，卻顯然很經濟實惠。

斯卡皮某些最引人入勝的食譜可見於最後一章，它們都是針對病人以及

---

❷ 馬鈴薯是在哥倫布發現新大陸後，才由南美洲引進歐洲。

❸ 蛋奶酒：zambaglione，主要用酒、蛋、糖、牛奶等攪拌而成。

療養者而設計的進補食譜。這些食譜裏可沒有令人生畏的麻雀腦、動物糞便之類的東西（當時的醫生就會開列這些東西來折磨病人），而是單純地提供清燉湯❹、杏仁湯、綠色香草煎蛋卷，還有用蜜瓜、梨、酸櫻桃、桃子、榲桲等爲餡料做成的素淨水果餡餅。

然後就是兩種蛋奶酒的做法，一種跟我們今天所知的蛋奶酒差不多，不過是除了雞蛋、糖和酒（斯卡皮用的是馬姆奇甜酒）之外，還加了清雞湯，並加入很重的肉桂口味。第二種做法是加入搗爛的薄荷、馬郁蘭和歐芹做成綠色清湯，並加上打好的蛋汁以及綠色酸葡萄或醋栗，再用刨碎的麵包調勻，煮至羹糊狀時趁熱吃。要是拿掉清湯這項材料，聽起來倒有點像現代新派的鑲火雞餡料。

想要在這篇短文裏道盡斯卡皮著作內容的豐富或權威是不可能的，不過讀者若是具備足夠的義文能力（因爲此書從未有英譯本），此書倒是可以讀一輩子，而且讀來肯定讓您感到津津有味、收穫無窮。

接下來要談的是一本小書，跟斯卡皮的書截然不同。這本法文小書只談一個主題，內容分明，書名是《配膳室製冰淇淋祕訣》，一七六八年於巴黎出版，作者艾米（Emy）自稱officier，依上下內文看來意即「甜食師傅」。有關這本專講冰淇淋的可愛小書之作者，我們所知僅止於此。然而從他書中內容看來，他不但對人工冷凍史非常熟悉，也深諳做冰淇淋和水果冰之方，書中

---

❹ 清燉湯：consommé，或譯澄清湯。以高湯燉肉、蔬菜等材料之後，濾去湯渣，再用蛋白煮過以便利用蛋白凝結效果清除湯內細渣，使湯澄清。

就有很多令人垂涎且搭配得宜的做法。

他所描述的各種口味也同樣令人難忘，橙花、紫羅蘭、玫瑰花瓣、杏仁、胡桃、榛子、栗子、開心果、黑松露、番紅花和黑麥麵包等都成了艾米做出的冰淇淋口味，當然也有咖啡、巧克力、焦糖，以及香料口味如香草、肉桂、丁香等。艾米甚至還想出鳳梨冰淇淋的做法；鳳梨在當時還是個新字眼，屬於罕見水果，但他認為鳳梨做成冰淇淋要比原有味道更好。

艾米寫這本書的時代，差不多是法王路易十四宮廷與百姓初嘗這種冰凍美味後的一百年。然而我認為，即使今天的佛羅倫斯、羅馬或西西里島的冰淇淋店所賣的口味，也不會比艾米書中所講的口味更豐富多變。當年吃過艾米做的冰淇淋的人眞是有福氣。

據我所知，艾米的書沒有再版過。但値得一提的是，我在一九五〇年代可是花了十鎊十先令的錢才從倫敦書商那裏買到一本他的書，當時書商還跟我說沒人對這主題感興趣。口味和時代都變了，價格也變了，最近收到一位古籍書商寄給我的目錄，艾米的書一本要價七百英鎊，另一個書商甚至要賣九百五十英鎊。或許出版商重印此書頗有利可圖吧！

伊莱莎．艾克彤所寫的《平常人家現代烹飪法》出版於一八四五年，出書後立刻洛陽紙貴，爾後又再版過幾次（出版那年就再刷三次），的確是本很了不起又具原創性的烹飪書。自迪格比爵士去世後於一六六九年出版的引人入勝的《飽學之士迪格比爵士內幕揭祕》以來，英文烹飪書中大概就屬艾克彤這本最好了，然而作者於一八五九年去世後，出版商顯然便遺忘了她的書。

兩年後的一八六一年，年輕的碧頓太太卻不像出版商那麼健忘，她毫不客氣地抄襲了艾克彤太太書中不少的食譜，出版時不但對艾克彤太太的原書隻字不提，還把原文刪改得失去文氣。艾克彤太太曾對剽竊行爲提出強烈抗議，理由也的確充分，可惜她已不在人世，因此碧頓太太「借用」（這種不名譽手法的婉轉說法）她書的內容也沒有人查出來，而且顯然根本就沒有人注意到。企鵝有出版《飽學之士迪格比爵士內幕揭祕》平裝本精簡版，不過若能買二手的原版書當然最好，其實也不難買到，只是頗貴而已。

說到我們這時代的烹飪書，我認爲不可或缺且是我到荒島去會帶的一本書，就是斯圖拔特所寫的《香草、香料以及調味料》。斯圖拔特是位攝影師與登山者，拍攝過一九五三年著名的埃佛勒斯峰登山壯舉過程。他也是很有才華的作家，謙稱不過是寫本參考作品，卻寫成了這本很有創意又令人讀之難以釋手的書。

《每日電訊報》，一九八八年九月十七日

麵包與披薩

英式吐司麵包烘焙法

完全不懂做麵包的流程卻又人云亦云散播誇張觀念的人，總是說做麵包有多難又多麻煩。

伊萊莎・艾克彤《英式麵包食譜》，一八五七年出版

只要是有魄力找到新鮮酵母（酵母又不是那麼罕見）並弄到足夠分量的人，同時還記得買一兩磅中筋麵粉回家，取出和麵用的大碗，再從碗櫥裏拿出量杯，閱讀幾項說明後照做，必然都可以做出像樣的吐司麵包。

要是嘗試過兩三次之後，還做不出比任何一家英國店舖（包括賣健康食品、全營養食品、古怪食品、自製粗糙食品等店，以及連鎖烘焙店、食品供應店和小型獨營麵包店）所賣的吐司麵包更好吃的麵包，那我就準備吃下我的帽子、你的帽子，以及差不多所有擺在我眼前的東西給你看（只有英式商業吐司麵包絕對不包括在內）。

請不要驟下結論，我根本就沒有打算勸你自己烘焙麵包。我只是想告訴你，若你覺得有必要的話應該如何著手。再說我也覺得很滑稽又丟臉，時至今日竟然還要被迫做這種原始的粗活兒。

法國婦女（起碼是住在城裏的婦女）可沒人夢想著要自己烘焙麵包。法國的麵包店每天有兩次新鮮麵包出爐，而每戶人家的當家者也是每天去買兩

次麵包。萬一哪天法國這種麵包供應系統垮了的話，那麼恐怕就連小學生也會知道接著就要鬧革命了。要是路易十六的王后是出身法國王室的公主，而非來自維也納哈布斯堡王朝，她就永遠不會說出（或至少認定她這樣說過）「法國百姓沒有麵包吃，可以吃蛋糕代替」這種話了。

近如一九六五年夏天，巴黎市民群起鼓譟，反對每年八月市內有百分之六十的麵包店歇業。對巴黎市民而言，可能被迫要走上一公里遠才能找到一家在夏季人人趨往海邊和鄉間度假時，卻還繼續營業的麵包店，那可是天大的苦差事。結果政府不得不插手管這件事，敕令麵包師傅（請注意，不是鞋匠、水管匠、電工師傅、洗衣店，就只是麵包師傅）必須要彼此錯開假期。換言之，麵包師傅要對公衆負責，不得任意脫離崗位。

在法國，吃飯時要是沒有足量的好麵包就不能算是一頓飯。關於這點，其實在歐洲哪裏都一樣，用餐時少了麵包就不能算是一頓飯，但只有英格蘭例外。我指的是英格蘭，並不包括蘇格蘭或愛爾蘭，因爲那些地區都還有可能買到道地的麵包。

有個英國愛國派灌輸的信念是：我們在英國擁有全歐洲最好的食材，而且「做得最好的英國菜也是世上最好的料理」。

我實在對此驚訝萬分，任何說話負責的人怎麼可能這麼大言不慚？明明我們連最基本的必需品都很難取得，新鮮雞蛋簡直如同無瑕紅寶石般罕見，英國牛油也沒有荷蘭、丹麥或波蘭做得好，倫敦市民或其他地方的市民所能買到最新鮮的蔬菜是從賽普勒斯或肯亞空運來的，或從義大利、西班牙、馬黛拉島海運而來，我們的乳酪都是經由包裝工廠銷售到市場上，更何況當家者或餐館業者鮮少有人掌握基本眞相——如果提供給顧客或客人的麵包只不過像塊白色楔形法蘭絨，小家子氣地放在麵包碟裏，蓋在折好的餐巾底下，用來配要吃的菜，那麼縱有最佳食材以及「至尊大廚」艾斯科菲耶了不得的廚藝，在這樣的搭配下，只會成爲一頓索然寡味、感覺吃不飽的飯，不但無法令人吃得開心，也無法滿足口腹之慾。

喜歡閱讀飲食文章的讀者必然已經很厭煩這種說法：一道主菜，配上沙拉、乳酪和外層很脆的大麵包就是一頓豐盛、均衡、營養、經濟實惠、容易烹調又令人滿意的家常便飯。嗯，說得也是，這是說如果你能做到的話。事實上，光是麵包加乳酪就是很理想的一頓飯了，就算少了主菜都沒關係。但擺在眼前的事實是：我們很少人眞能夠取得乳酪或麵包，除非剛好住得很近，走路就可到達乳酪專賣店及麵包店；而麵包店不僅是會自行烘焙麵包的獨營店，做的麵包不但好吃，出爐時間也能配合一般家庭的當家者的外出購買時間。

我家附近的那家麵包店是驅使我自己動手做麵包的原因。事實上，那家店做的法國大麵包還過得去，但卻要等到中午才買得到，在那個時刻，我就跟住家附近所有其他婦女一樣，正忙著在爐火上做午餐，不方便出門。要是我到下午才出門買東西，麵包店裏的架子上就只剩下工廠出品的切片包裝麵包了，更別想買到差強人意的麵包。

我再說一遍，我可不是要遊說那些已經有心理準備要忍受店販麵包的人，這些人是因爲沒有時間或意願自己做麵包；我也不是跟那些因爲喜歡店販麵包而買它們的人說教；我只是當作給一些人很基本的指導，這些人已經認定花上三天時間去設計請客菜式，包括鑲蝦酪梨、杏仁鱒魚、酥皮腓力牛排、鳳梨冰淇淋，還詳談研磨咖啡豆與濾煮的學問，卻不能供給客人一塊像樣的麵包，這就實在荒唐可笑了。應該很公正的補充一下，舉凡能供應自製美味麵包的人家，實在已毋需操心準備那些名菜了。如果你就是喜歡做做名菜，那就儘管去做；如果你只想要名聲——或者說穿了，我們誰不是偶爾都懷著不軌私心但卻做對了冠冕堂皇的正當事呢？——最能讓你朋友留下深刻印象，同時又最能引起你對手妒羨的，莫過於見到並嘗到新鮮、眞正道地、像樣的麵包，口感略爲粗鬆，什麼都沒有塗加的脆麵包皮，咬下去可感覺到帶點鹹味。

像這樣的麵包，就應該整條吐司放在桌上，在衆目睽睽之下切成厚片共享。

事實上，如果我進到朋友家的飯廳裏卻見不到桌上有吐司麵包，我會感到很不對勁，就像我見不到有酒杯或酒瓶一樣。如今既然我已逼不得已得自己做麵包了，於是我應邀去朋友家吃飯通常就自己帶麵包去。沒有人認爲此舉不妥，想當年在配給時期，大家還不都是習慣在應邀上門吃飯時各自帶配給的乳瑪林或牛油、糖和雞蛋，或者只帶雞蛋，心照不宣地送給主人。

我們之中遲早會有更具勇氣也更加生氣的人，帶著我們自己做的麵包上餐廳去。畢竟有不少餐飲業場所都可以讓我們帶酒去了，所以我認爲自已帶麵包去也沒什麼不妥。反正餐廳老闆總是可以增收服務費，把提供切吐司的麵包刀的服務算在內——要是他們有這樣的刀可以提供的話。

做麵包用的麵粉

做英式麵包以及所有發酵麵團最理想的麵粉，是用硬質小麥磨出來的。至於做蛋糕、酥鬆點心以及調醬汁用的麵粉，則應該用軟質小麥磨成。硬質麵粉的麩質含量高，因此麵團較有彈性和張力。軟質麵粉做出的效果比較接近麵餅狀（法國麵包多半用偏軟質的麵粉做成，那是因爲在法國生長的小麥主要屬於這類，法國人是順應生產的麵粉品質而研發出做麵包的技術）。倫敦以及南部地區的雜貨店所賣的常見白麵粉幾乎都屬於家用軟質麵粉。但在英格蘭中部和北部地區，自製麵包和發酵糕點依然很普遍，因此較易買到所需麵粉。

用傳統石磨磨出的100%、90%或85%純度的全麥麵粉，可以在健康食品店之類的地方買到。第一種100%純度的全麥麵粉是用整粒小麥磨成，沒有去除任何部分也沒有添加其他物質。90%和85%的全麥麵粉則是去除了麩皮，做出來的麵包口感較細緻。有些全營養食品迷連做酥皮糕點和調醬汁都推薦用這種麵粉，但我倒不推薦。

硬質的高筋麵粉和常見的軟質家用低筋麵粉的不同處，在你將它們做成麵團時很快就可以看出來。前者幾乎立刻變得很有彈性又柔軟有張力，後者則傾向於黏手且彈性欠佳，不過經過揉麵工夫之後會變得比較結實。

麵粉可以自己混合調配。舉例來說，爲了避免不停地大老遠跑去某家專賣店搬回大包大包的麵粉，自己用125公克（4盎司）左右的全麥麵粉混以375公克（12盎司）家用低筋麵粉，同樣可以做出挺像樣的淺棕色吐司麵包，雖然效果不如用高筋麵粉或烘焙店專用白麵粉混85%或90%全麥麵粉所做出的那麼好。

有些健康食品店以及那些古怪食品店所出售的全麥吐司麵包厚重又像布丁似的。追根究柢，是因爲這些店裏所出售的麵包不是內行人做的，又乾又厚重，只顧及計算營養價值，卻不顧民以食爲天的口福之樂。而且，所謂的自製健康食品也是貴得離譜。

酵母

儘管小型獨營烘焙店大量消失，但在多數城鎭及郊區依然還是可以找到幾家。雖然他們出售的麵包量不是非常大，但起碼向他們要酵母的話，多數都肯供應。要是不肯的話，那是因爲他們是「他媽的故意的」（套句克來蒙·弗洛伊德先生在《觀察家》雜誌上談烹飪的文章裏所說的話）。或者也可能像我在切爾西家附近的一家烘焙店的情況，那些烘焙助手自有不成文規矩，每天定時施贈酵母。此外也可能完全要看顧客採取什麼態度而定。

我的經驗是，不要把開口詢問酵母這件事情當作是在跟對方要個難得的人情（好些烘焙店老闆娘就這樣告訴過我：「我們不『賣』酵母，我們樂於送酵母給人。」），而要視之爲烘焙店理所當然會出售的商品，一如酒館老闆賣啤酒，報刊販商賣報紙一樣。

烘焙用的酵母跟釀酒用的剛好相反：釀酒酵母是液體的，而且味道很苦；烘焙用酵母（正式名稱是「德國酵母」，無疑是因爲來自荷蘭）則是壓縮酵母，看來像淡灰褐色泥膠。麵包店如果有賣自己店裏做的麵包，就會有小分量的酵母出售（如果他們肯賣的話），從每包30公克（1盎司）算起。如今有些健康食品以及全營養食品店也有販售烘焙用酵母了。

酵母裝在密封罐內擺在冰箱可儲存好幾天，只要保持全然乾燥狀態就行。

酵母摸起來應該是冰涼且具可塑性的，嗅起來香甜有勁。酵母越新鮮，麵團就越容易發起來，做出來的吐司麵包也越好。

500～750公克（1～1½磅）麵粉用15公克（½盎司）烘焙酵母就可以發麵了。1.5公斤（3磅）麵粉用30公克（1盎司）酵母就夠了。

用乾燥酵母發麵所花時間比用新鮮酵母要長得多，而且做出來的麵包偏乾，不太好吃，因爲缺乏酵母的特色和風味。換句話說，我認爲乾燥酵母不太好用，儘管很多人都矢言那跟採用新鮮酵母一樣容易發麵而且做出來的麵包一樣好吃。（如今我已找到問題所在。原來大多數人用乾燥酵母時分量過多，而且也沒有等到它恢復活力才用。我用乾燥酵母做過大量非常成功的麵包，不過要特別注意用量，而且也不宜混過多的糖，還要讓它有充分時間恢復活力。）

用具

一、可以封口的塑膠盒，用來裝酵母儲存在冰箱裏。

二、磅秤。

三、用來混合酵母與水的茶杯。

四、量杯。

五、用來和麵的大碗、和麵盆（闊口陶盆，盆內有上釉），或者大木碗。

六、撒乾麵粉用的麵粉撒瓶。

七、塑膠、橡膠或木製刮刀。

八、乾淨的茶巾和一塊厚的小毛巾。

九、麵包烤模（500公克／1磅麵粉和300毫升／½品脫水，發出來的麵團需要用容量爲1.2公升／2品脫的烤模）。此外，還可以用法式淺身蛋糕模（直徑5公分／2吋）做成頗誘人的扁圓形麵包。我大多用這種模具來烤麵包，因爲我喜歡麵包皮多過麵包心且占大部分比例。常見的1公斤（2磅）圓形蛋糕模也可以烤出誘人的大麵包。長方形狹窄的鋁製模具可以烤出漂亮且容易切片的吐司麵包，很適合用來做三明治。值得一提的是，英式麵包過去通常是裝在陶鍋裏烤成的，要是沒有合適的模具，或許乾脆就用砂鍋或烤派餅用的烤盤，一樣可以達到目的。有人甚至還用常見的花盆，用肥油擦遍盆內後照樣可以用來烤很棒的大麵包。在復活節期間，我會用魚狀模具來烤麵包，這是阿爾薩斯和德國的傳統風俗。

十、鐵網架，亦即蛋糕散熱架。

食譜

英式吐司麵包・An English Loaf

*

我給初學者的入門建議是：先做最基本的吐司麵包，要用到的是500公克（1磅）麵粉、15公克（½盎司）酵母和300毫升（½品脫）

水，並用一個容量爲1.2公升（2品脫）的模具來烤。等到麵包做出來，切開，若被宣告差強人意或完全不合格時，再把這些重點細讀一遍，然後再接再勵做另一個。要是做過兩三次後還是不太行，那就試試其他的變化做法。這食譜對我而言非常合用，雖然我知道有好幾個新手照做而成功，但這並不表示所有人都適用。沒有一道食譜是人人適用的，比起其他烹飪領域，做麵包及烘培等方面更是如此，唯一例外的大概就是烤肉類食譜。

做一個85%或90%全麥麵粉或白麵粉（最好用高筋或麵包麵粉）吐司所需的材料是：500公克（1磅）白麵粉或全麥麵粉（或350公克／12盎司白麵粉混以125公克／4盎司全麥麵粉），另外還要放點麵粉在撒粉瓶或碗裏，以便揉麵時使用，以及15公克（½盎司）烘焙用酵母。此外還要2小匙滿滿的岩鹽或海鹽（喜歡麵包鹹一點的話不妨多放點，我就喜歡比較鹹麵包），大約每500公克（1磅）麵粉放30公克（1盎司）鹽；300毫升（½品脫）溫水；用來抹在烤模使之油潤的肥油。

把酵母放在茶杯裏，加2～3大匙冷水或溫水調成糊狀。

拔掉戒指，放在安全的地方。❶

---

❶ 作者注：這道食譜最初是爲我姊姊黛安娜．格雷寫的，她在做飯時把訂婚戒指亂放，結果導致家裏大亂風波連連。事實上，每逢要動手碰可能黏手的麵團時，除了光身戒指之外，其他所有戒指都摘掉，不失爲聰明之舉。

把麵粉放進闊口大碗裏，攪拌好，在中央挖個口，倒入調好的加水酵母糊，再用麵粉掩蓋住。鹽加到水裏攪到溶化，再徐徐將鹽水加到麵粉中。需要用到的水可能多於或少於300毫升（$\frac{1}{2}$品脫），這就要視麵粉而定了。邊加水邊和麵，可以用雙手做這工夫，也可以用一把刮刀或木匙來拌合。和好的麵應該平滑而不黏碗，有如酥油點心麵團。到此階段就可以開始揉麵了。（以這樣小的麵團而言，還不需用上麵板，直接在大碗裏揉麵就可以了。）一開始揉麵你就會感覺到麵團已經相當具有彈性，要是麵團太濕軟的話，就是水加得太多，可以再撒些乾麵粉讓麵團變乾一點——等做過幾次麵包後，就不需再這樣做了，因爲到時你已經摸清楚所用的麵粉會吸收多少分量的水。揉上幾秒鐘後，麵團應該會變得很柔韌，足以自行展延開來，有點三角形狀，這時再把麵團用力按扁。若仍覺得麵團黏手，就再撒些麵粉，重複此揉麵過程3～4次。

揉好之後，把麵團塑成大餐包狀，撒上麵粉，用沾了麵粉的茶巾蓋住大碗（以免麵團發起來黏住茶巾），再在茶巾上蓋一條對折的小塊厚毛巾。

冬季時，我會把烤箱開到140°C／275°F／煤氣爐1檔，然後把麵團大碗放在烤箱頂的爐灶上用1～$1\frac{1}{2}$小時來發麵。天氣要是冷得出奇，就再把烤箱溫度調高一點。

麵團發好時，體積差不多是原有的一倍。

在容量爲1.2公升（2品脫）的模具裏先塗上牛油，再把模具放在烤箱裏熱1～2分鐘。把膨脹的麵團捶扁，整個搓揉一番，不久麵團就會像塊平滑厚布，可以抓起來往桌上或大碗裏摔。這第二次的揉麵工夫比第一次更重要，麵團摔越多次效果就越好，此舉的主要目的在於檢視酵母作用是否良好。以1磅麵團爲計，這第二次揉麵的工夫最多不過3分鐘就好，大於此分量的麵團當然揉麵時間也要久一點。

至於有電動攪拌機並附有和麵機的人，我奉勸你們最好先用手來揉麵好摸清楚過程；等知道麵團該有的觸感與外觀爲何之後，就可以做分量較大的麵團，而且可以用和麵機來做了。

把麵團放進準備好的模具裏，在麵團上撒些麵粉（用全麥或半全麥麵粉做麵包的話，這個步驟就要用全麥麵粉而不要用白麵粉，如此烤出來的麵包皮才引人垂涎），並稍微將麵團塑成模具形狀，這時模具和麵團分量一比，看起來似乎嫌太大了。

用沾了麵粉的布以及毛巾蓋住模具，然後放到暖處以便麵團第二次發起來。點燃烤箱，放在烤箱頂的爐灶處，大約45～60分鐘，麵團應該發到跟模具口差不多高了，這時就可以準備放進烤箱烘焙。

通風的碗櫃或靠近烤爐的暖處都可以考慮，在夏季期間，尤其是悶熱潮濕的天氣，可以就把麵團放在廚房桌上，不用蓋上毛巾等物品保暖。

這時把烤箱溫度調到240°C／475°F／煤氣爐9檔，並將烤模放在中層烤架上。烤15分鐘之後，把溫度調低爲220°C／425°F／煤氣爐

7檔，烤25～30分鐘。這時模具裏的吐司麵包應該反而有點收縮了。把麵包倒出來放在廚房桌上的散熱用鐵網架上，用手指關節敲敲麵包底部，如果聲音聽起來如鼓般中空，就表示烤好了。如果摸起來軟綿綿的，就表示沒烤透，就把麵包反轉放回模具裏，再擺到烤箱裏烤10～15分鐘，烤箱溫度則調低到200°C／400°F／煤氣爐6檔。另外一種時間和溫度都不同的烤法，是用220°C／425°F／煤氣爐7檔連續烤50分鐘。烤麵包是寧可在烤箱裏多待一會兒，也好過沒烤透。

切記將麵包放在鐵架上散熱，方便空氣在麵包周圍流通。

等到吐司麵包涼透，就用乾淨的布包起來，或放在麵包罐或搪瓷桶裏。塑膠盒則不宜，因爲會使麵包皮軟化。

基本麵包食譜的變化做法：吐司麵包快速做法·

Variations on the Basic Bread Recipe: A Quickly Made Loaf

*

你一旦學會了做麵包，就會發現可以從基本做法變出很多種不同做法。例如你可以早上很晚起床，卻仍來得及烤個新鮮麵包做午餐。

運用這個做法時，我採用的模具比平常用的稍微小一些。

步驟如下：量好250公克（½磅）高筋麵粉和125公克（4盎司）全麥麵粉，85%或90%的含量皆可。備妥15公克（½盎司）酵母，並用些許溫水調成糊狀。在量杯裏備好20公克（$^1/_4$盎司）搗碎的粗鹽，加些許熱水淹過鹽，使之溶解，然後再加足量溫水，讓鹽水分量達到250毫升（8盎司）。

將酵母糊如常攪入麵粉中，加水，快速和好麵，不要花太多工夫揉麵。

把麵團直接放入已經塗了牛油並撒了麵粉的模具裏，在麵團表層撒些麵粉，然後蓋上放到爐灶頂層照常發麵，但把烤箱熱度調高一點，約180°C／350°F／煤氣爐4檔，烤1小時左右（時間拿捏還是要看外在天氣而定，從45分鐘～1$^1/_2$小時不等），麵團發起來約略高出模具口。將烤箱溫度調到230°C／450°F／煤氣爐8檔，讓烤箱預熱15分鐘，然後再放進麵團照常烤法。

雖然麵團分量比基本麵包做法的分量要少，但烘焙時間一樣甚至還要久一點，因爲只有一次發麵程序，而且揉麵工夫也很少，用這樣的麵團來烤麵包，一定要烤得很透才行。

這種做法做出的麵包質地會有幾個孔洞。新鮮時很好吃，但不能像正宗做法的吐司麵包那樣可以保持較久還依然好吃。

我經常在晚上從店裏下班回家後，發現還可以用這做法很快做個麵包當宵夜，又或者做第二天的午餐三明治。

慢速發酵麵包法・A Loaf Made by the Extra Slow Method

*

有時拖長發麵工夫而非加快反而是一種方便，要拖慢可就再簡單不過了。

按照第348頁的基本做法準備材料用量並和麵，但別把麵團放在暖處讓它發麵，而是放在蓋好的大碗裏擺在陰涼處，譬如在沒有暖氣的房間裏，靠近敞開窗戶之處。還有人主張放到冰箱裏用更慢的速度來發麵。用這方法可以讓麵團擺上8～10小時，等到完全發起來時，麵團會超乎尋常的輕盈如海綿。但一定要徹底將它捶扁洩氣，揉麵工夫也要比基本做法還久，然後才按照基本做法將它放到備好的模具裏，再發第二次麵。

採用慢速發酵法的麵團，第二次發麵時間比平常做法稍微久一點。爲了加快速度，也爲了讓烤出的麵包好看，可以在麵團上交錯割兩三道很深的口。有種叫「蘇格蘭刮刀」或「麵團割刀」的特別工具專門用來做這步驟，這種刀的刀身很寬，刀緣弧形，跟肉店刮砧板的刀很相似。要是沒有這種刀，可以用半月形剁刀，效果也一樣，如今每家廚房用品店都有這種剁刀，連同淺盤狀木砧板一起出售❷。

此外，慢速發酵麵包的其他烘焙步驟都跟基本做法一樣。

用慢速發酵法做出的麵包絕佳，「長得很好」❸，而且風味持久。

首次發表於《Queen》，一九六八年十二月四日這篇文章後來於一九六九年由伊麗莎白・大衛出版成一本小冊，而且再刷過好幾次。一九七三年，伊麗莎白跟企鵝叢書簽約出版《自己烘焙麵包》，打算作為英國古今烹飪系列的第二冊。原本她寫英國飲食的這個系列打算出篇幅短的書，第一本就是《英倫廚房中的香料》，我們構思出的書名《自己烘焙麵包》則是第二本。結果由於她深入探討烘焙學問，此書寫了三年才完成，而非當初所想的一年。這書於一九七七年以《英式麵包和酵母烘焙》為名出版了，甫出書即銷售一空，成千上萬人也隨之做起麵包來。餐廳供應的麵包品質因而有所改進，英國從此風氣大改，懂得欣賞並要求好麵包了。

吉兒・諾曼

食譜

帶狀香料鹹麵包・Salted and Spiced Bread Strips or Ribbons

*

這是容易發酵發得很好的麵團，烘焙之前先切成帶狀，其實就是最初的麵包卷形式。開派對時做這麵包招待客人很方便，而且烘焙起來很快，又可省掉在餐桌上將麵包切片的工夫。

---

❷ 如今用平常的美工刀即可，而且效果更好。

❸ 作者注：這是烘焙業者的術語，用來指有稜有角、以專業手法烤出的吐司麵包。

做3打左右的帶狀麵包，所需材料分量是500公克（1磅）白麵粉（可用常見的中筋麵粉）、15公克（$\frac{1}{2}$盎司或1大匙）酵母、450毫升（$\frac{3}{4}$品脫）牛奶、30公克（1盎司）牛油、2小匙鹽。第一次發麵後要加的材料是2小匙茴香籽、孜然芹籽或葛縷子皆可，依個人喜好而定。烘焙前要撒在帶狀麵團上的有：額外的鹽（最好是結晶粗鹽）、少許香料籽，還有用來刷在麵團表層的少許牛奶。

將麵粉和鹽放在大碗裏，加入酵母攪拌，接著放一點熱牛奶和牛油，和成結實、平滑而有彈性的麵團。蓋上麵團放置1小時左右讓它發麵，或起碼等到麵團體積發成原有的一倍而且膨脹鬆軟爲止。然後將麵團捶扁，稍微揉一會兒，一面把加熱的香料籽揉到麵團裏。把麵團均分爲兩份，在撒了麵粉的麵板或烤盤（如果你有那種不沾底的就正合這種麵團所需）上用手將麵團壓成扁平狀，然後用擀麵棍擀成長方形，盡量擀得有稜有角。

第二塊麵團也照樣擀成長方形。要是這兩塊長方形麵團已經先在麵板上擀好了，就把它們改放到撒了麵粉的烤盤裏。用一把利刀將麵團從正中央切開，接著繼續將每塊再切成寬約2.5公分（1吋）的長帶狀，也就是把整個麵團都切成一條條帶狀，但依然保持原有的整體長方形狀。

在這些帶狀麵團上刷上牛奶，撒一點香料籽，再撒上足量的結晶粗鹽（碎片狀的馬爾東鹽做這種麵包尤其適合，但結晶海鹽或岩鹽的效果也一樣好）。

讓這些帶狀麵團二次發酵逐漸恢復鬆軟彈性，需時約15～30分鐘。

將烤箱燒熱，溫度調在200°C／400°F／煤氣爐6檔，把帶狀麵團放到烤箱中層烤15分鐘，然後轉放到最下層烤5分鐘。

等到烤透了，這些帶狀麵包會發起來，膨脹擴張，幾乎又全部連接成了一塊長方形麵包，但卻很容易掰開，而且可以堆放在盤裏或籃裏。趁熱吃非常美味，最好搭配滑軟且口味清淡的乳酪以及澀味較重的紅酒。

◎附記

一、上述特別指明的三種香料籽：茴香籽、孜然芹籽、葛縷子，我個人偏好茴香籽，其次是孜然芹籽，最後才輪到葛縷子（我想是因為葛縷子的硬度讓我敬謝不敏，而非因為不喜歡它的味道或氣味）。大茴香籽是可以考慮的第四種，但我尚未掌握好用法。此外還可以試試罌粟籽或芝麻，不過我認為用它們來做這種麵包稍嫌太甜。

二、這種帶狀麵包可以做成美味可口的乳酪熱麵包。可用沙呂港乳酪❹、格律耶爾乾酪或麗鄉乳酪等融化的乳酪切成手指大小，撕開麵包條將乳酪塞入其中，放在烤箱最下層用中溫170°C／325°F／煤氣爐3檔，烤10分鐘即可。

三、這種加牛奶和牛油的麵團非常好伺候，要是喜歡先將一半麵團烤成麵

❹ 沙呂港乳酪：Port Salut，產於法國羅亞爾河區域。

包，剩下一半稍後才烤，只消把那半個麵團捶扁，揉成球狀放在大碗裏擺在涼爽處，幾小時後麵團依舊好用。

《英式麵包和酵母烘焙》的部分原稿，但並未納入此書中

乳酪蒔蘿麵包條・Cheese and Dill Sticks

*

做這種麵包所用的麵團比帶狀香料鹹麵包的內容還要豐富、更加膨脹鬆軟，如今很多人喝餐前酒都選白酒而不喝烈酒或苦艾酒，而這麵包用來配白酒當下酒點心眞的很棒。

第一次試做可先做小量，材料爲250公克（1/2磅）高筋麵粉、2小匙鹽、7公克（1/4盎司）酵母、125公克（4盎司）牛油、6大匙鮮奶油、3小匙蒔蘿籽、60～90公克（2～3盎司）融化的軟乳酪如麗鄉乳酪、沙呂港乳酪或格律耶爾乾酪，另外再備一點鮮奶油用來刷在麵團表面。

先將麵粉和鹽放在大碗裏，用少許水將酵母調成糊狀。把牛油加熱軟化，然後揉進麵粉中，並加入糊狀酵母與加熱過的鮮奶油，將麵粉和成鬆軟的麵團。把麵團塑成球狀，蓋好放著，等它發成體積至少大一倍的鬆軟麵團。

在不沾底的烤盤裏撒點麵粉。把麵團輕輕壓扁，撒2小匙蒔蘿籽在麵團上，然後把麵團放在撒了麵粉的烤盤裏，用手展壓使之成爲長

方形，面積約爲23×18公分（9×7吋），然後用擀麵棍均勻擀成大塊。把乳酪切成小丁撒在麵皮上，把麵皮摺成三層包住乳酪，再擀成大塊，摺疊，再擀，重複兩次，就跟做千層酥皮點心或牛角麵包麵團一樣做法，但動作要快速輕柔，而且每回之間不要停下來讓麵團陷於靜止狀態。

等到第四次把麵團國成23×18公分（9×7吋）的長方形時，就在麵皮上縱切三刀割開，然後再橫切10～12道。每一刀都要割透麵皮。

用一點鮮奶油或牛奶刷在表層，將剩下的1小匙蒔蘿籽灑在上面，用一塊薄布蓋住麵團等它發起來，大約需30分鐘。

放在烤箱中層用200°C／400°F／煤氣爐6檔溫度烤15分鐘，之後改放到最下層烤10分鐘，還是用同樣溫度。（要是打算回頭重新加熱，就在烤完第一階段的15分鐘時取出，再放到下層烤第二階段的10分鐘。）

在烘焙過程中，麵包條會因爲發起來而幾乎全部又彼此接連，卻依然保有明顯分界，容易掰開爲一條條。除了外緣部分的麵包條外，其他麵包條的周邊都非常綿軟，而乳酪則融化在麵包心內。這種麵包卷、餐包等麵食在烘焙過程中因爲發起來又重新接連在一起的烘焙法，稱爲 baking crumby。

這種小麵包條非常易做且美味，做出來大約有3打數量。但你若有夠大的烤盤和烤箱的話，很簡單，材料分量加倍就可以做更多：可以把麵團分成兩個長方形，或者就做成一個大長方形。

《英式麵包和酵母烘焙》的部分原稿，但並未納入此書中

麵餅，又稱鷹嘴豆麵餅或熱那亞麵餅·

Farinata, also Called Torta di Ceci or Faina alla Genovese

*

材料爲250公克（½磅）鷹嘴豆粉、1大匙鹽、800毫升（1½品脫減掉2～3大匙分量）水、橄欖油、鹽、胡椒。

將鷹嘴豆粉放到大碗裏，一次加一點水，仔細攪勻，直到狀如煎薄餅的麵糊般而且很平滑就可加鹽。蓋上，靜置起碼4小時，如果時間較充裕就擺上一晚。

在直徑約28公分（11吋）的淺身陶皿裏倒入足量橄欖油，要能夠淹住整個底面，然後攪動鷹嘴豆麵糊倒入陶皿中，仔細攪勻，以便鷹嘴豆麵糊和橄欖油交融。

把它放進燒燙的烤箱裏（正宗做法是要放在烘焙麵包的烤爐裏），溫度爲220°C／425°F／煤氣爐7檔，烤約50分鐘，見到餅面表層金黃酥脆就是烤好了。要切成菱形趁熱吃，並撒點鮮磨黑胡椒在餅上。通常鷹嘴豆麵餅都是當小吃點心而非正餐，但是在聖瑞摩❺這

---

❺ 聖瑞摩：San Remo，義大利西北部城市。

種餅則是做得非常薄，在有遮頂的大市集裏當餐前小菜出售，並配以用小片苦苣葉子拌成的沙拉，可說是非常棒的搭配。

◎附記

一、這種餅有許多大同小異的種類，其中歐內里亞（Oneglia）鷹嘴豆餅在放進烤爐前要先在餅面上撒很細的洋蔥絲，而在薩佛納（Savona）則是撒迷迭香葉，並放在無灶門、開放式燒柴烤爐裏烘烤，柴火環繞著裝餅淺鍋——傳統的沙丁魚口味披薩（sardenara，聖瑞摩一帶的披薩，見364頁）也是這樣烤，或以前是這樣的烤法。

二、鷹嘴豆麵餅的厚度各有不同。有時比煎薄餅厚一點而已，例如在聖瑞摩所見的；然而在歐內里亞的傳統做法卻厚達2～3公分（1～1¼吋）。而比這再厚的就嫌滯膩了。

三、我自己變出來的做法是在烘焙前撒點茴香籽在餅面上，要不就攪進麵糊裏，依個人喜好而定。熱那亞人喜歡茴香籽口味，我想到他們撒茴香籽做出的麵餅（當地人稱為披薩）實在很棒，於是就借用了這個點子。在我心目中，茴香籽口味比迷迭香好太多了。

四、要重新加熱的話，只需在餅上撒一點橄欖油，然後放進中溫烤箱裏烤幾分鐘，或切成楔形烘烤，或者在每片上放一片乳酪擺到燒燙的烤箱裏烤。

五、過了義大利邊境來到法國尼斯境內，這種鷹嘴豆麵餅則稱作 soca。傳統做法跟聖瑞摩一樣放在圓形烘焙鐵板上，鐵板有很淺的框邊圍住，然後放在無灶門、開放式燒柴烤爐烤成。在菜市場出售時，則是烤好後連大鐵板一起放在炭盆上保溫，切成小塊出售。

六、另外一種鷹嘴豆麵餅叫做 panisse，做法是先把鷹嘴豆粉放在水裏煮成很稠的粥狀，然後分別倒入淋了橄欖油的小碟裏，凝結之後倒出來用橄欖油煎成金黃色。尼斯地區這種常見的 soca、panisse 在熱那亞也可見到，稱為 panissa 或 paniccia，菜市場與街上小販都有在賣這種餅。

七、英國沒有義大利那種鷹嘴豆粉，卻有印度出產的鷹嘴豆粉（besun），可以在印度食品店裏買到，有時在全營養食品店也可以找到。印度人會說這種豆粉是用扁豆磨成的，因為他們把鷹嘴豆列為扁豆類。

未曾發表過，寫於一九七〇年代

披薩的各種變化做法

幾星期之前，我在一本承辦酒席業界雜誌上看到一篇報導，講到一家不久前在牛津大學城開張的披薩店。報導中提到，披薩餡料有火腿洋蔥、火腿鳳梨、碎牛肉、斑節蝦、沙丁魚加鯷魚、熱乾肉腸加橄欖、洋菇、洋蔥蛋，結論是這份清單「包羅萬象超級特別」。

喔！老天爺！我最不想要的剛好就是包羅萬象的披薩。當然，有些人傾向於認爲能夠把越多材料塞到任何一道菜式裏，越是弄得不倫不類，做出來的菜就越令人感興趣（我想這是很英國式的毛病，大概在丹麥就不會受這種毛病折磨了）。還有的人則認爲別國的廉價大衆化美食根本就是消耗剩菜的方法而已，把低廉和缺乏均衡畫上等號，這種情況就出現在義大利燴飯與披薩上，我很遺憾連北歐自助餐小吃也包括在內，這些料理都成了人們清完冰箱那天想到要做的菜，於是乎重見天日的有一小碟綠豌豆、三個洋菇、烤過的香腸、半罐沙丁魚——更不必說（還請上述報導中的牛津業者見諒）幾塊鳳梨和一兩片乾肉腸。

眞是可惜！把披薩當成垃圾桶的人可眞是錯失了吃披薩之樂，它那新鮮熱麵團發得又好又鬆軟，配上洋蔥和番茄餡料，芬芳撲鼻，色香味俱全。最好的披薩應該是麵團和餡料化爲一體而不可分，要是把一堆雜七雜八疙疙瘩瘩、硬梆梆的東西堆在一塊麵皮上，是不可能化爲一體的。經過烤箱一烤，這些大小塊的東西會變硬，有如橡皮般難以消化。這也難怪披薩往往名聲不好，被視爲給不懂分辨好壞的人吃的東西，是很容易撐飽肚子的粗食。然而，一旦學會怎麼用發得鬆軟的麵團和簡單基本醬汁或餡料做出披薩，就會逐漸明白爲什麼披薩是很棒的發明，也會了解爲何披薩會在全球風行了。你很快也會發現，自己做的披薩和在冷凍櫃買到或披薩店裏吃到的披薩，兩者的成本和品質是多麼天差地別。

立古里亞披薩・A Ligurian Pizza or Sardenara

*

做直徑22～24公分（$8^1/_2$～$9^1/_2$吋）的披薩，麵團所需材料爲150公克（5盎司）未漂白的高筋麵粉、1小匙鹽、7公克（$^1/_4$盎司）酵母、2～3大匙橄欖油、4～5大匙牛奶、1個雞蛋。

將麵粉和鹽加熱，用2大匙溫牛奶將酵母調成糊狀。把雞蛋打到麵粉中央，倒入糊狀酵母及2大匙橄欖油，和成鬆軟的麵團。如果麵團太乾就把其餘牛奶加進去，另外再加1大匙橄欖油。將和好的麵團塑成球形，用一塊保鮮膜蓋住，放在溫暖處等麵團發起來，大約需2小時。

餡料材料爲500公克（1磅）熟透的番茄，或者新鮮熟番茄和義大利罐頭番茄各半；2個小洋蔥、2瓣大蒜、鹽、糖、鮮磨胡椒等調味品，以及乾牛至（也就是義大利人眼中的乾馬郁蘭）、橄欖油、1小罐頭（50公克，約2盎司）油浸鯷魚條。此外還有8～10顆小粒黑橄欖，加或不加都可以。這種披薩是不放乳酪的。

將洋蔥切成細絲，鍋裏放4～5大匙橄欖油炒洋蔥絲，然後蓋鍋用中火將洋蔥絲煮到淺黃軟透爲止，但絕對不可煎到滋滋作響或焦黃的地步。這時加去皮切成小塊的番茄到鍋裏，把火開大，放調味品以及壓扁的大蒜，不用蓋鍋，煮到番茄幾乎沒有水分，醬汁相當濃稠爲止。

麵團發好時，應該有原先體積三倍大，鬆軟而膨脹，這就表示麵團發得很完全。把麵團捶扁，做成球形，放在塗了一層橄欖油的耐高溫淺平大盤或烤盤裏，用手拍壓使之成爲直徑22公分（8 1/2吋）的圓麵餅。

輕輕將熱醬汁攤在麵皮上，外緣部分則留些空白。以交錯斜格形式將鯷魚條擺好在麵皮上。如果要加橄欖就得去核，對切成兩半，用點綴方式放在麵皮上裝飾。在這餡料上撒一點牛至，淋一點橄欖油，放置15～20分鐘以便發麵，之後再放到烤箱中層烤。烤箱要燒得相當熱，溫度爲220°C／425°F／煤氣爐7檔，這披薩需要烤20～25分鐘才會烤透。

這分量應該夠2～4人食用，要看大家的胃口以及那頓飯還準備了什麼菜而定。

◎附記

一、喜歡的話，也可以用直徑24公分（9 1/2吋）、底部可抽除的塔餅烤盤來烤。

二、除非可以買到合適的橄欖，亦即一種很小的黑橄欖，否則最好還是不加。那種大顆、帶棕色、頗酸苦的橄欖，做這披薩是不適合的。在普羅旺斯，當地人用的橄欖非常小顆，以致他們甚至懶得費事除掉橄欖核。

三、立古里亞披薩是不放乳酪的，普羅旺斯的披薩也是，而我個人則認為這樣的披薩更好吃。如果喜歡拿波里❻式披薩，也就是加了莫札雷拉乳酪❼那種，會發現最好是披薩烤到一半時才加乳酪（約125公克／4盎司，切成片），這樣烤出來乳酪才不會變得老硬如橡皮。

羅馬做法的披薩・A Pizza in the Roman Way

*

二十五年前我在羅馬過冬，常到一家披薩店吃披薩，最好吃的一種只用橄欖油燒出的洋蔥當餡料，並撒一點牛至調味。羅馬人堅稱這才是正宗披薩，而批評番茄加莫札雷拉乳酪的拿波里式披薩是無里花俏的暴發戶。

做羅馬式的洋蔥披薩，需要用的材料是麵團，照立古里亞披薩的麵團做法即可（見364頁）。此外還要約750公克（1½磅）洋蔥，切成很細的洋蔥圈，用果香濃郁的橄欖油去煮，火要非常小，煮到洋蔥變軟呈現黃色，就加鹽和足量牛至調味。把這些洋蔥絲攤在發得很好的麵皮上，再淋一點橄欖油，然後按照前述披薩食譜的方式去烤。

---

❻ 拿波里：Napoli，義大利南部港市。

❼ 莫札雷拉乳酪：mozzarella，義大利產凝乳乳酪，原本用水牛乳製成，但現在一般都用乳牛乳，質地溫軟，爲義大利麵食經常採用的食材之一。

普羅旺斯烤餅・A Provençal Pissaladière

*

這種餅以前是把稱爲 pissala❽ 的鹹魚膏攤在餅上烤成的，這是位在地中海岸的尼斯到馬賽一帶特有的食品。如今這已經是過去的事了，現在這種餅主要都用洋蔥和鯷魚煮成餡料，也有一種是加番茄醬汁，非常好吃。

做法如下：在麵皮上（麵團做法見364頁）攤上餡料；餡料用6大匙洋蔥番茄醬汁（醬汁做法見364頁），混以1罐60公克（2盎司）鯷魚條加2瓣大蒜搗成的糊。照前述方法烘焙，這種鯷魚口味的披薩餡是我的最愛。

亞美尼亞做法的披薩・A Pizza in the Armenian Manner

*

亞美尼亞人堅稱是他們先發明了披薩，而且他們的披薩比義大利和普羅旺斯的歷史更悠久。很有可能他們講得對。畢竟義大利現在還在採用發酵麵團以及烤麵包的圓頂烤爐來做披薩，而這兩樣都被認爲是由小亞細亞傳入南歐的。而且時至今日，中東地區的典型傳

❽ pissala乃普羅旺斯語，是一種醃鹹魚做成的膏狀產品，通常是用鯷魚和沙丁魚做成。

統麵餅依然是做成袋狀，裏面塞以橄欖、白乳酪、薄荷、芫荽葉和生番茄，成爲便於攜帶的一餐；有時則是夾炭烤串燒肉類，直接從串扦除下肉塊落到口袋麵餅中。

這種麵餅演變成義大利披薩用的圓餅皮，其實相差不遠，不過亞美尼亞的披薩是用絞碎的肉做餡料。我則是用小羊肉或豬肉，然後攤在麵皮上，跟義大利的方式一樣，也還是便於攜帶的食物。

和好雙倍分量的麵團（見364頁），材料用量是250公克（8盎司）麵粉、15公克（1/2盎司）酵母、3大匙橄欖油、8～10大匙牛奶、2小匙鹽和1個大雞蛋。

餡料的材料爲200公克（7盎司）絞碎的小羊肉或豬肉（生肉或熟肉皆可）、1個小洋蔥、2～3瓣大蒜、1小罐頭去皮番茄、鹽、橄欖油，並磨碎肉桂、孜然芹籽、丁香、胡椒和乾薄荷來調味。有一種叫舒馬克的植物種籽磨成的粉末也是地中海東部披薩餡料所用的典型香料，在歐洲很難見到，但即使少了這種香料，這道披薩也一樣會贏得人心。放香料和調味品的不同手法就可以產生很多不同口味。

烤這披薩要用直徑28～30公分（11～12吋）的平底大陶盤或烤盤。

餡料煮法如下：用橄欖油炒軟碎洋蔥，加肉到鍋裏炒到略呈焦黃。放入剝皮壓扁的大蒜、肉桂和磨碎的孜然芹籽各1小平匙、1/2小匙磨碎的丁香，以及同樣分量的鮮磨黑胡椒。將罐頭番茄加到鍋裏，蓋上鍋，用慢火滾到番茄蒸發掉水分，成爲濃稠的餡料。這時再嘗嘗味道，按需要酌量加調味品。香料要加夠，可能還需要再加一點胡椒或孜然芹籽，也可能要放一點糖。在此階段也需要放1小匙乾薄荷。

等到麵團發好了，鬆軟膨脹，就用手將它在塗了橄欖油的大淺盤裏拍展成麵餅，然後把餡料攤在上面，讓它再次發麵，最後再按照烤立古里亞披薩的方式來烘焙。

◎附記

亞美尼亞披薩可以利用剩菜做材料，因此大塊烤肉剩下的部分可以拿來做這披薩，一點也無損於做出來的效果。事實上，這是我所知道的用掉冷殘餘小羊肉的最好方法之一。但有一點很重要：肉質必須夠潤，不然在烤的過程中會變乾。我不會嘗試加鳳梨和火腿，或者加洋菇和斑節蝦。你得要知道適可而止才行。

熱那亞披薩・A Genoese Pizza

*

熱那亞披薩其實更像麵餅而不像披薩，因為不是把餡料攤在麵皮上而是與麵團混為一體。傳統做法是用豬油渣，也就是宰豬之後用肥肉煉出豬油所剩下的香噴噴小脆塊。這種披薩通常是用來佐湯或燉肉，而不是當成單獨一道料理來吃；還可以用培根丁和義大利人烹調最愛用的茴香籽做出很好吃的變化口味來。

做法簡單，先按基本披薩麵團做法（見364頁）做出麵團，等麵發好而且鬆軟膨脹，就混入125公克（4盎司）培根，培根要切得很小而且先煎熟。加1大匙茴香籽（或者大茴香籽），按照做麵包的方式來揉麵發麵，塑成直徑約15公分（6吋）的飽滿圓形，在表面淋一點橄欖油，然後按照烤立古里亞披薩（見364頁）的方式烘焙。烤好之後切成楔形趁熱吃。

發表於丹麥《Søndags B-T》，一九七六年

甜點筵席上的美食

這個月盛開的花朵有單瓣銀蓮花，
紫羅蘭屬植物，單瓣桂竹香，月見草（primrose），
雪花蓮，黑嚏根草（black hellebore），
冬附子（winter aconite），西洋櫻草（polyanthus）；
以及溫床生的水仙和風信子。

摘自《精湛英國園丁》，威爾特郡歐佛頓園丁薩謬爾・庫克著。
一七八〇年左右於倫敦出版，
乃Paternoster Row❶之Shakespear's Head為J・庫克印製。

這份簡短的清單列出了十八世紀歐佛頓莊園的花園在十二月盛開的花卉，讓我聯想起一八三四年出版的《管家指南》，作者艾絲特・柯普雷在書中有很趣味盎然的說明，教人如何點綴德來福布丁❷。這道布丁的做法說明很長，需要用到那年代所有常運用的材料——海綿餅乾、迷你杏仁餅乾、白

❶ Paternoster Row：位於倫敦聖保羅大教堂周圍，是英國傳統的出版街，目前已消失。
❷ 德來福布丁：trifle，以果醬鬆糕浸酒，敷上發泡奶油，或加水果等冰凍而成的甜點。

酒、白蘭地、杏仁瓣、果醬、1品脫濃稠的蛋奶糊、$1\frac{1}{2}$品脫發泡奶油、少許沾糖的扁圓巧克力（如今我們稱爲糖球）❸。整個德來福布丁大致做好後就「在不同部位插上纖美花朵。務必要注意選用對人體無害的，例如紫羅蘭、三色堇、西洋櫻草、黃花九輪草、天竺葵、香桃木、小繡球、素馨、紫羅蘭以及小朵玫瑰。這些花可以搭配出很多變化，有些是一年到頭幾乎都盛開。」

我在想，不知道歐佛頓莊園的貴婦是否就是採摘園丁庫克種出來的花朵，選取其中對人體無害者如冬附子、西洋櫻草、水仙等來點綴奶油糕點、德來福布丁和蛋奶糊等，這些甜點必然成爲莊園節慶飯後甜點中的焦點。想像十八世紀的筵席桌上擺滿了糖漬水果、香橙與葡萄乾、拔絲糖❹作成的甜食、擺在拖盤裏的乳酒凍、堆得像金字塔般的果凍、一盤盤做成結狀、環形、蝴蝶結等形狀的小塊杏仁餅、攙了糖漬水果做成的杏仁糕、蛋奶糊小餡餅以及其他所有甜食，那情景定然很令人陶醉入迷。無疑地，這些美味甜點很多都得在廚房旁邊的專用製作室裏由當家貴婦親自主理製作，其他的則購自專業甜食師傅。因爲這些糖漬和糖衣花朵與水果、檸檬以及香橙和枸櫞果皮、鍍金杏仁糕等甜食要做得好的話，非得要很有經驗與專業技巧才行，而且至今依然如此。即使像貝德福伯爵位於霍本的宅邸那麼豪華，也沒能養得起一名精通糖藝甜食的專業師傅。斯考特—湯普森在《一六四一～一七〇〇年間的貴族府邸生活》❺裏提到，當時無論哪個人去巴黎回來，都會被委託

---

❸ 這些都是裝飾糕點的常見點綴物。

❹ 亦即棉花糖。

帶回甜食，甚至還要帶回由榲桲或其他水果做成的類似果糊的甜食 confiture（跟我們現在所知的果醬不一樣）。一六七一年間，巴黎有位甜食師傅維雅先生寄了價值五十先令的果糊給伯爵，這位師傅也供應糖衣香橙、檸檬、杏桃和櫻桃。一六七三至七四年的節慶期間，伯爵❻花了將近五英鎊向一位埃梅里先生購買甜食，霍本府邸裏的人簡稱埃梅里爲「先生」。這位先生帳單上的項目包括24磅糖衣水果、巧克力杏仁、糖製糕餅和杏仁糕，這些甜食是爲聖誕節和新年而準備的。我們由下列這份帳單可以獲悉十七世紀下半葉豪華食品價位的大概。

一六七三年十二月

4磅杏仁糕製餅乾小餡餅與果脯（16先令）

5磅6盎司什錦甜食（1英鎊7先令）

4磅橙和檸檬（16先令）

一六七三／七四年一月

2磅甜食（10先令）

2½磅橙、檸檬以及薑（10先令）

1磅餅乾（4先令）

---

❺ 作者注：見《The Bedford Historical Series VIII》，倫敦Cape出版社於1940年出版。

❻ 作者注：此指第五任伯爵兼第一任公爵William Russell。

$1\frac{1}{2}$磅開心果（7先令6便士）

$2\frac{1}{4}$磅巧克力杏仁（9先令）

總計：4英鎊19先令6便士

閱讀十七世紀的餐飲資料，有一點我們不太摸得清楚：原來當年飯後甜點所包括的甜食和杏仁糕、新鮮水果以及糖衣水果、小蛋糕和餅乾等等，都是列爲「筵席菜式」。吃主餐是在飯廳裏，但甜點卻分開另擺在房間裏，有時甚至還完全不跟宴會廳在同一棟建築——也許是在花園裏蓋成避暑屋形式，或甚至在屋頂上。吃完飯後全體就轉移到另一處繼續吃喝作樂，那裏也擺著「甜點筵席」——伊麗莎白時期以及詹姆斯一世初期的人如此稱呼飯後甜點。通常席上會有加了香料的甜酒，燃起燭火，請樂師來演奏，要是這間宴客廳夠大的話還可以跳舞。誠如三個世紀前引人入勝的《巴黎的一家之主》❼書中所寫的「跳舞、唱歌，酒與香料以及火炬」的情景。

英國人最初是從義大利輾轉學到甜食糖藝，最早採用的食譜乃源自一本法文譯本，它的義大利原文書初版於一五五七年，作者魯奢利人稱「皮埃蒙特的阿雷克斯」。這本書是十六世紀期間盛行的「祕方書籍」之一，當時所謂的祕方主要都是療方以及美容劑之類，而且偏重寫給專業藥劑師、煉丹術士與醫生，而不是給家庭業餘人士看的。然而伊麗莎白時期的人求知若渴（法

---

❼ 作者注：見《巴黎的一家之主，一位巴黎中產人士於1393年左右所寫的理家之道》，由法國珍本書籍協會於1847年初版，引文見108頁。

譯本於一五五八年面世，伊麗莎白一世就是那年登基的），因此像這類刊物自然而然就深入很多受過教育的家庭，只要是家庭教養達到能讀能寫的地步，幾乎都有一本自己保存的食譜，會把見到的「祕方」抄錄到自家食譜書中。

因此一五五八年沃德把《行尊皮埃蒙特的阿雷克斯祕方》爲數不多的甜食做法從法文翻譯成英文後，這些食譜又分別收錄進幾本家庭編纂的小書中，於十六世紀末付梓，再現於世。那時期蔗糖正迅速取代蜂蜜成爲蜜餞水果採用的主要甘味劑，大家都想知道運用蔗糖的正確方法，因爲這跟以前運用蜂蜜所需的技術完全不同。皮埃蒙特的阿雷克斯教人如何運用這兩者，因此他的甜食食譜雖然只有十二道，但卻特別令我們感興趣，當然對早期那些讀者更是如此。

這本食譜說明了如何澄清蜂蜜和蔗糖、如何糖漬枸櫞、如何學西班牙人糖漬桃子，以及瓦倫西亞如何把榲桲做成果糊而且熱那亞人也是用同樣方法。（這種果糊也就是榲桲果醬，法文稱 cotignac，義大利文稱 cotognata，熱那亞人尤其以做這種厚實榲桲果醬著稱，而且老早就爲英國的富貴人家進口使用，只是名稱經常不同，有的叫做chardequince，也有些叫quince meat。如今都已不用蜂蜜來醃漬，而是用蔗糖。）除此之外，也有各種用蜂蜜來保存蜜瓜、南瓜和西葫蘆瓜皮的方法，以及加香料的糖漬青胡桃、蜂蜜保存櫻桃、蜂蜜漬橙皮等做法。

對於最早期的讀者而言，此書最令人感興趣的說明是製作一種「糖醬，然後用這種糖醬做成各種水果以及其他美好物品的形狀，例如橢圓大淺盤、菜盤、酒杯、茶杯之類等，不但可以用來點綴筵席，而且吃完飯之後還可以順便吃掉它們。桌上有這類點綴是很令人愉快的。」做法解說很仔細，是用糖醬加上黃芪膠使之增強硬度，但仍然有韌性而易彎曲，可以做成「任何你想做出的物品形狀」，而且「以此妙技來布置筵席時，切忌把它們放在火熱的東西旁邊。等到甜點筵席接近尾聲，大家可以把大淺盤、菜盤、酒杯、茶杯等等全部打破吃掉，因爲這種糖醬非常細緻可口。」

這種花招正符合伊麗莎白時期人士之意。那些糕點廚師一定是興致勃勃著手進行，學習如何塑造出糖醬盤子、酒杯、茶杯，以便讓筵席上的紳士淑女驚喜，並讓他們吃到最後還可以享有摔破杯盤吃掉它們的樂趣——不過卻得留神別讓這些杯盤在燭火和火光的溫度中先融化了。

還有另一個利用糖醬盤碟❽造成悅目效果的方法，而且比只做成酒杯或器皿形狀「更加美妙」。這就是先做好杏仁和糖的小餡餅，「一如做杏仁糕那種做法」。做好的小餡餅擺在糖盤子裏，再用另一個糖盤子蓋住。屆時更可令在座賓客加倍驚喜。

這樣舉一反三設計下去，這座可吃的金字塔就永遠造不完了。從如此簡陋的做法開始發展出糖藝，十七世紀中葉義大利的糖藝已經到了登峰造極的

---

❽ 作者注：十四世紀期間已經懂得把蔗糖做成圓片或菱形片，染成不同顏色。然而到了十六世紀中葉，煉糖技術才在歐洲普遍起來，取得蔗糖比以前容易得多，而蔗糖也進步到可以做成複雜的甜食。英文印製的做法說明此時也首次可以取得，不過可以說阿雷克斯是從更早期的義大利著作抄襲了這些做法，那本書很可能是《Deficio di Ricette》，也就是《食譜精選》，乃1541年於威尼斯出版。

地步，連大多數卓越出眾的藝術家、木雕家以及雕刻家都投入製作觀賞裝飾用的 trionfi❾，即「勝利、凱旋代表物」或「放在餐桌中央的飾物」。在羅馬、佛羅倫斯、拿波里、曼圖亞、米蘭各地，這種糖藝作品點綴了教皇、大主教與王宮貴族所設的筵席。這種絕藝由義大利傳到法國盛行起來，十九世紀名廚卡海恩更將它發揚光大，設計出來的糖藝作品精心富麗，據說他曾宣稱建築藝術只不過是糕點師傅的手藝產物而已。

不過此處要講的是阿雷克斯甜點筵席裏的一道食譜，還沒有到那麼富麗的階段。這甜點形狀類似「拿波里餅乾」，也就是海綿手指餅乾這類，但以成分而言更近香料或胡椒糕餅。它的做法說明令人見識到那時期技術很有意思的幾方面。

做成像拿波里所做的小口美點，這種美點很精緻，非常有味道，不但幫助消化，而且能帶來芬芳口氣。

取3磅上等蔗糖、麵粉、肉桂3盎司、肉豆蔻、薑、胡椒各1/2盎司等，一起搗碎，但是胡椒分量可以比其他香料多一點；此外還要未煮過澄清的白蜂蜜3盎司。首先把麵粉攤成環形，中間放蔗糖，然後在上面淋1磅麝香玫瑰露，用手拌匀揉合，直到感覺不出蔗糖粒存在為止。做好這步驟之後，就加入上述香料和蜂蜜，用手拌匀。

---

❾ 作者注：見Georgina Masson著的《Food as Fine Art》，1966年5月Apollo出版；斯泰法尼所著的《烹飪巧藝》第2版，1671年曼圖亞出版。

混勻的麵團先放在麵粉中，留一點麵粉準備撒在烤板或要用來烤餅乾的器皿上。準備工夫都做好後，取出麵團做成小餅：用手把麵團揪成重約3盎司的小麵團，翻轉小麵團做成魚狀，並用專用工具加工做出細節效果。燒熱烤爐，把做好的魚狀小餅放在小塊銅板或陶板上，但烤板上先要撒厚厚一層麵粉。烤的時候要打開烤爐門，火堆要生在烤爐口兩旁，而且不時要摸摸小餅看烤透了沒有，不妨拿起來用手指捏捏看。你也可以放在有銅板蓋住的烤爐裏烤，就像烤塔餅那種烤爐，烤好取出後在這些小餅上塗一層金色。

摘自《行尊皮埃蒙特的阿雷克斯祕方》，

根據沃德由法文譯成的英文本。

乃John Kingstone為Poules Churchyarde⑩

之Nicholas Inglande印製，一五五八年十一月。

《膳食瑣談》第三期，一九七九年十二月

---

⑩ Poules Churchyarde：應該是St. Paul's Churchyard的中古英文拼法，意即「聖保羅墓地」。聖保羅大教堂爲倫敦最大的教堂，盤據於Ludgate Hill上，它周圍的街道因爲是教堂從前的墓地範圍，所以叫「聖保羅墓地」，也是早期許多英國出版社的所在地。

甜點

焦糖甜品

焦糖奶油、焦糖冰淇淋、焦糖蛋奶酥和慕斯、焦糖蘋果，全都是美味可口又很容易做的甜點。只要掌握了把糖燒成焦糖的訣竅，就可自行由最初的做法變化出很多不同新做法。我實在想不透怎麼會有人認爲熬焦糖是難事一樁，但我的確聽過很多人說做焦糖布丁「實在是太煩人的事」；這還眞不是蓋的，否則怎麼會有現成包裝好的焦糖布丁粉以及一瓶瓶焦糖糖膠出售呢？

熬焦糖・Caramelised Sugar

*

要做足夠覆蓋容量爲1公升（1¾品脫）模具底部的焦糖，所需材料爲白砂糖和水各6大匙。熬焦糖的煮鍋是關鍵所在，絕對不可用鍍錫或搪瓷的，因爲砂糖會燒熱到非常高溫的地步，比錫的熔點溫度還高，因此會毀了鍍錫煮鍋；而搪瓷鍋則必然會燒出裂紋，很可能也會燒壞。如果有不銹鋼合金的厚重銅鍋，這時就可以用上。我用的是一口小鋁鍋（容量爲½公升／1品脫），但專業用的熬焦糖煮鍋是沒有鍍錫的黃銅鍋，而且有個鍋嘴。

把糖和水放到煮鍋裏，放在溫度很穩定的爐上，要小心看著，煮糖時不需要攪動，但由於分量很少，所以糖和水熬成焦糖的轉變過程發生得很快：糖先冒泡，轉爲淺金黃色，接著很快不停轉變爲不同程度的顏色，在一兩分鐘內看起來像透亮的牛油硬糖。這時要趕快把鍋子從火爐上移開，因爲只要多煮幾秒鐘，焦糖就會變黑發苦了。甩幾滴水到鍋裏以便焦糖不再沸滾冒泡，然後馬上把焦糖倒進模具裏。持模具左右傾斜轉動，盡量讓焦糖流遍底部及四面，使模具裏沾上一層焦糖，焦糖馬上就會凝結在上面了。

蘋果焦糖布丁之一・Apple Caramel I

*

這是道非常令人喜愛的甜品，所費無幾而且簡單易做。以下列出做4人份的材料。

除了要做上述焦糖之外，其他材料是6個蘋果，約750公克（1 1/2磅）；6大匙砂糖、1根香草莢、3個雞蛋。

我所用的模具是一般稱爲charlotte的蛋糕模具❶：厚重鍍錫不銹鋼合金，有平滑斜面的周邊，容量爲1公升（1 3/4品脫），頂部口徑爲14公分（5 1/2吋），高度爲8.5公分（3 1/2吋），附有蓋子。也可以使用另

---

❶ 此爲圓形高身的蛋糕模具。charlotte是模製甜點，爲水果奶油布丁蛋糕，乃在模具內鋪上麵包或指狀海綿蛋糕，中間放奶油、水果等烤成。

外的模具，例如蛋糕模具或陶瓷酥浮類焗盤。

蘋果餡料做法如下：將蘋果削皮、挖去核心、切片，和香草莢一起放進闊口煮鍋裏，加入砂糖以及剛好夠使糖濕潤的水，約4～6大匙之間。蓋上鍋，快速將蘋果煮軟至透明狀，但千萬別煮過了頭；這布丁所以迷人有一半是因爲蘋果的冰涼清新感，如果煮成黏答答的一團就會失去這種清新感。

把已經上了焦糖的模具準備好（煮蘋果的時候可以做這準備工夫，要是方便的話，可以一早先準備好）。

拿掉煮蘋果的香草莢，將蘋果倒入大碗中打成泥狀，毋需篩濾。再把打好的蛋汁快速與蘋果泥混合，一定要攪拌得很勻才行，要使勁打到兩者化爲一體。打好後就倒入模具中，如果模具本身沒有附蓋子，就用盤子或鍋蓋代替。蓋好模具後放在烤盤內送入烤箱，烤盤內要放滿水。原則上，烤盤內的水幾乎滿到模具口是最理想的。

把這布丁放在烤箱下層烤，溫度要低：150°C／300°F／煤氣爐2檔，烤1小時就好，或者烤到表層凝結呈結實感，但觸碰時還有點軟的感覺。

先讓模具繼續留在烤盤裏15分鐘，然後才取出改放到冰箱裏。

等到快要上桌前才把布丁倒出來，倒出後再用模具罩住，以免布丁四散開來。吃蘋果布丁可以加鮮奶油，但絕非必要，因爲蘋果混合雞蛋已經像柔滑細膩的奶糊，表面那層液化的焦糖徐徐沿著斜面滴下來，就夠引人垂涎了。加鮮奶油或醬汁眞的是多此一舉，倒是來一杯冰得很透的甜味梭甸酒❷或其他甜點酒，才眞是美妙搭配。

◎附記

一、模具的容量很重要，雞蛋蘋果泥要差不多裝滿模具，如果模具太大，做好布丁後倒出來會扁塌塌的。

二、千萬記住，烤時要蓋上模具。

三、蘋果一切片就要馬上煮，稍微放久會變色，即使做出來的布丁味道沒問題，卻會破壞外觀。

四、蘋果的品質很重要。我是將甜的和酸的兩種蘋果混用，譬如4個Cox's orange pippin（Cox帶橙色蘋果）、2個Granny Smith（史密斯奶奶）或1個

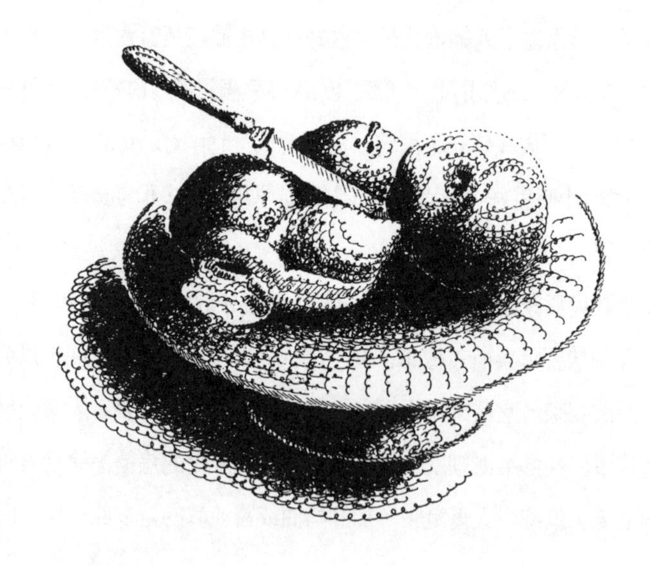

大的 Bramley烹飪用蘋果❸。如果是後者，煮蘋果的用水量就要減少，不然混合出來的蘋果泥會太濕，結果布丁從模具倒出來時會塌掉。

蘋果焦糖布丁之二・Apple Caramel II

＊

這是從前面第一個做法變化出來的，材料一樣，但做法和效果卻相當不同。

熬好的焦糖不是先淋到模具裏面，而是等蘋果布丁烤好、冰好後才淋到布丁上。由於這種吃法是從烤布丁模具裏直接取食，因此最好是用玻璃或陶瓷製的酥浮類焗盤來烤，而不要用金屬模具。模具容量也是差不多大小：1公升（1¾品脫），但最好用比較闊口淺身的模具。

按照上述做法煮好蘋果，加蛋汁打成泥狀，倒入模具裏。照前述方法隔水烤好後置於冰箱一晚或幾小時。

砂糖和水各6大匙熬成焦糖，分量也是跟淋在模具裏的一樣，但卻是趁滾燙滋滋響時淋到整個冰凍的蘋果布丁表面，焦糖會立刻凝結，形成薄脆糖層，彷彿有一層透亮琥珀色玻璃貼在蘋果布丁表

---

❷ 梭甸酒：Sauternes，產於法國波爾多最富盛名的甜白酒產區梭甸。

❸ 後兩者皆為青蘋果，味酸。

層。

蓋上布丁，等到上桌時才掀開，但不要超過2小時，否則焦糖會變軟。

杏桃焦糖布丁・Apricot Caramel

*

這也是跟蘋果焦糖布丁（見380頁）同樣的做法。

做杏桃奶糊的材料為：350公克（12盎司）杏脯、4個雞蛋、2大匙蜂蜜、1/2個檸檬的汁。

熬好焦糖，倒入直徑14公分（5 1/2吋）用來做水果奶油布丁蛋糕的圓模具中，按照前述做法，在模具內部淋上一層焦糖。

杏脯加水浸2小時，水的分量剛好淹住杏脯即可。然後連同浸杏脯的水放在砂鍋內，蓋上鍋擺到烤箱裏，用慢火烤1小時左右，或烤到杏脯漲大變軟，水分蒸發到只剩1～2匙分量為止。

把發好的杏脯放到攪拌碗中，加入蜂蜜、檸檬汁和雞蛋，旋轉攪拌打成厚糊狀，趁溫熱時就倒入備好的模具裏，加蓋，按照烤蘋果布丁的方式隔水烤，但時間要久一點，大概要多烤10分鐘左右。

要冰得很透才吃，吃時可加稀奶油。

◎附記

杏脯混出的蛋糊比用蘋果混的要稠，因此做出來的杏桃布丁口感很不一樣，有點像軟綿綿濕潤的蛋糕，形狀倒是可以保持得很好，不易塌掉。

扣焦糖布丁・Crème Renversée au Caramel

*

這道焦糖布丁是法國家庭和餐廳最愛做的甜品，在西班牙也是最受喜愛的布丁，不過換了名稱叫做「flan」。我發現在西班牙即使是最簡陋的餐廳，也很少會碰到用不好的鮮奶和雞蛋來做焦糖布丁的。

做4人份的焦糖布丁，要用容量爲1公升（$1^3/_4$品脫）的水果奶油布丁蛋糕模具，一如前述做蘋果焦糖布丁（見380頁）所使用的。

用同樣分量的材料熬焦糖（砂糖和水各6大匙），然後在模具內遍凝一層焦糖。

做奶糊的材料爲600毫升（1品脫）全脂鮮奶、2個雞蛋加3個生蛋黃、60公克（2盎司）砂糖、$^1/_2$根香草莢或1片月桂葉或1條檸檬皮。

奶糊做法如下：將牛奶、砂糖以及選定的口味（說實在挺難決定的！大致上我比較偏愛月桂葉，做出來味道帶點苦杏仁的香味）倒入容量爲$1^1/_2$～或2公升（3～4品脫）的煮鍋裏，用很小的火將牛奶燒滾。

在一個也夠容納牛奶分量的大碗裹打好蛋汁，取出月桂葉或香草莢或檸檬皮，將燒滾的牛奶倒入蛋汁裹，急速用力打勻；要是你喜歡的話，可以用電動攪拌機來打。

打好後用濾篩過濾牛奶蛋汁到模具裹，蓋上模具，放到深烤盤裹，烤盤內要裝滿熱水。把烤盤擺到烤箱下層架，用150°C／300°F／煤氣爐2檔烤1½小時──或比這時間短一點、長一點。布丁應該結實但略呈顫顫抖動狀。烤好後先在烤盤裹繼續擺15分鐘，然後才取出模具改放進冰箱。

等到快要吃之前，才把焦糖布丁從模具裹倒出來。

◎附記

請參見蘋果焦糖布丁的做法。雞蛋和生蛋黃的比例是做焦糖布丁的重點。

發表於丹麥《Søndage B-T》，一九七六年五月

燙焦糖布丁

盛宴的餐前小菜類，你可不會期望見到燙焦糖布丁（Crème brûlée）列於其中。然而在十七世紀的法國，起碼是在路易十四奢華宮廷的圈子裹，這道迷人的奶糊布丁的確是列於餐前小吃類。

不過得要解釋一番：當年的餐前小吃類並非兩世紀後的面貌，既非在中午正餐開頭時先吃的一系列冷盤，而且方式習慣也完全不同。當時的餐前小

吃可說是有甜有鹹、琳瑯滿目的小點、清淡的蔬菜料理、小牛肉糕、胰臟和胸腺、茴香或羅勒鴿子、豬腳、帶餡油炸麵團類，還有甜食如香橙奶油、杏仁白凍糕（blanc-mange）、米粉（rice flour）雞肉等。這些美食似乎是由「仲饌」❹發展出來的，有時餐前小吃和仲饌也可互換。所謂「仲饌」是指上過烤禽類或野味後所上的菜式，同時也帶出這頓飯的第二回合。換句話說，餐前小吃其實是些額外小點，由其名可知不包括在正餐內，顯然是豪華筵席在上每道大菜之間有很長的空檔，於是用這些小吃來讓在座者食用，打發等上菜的時間，所以將它們擺在桌上，直到下一回合開始。

對很多人而言，這餐前小吃和仲饌恐怕是那些長達三小時拖拖拉拉的冗長盛宴中最好的部分了，雖然形式還是跟中世紀與文藝復興時代差不多，但食材和烹調法無疑要比以前講究。

馬西亞洛於一六九一年出版的《宮廷與民間廚師》深具影響力，他在書中記述了幾場前一年舉行過的慶典盛宴，巨細靡遺地讓大眾知道法國王室以及侍從在筵席上吃些什麼。

至於構成筵席第三回合的飯後水果以及蜜餞等，卻未包括在馬西亞洛的書裏，因爲這些是由甜食師傅操心，不歸廚師管轄。然而布丁、蛋奶糊以及水果餡餅等都歸廚房負責——至少馬西亞洛這樣堅稱——因此他也提供了食譜。「有杏仁布丁、開心果布丁、燙焦糖布丁、脆皮布丁、炸布丁，還有義大利布丁以及其他多種布丁。」

---

❹ 仲饌：entremets，原意指「兩道菜之間所上的料理」。

他的布丁大部分是以牛奶、雞蛋和不同口味做成的蛋奶糊爲基本材料做成的。以下就是他所寫的〈燙焦糖布丁〉，這是一七〇二年的英譯版本。雖說燙布丁這個點子不算新，早在他之前兩百年左右義大利就已經懂得這做法了，但許多隨後產生的英國做法卻很可能是根據他這食譜而來的。這就跟冰淇淋一樣，法國和義大利老早就有用牛奶爲主做成的冰，但英國廚子更上層樓，改以鮮奶油代替牛奶做出冰淇淋❺。

燙焦糖布丁・Burnt Cream

*

視你所用的盤子大小而定，取4～5個生蛋黃，放在燉鍋裏打成蛋汁，並用手指抓1大撮麵粉放到蛋汁裏一起打勻。然後徐徐注入約1夸脫❻牛奶，接著放入1小根肉桂與切成小粒的綠色檸檬皮，也放些同樣也是切得像檸檬皮一樣細碎的糖漬橙皮，這種口味就是香橙燙焦糖布丁。要讓它更美味的話，還可以再加搗碎的開心果或杏仁，以及一點橙花露。接著把調好的蛋奶糊放在火爐上煮到凝如羹狀，煮的時候要不斷攪動，小心不要黏鍋底了。煮好之後，把碟子或盤

---

❺ 冰淇淋的英文ice cream，原就是「冰凍鮮奶油」之意。

❻ 作者注：然而在馬西亞洛自己的文本中，1 chopine是16盎司，等於巴黎的½品脫，也就是英國的1品脫（600毫升），不是1夸脫。

子放在火爐上，然後倒入煮好的蛋奶糊，再繼續煮到盤碟邊緣的蛋奶糊有點黏結爲止。之後就從火爐上移開，擺在一邊，除了加到蛋奶糊裏的糖之外，也要在蛋奶糊表面撒上足量的糖。用燒紅的燙鏟在凝結好的布丁表層把糖燙焦，使布丁表層轉爲美觀的金黃色。點綴布丁可用千層酥做的小花飾或鮮奶油夾心烤蛋白，或其他脆皮的油酥點心。喜歡的話可以將布丁冰過，不然就端上桌，這種布丁永遠是仲饌之一。

引自《宮廷與民間廚師》

◎附記

英譯本不是很忠於馬西亞洛的原著。除了上述所提到的牛奶分量的差異，譯者還把説明給弄擰了，原本是「把裝了變稠蛋奶糊的盤子放到火爐後方」，卻變成「擺在一邊」，而原文「否則，就不加而端上桌」──例如不加糖霜，但卻譯為「不然就端上桌」。難怪譯者會被該如何冷藏這布丁難倒。布丁表層不是已經有一層亮晶晶的燙焦糖了嗎？我想馬西亞洛説的「將布丁冰過」，其實是「可以撒上很細的糖粉」之意，等於今天甜食店所用的糖霜。難道他會真的指把布丁放在冰上？

關於燙焦糖布丁的食譜，在十八世紀上半葉才開始出現在英國烹飪書及手稿上。

燙焦糖布丁做法・To Make Burnt Cream

*

這做法很不尋常，因爲此布丁是熱食。這食譜源自布洛克斯沃茲，乃貝雷瑞吉思村附近一位馬辰太太的食譜手稿，記載日期爲一七一〇年到一七五〇年左右，並由寇克斯編輯成書，收錄在一九六一年出版的《十八世紀的多塞郡菜》裏。

「取4個雞蛋的蛋黃、1匙麵粉、少許橙花露，一起打勻之後，加入1品脫奶油以及足夠的糖，然後攪拌均勻，放1根肉桂到奶糊裏，端到火爐上用溫火煮，要不停攪動，煮成濃稠羹狀時就倒入上菜的盤子裏，讓它凝結成布丁，然後在表面撒上細糖，持燒紅燙鏟放在布丁面上燙焦它，並趁熱吃。」

◎附記

隆戴爾太太的《家常烹飪新法》於一八〇六年首次出版，書中提到的燙焦糖布丁食譜如下：

1品脫（475毫升——這是16盎司制的1品脫）鮮奶油加1根肉桂、一些檸檬皮，煮滾之後從火上拿開，用很慢的速度徐徐倒入4個蛋黃裏，並不停地攪到半涼程度；加足量的糖，取出所用香料，將蛋奶糊倒入盤中，涼透之後撒上白糖粉，然後用燙鏟把布丁面燙成棕色。

後來將近有一世紀不曾見到燙焦糖布丁的食譜出現在烹飪書裏。維多利亞時代出版的暢銷家庭食譜書沒有一本收錄這道古老食譜。不過，隆戴爾太太的《家常烹飪新法》卻依然在發行中。至少有五家出版社盜版了約翰·墨瑞出版的這本書，直到一八六七年，這本書再刷過六十八次。很可能是經由隆戴爾太太的食譜或甚至是代代相傳之故，所以燙焦糖布丁才流傳下來。又有一說此食譜源自亞伯丁郡的鄉舍，曾經由一位維多利亞時期聖三一學院的大學生提供給學院火夫，火夫卻拒不採用。時光荏苒，大學生終於成為母校的研究員，又把食譜拿去給火夫，這回就被接受了，從此發揚光大。法蘭西斯·珍肯森（1889～1923）的姊妹愛蓮諾·珍肯森女士在一九〇八年出版的《歐克爺烹飪書》(此乃收藏者用的術語，這是本愛德華時期的家庭食譜）提到這故事，也記載了這道食譜，燙焦糖布丁開始發揚光大那年是一八七九年。

不過大學火夫不像是會對外公開食譜的人（除非他們彼此之間口耳相傳)，倒是珍肯森女士的食譜和隆戴爾太太的只有一點不同：混合的鮮奶油蛋糊不加糖也不添加其他口味，而是鮮奶油煮滾後徐徐注入打好的蛋黃汁，邊加邊攪動，全部混好之後再擺回火上慢慢煮成羹狀。布丁涼透後在表面撒上糖粉，然後用燒紅的燙鏟燙過，應該要燙出3毫米（1/8吋）厚的透亮棕色糖衣。珍肯森女士不加糖的原味布丁在我看來似乎是所有這類食譜中最好的。

現代烹飪書以及好幾位我認識的人都保證，可以藉助普通家用瓦斯爐或電氣烤爐做出很好的燙焦糖布丁，但這番保證想來是出於信心的成分多，卻可能缺乏應有的第一手經驗。最近幾個月我曾在餐廳裏吃過兩次燙焦糖布丁，都比我所知道的燙焦糖布丁差遠了；這種布丁絕非稀軟、凝而不散、表面有一層薄脆焦糖而已，而是因為有那一層燙焦糖才如此引人垂涎。我所記得的這種布丁，是當年在寄宿家庭裏吃到的那種；那家人雇用的廚娘必然是使用燙鏟的能手，因為她做出來宴客的幾種布丁，都是燙焦糖布丁的變化做法：有時是在冰淇淋上燙一層焦糖，最令人難忘的一次是在冰凍醋栗布丁上燙一層焦糖。

我個人藉助瓦斯或電烤爐的燒烤功能來燙焦糖布丁的經驗是：瓦斯烤爐烤出來的大概十次只有一次成功，電烤爐則是七次中有一次尚可。以這樣一道昂貴且又要求高的布丁而言，兩者的成功比例都不夠高。用上述方法產生的情況有兩種：一是熱力烤糖的時間過長，結果糖融化而流入布丁裏，變成太妃糖般黏成一團；一是焦糖發黑，成了黏牙難嚼的東西，反正就是不像珍肯森女士的「透亮棕色糖衣」，也不像伊麗莎白・拉佛德在她那本一七六九年出版的《英國老手管家》裏所生動描述的「玻璃盤」狀。

由一篇未發表過的文章以及一篇發表在《旁觀者》的文章編輯而成

一九六三年八月二十三日

在豌豆莢時節……我採草莓去了

講到我自己，我是很難得有足夠的草莓來做新穎料理的。草莓雪糕、草莓奶油凍以及草莓冰淇淋就好吃得不得了，似乎沒必要再進一步去看看還可做其他什麼了。不過如今大家都去參加那種自己採水果的觀光活動，所以我想以下這一系列古老、不凡又美妙的草莓食譜應該會令人感興趣，起碼那些費了好大勁採回草莓後，並不想就此把全部收穫送進冷凍庫的人應該會有興趣才是。

順便一提，我這篇文章所用的標題摘自〈The Sheepheards Slumber〉這首詩，此詩乃一六〇〇年發表於《England's Helicon》，作者署名爲 Ignotus，據說是華特・羅利爵士❼的筆名。也許這是妄想而已，不過至少扯上一點關聯可以讓我名正言順從華特爵士的草莓露酒祕方開始介紹。

華特・羅利爵士的露酒祕方・

A Cordial Water of Sir Walter Raleigh

*

取1加崙草莓，浸入1品脫蒸餾燒酒（Aqua vitae）中，浸泡4～5天，然後濾清草莓殘渣等。要是喜歡的話就加細糖增加甜味，不然也可以加香精。

取自《A Quees's Delights》，
又稱《The Art of Preserving, Conserving and Candying;
As also A right Knowledge of making Perfumes,
and Distilling the most Excellent Waters. Never before Published》

---

❼ 華特・羅利爵士：Sir Walter Raleigh，1552～1618，英國探險家、作家，伊麗莎白一世的寵臣，早期美洲殖民者，因被控陰謀推翻詹姆斯一世而被監禁在倫敦塔，後被處死。

乃R. Wood於Angel in Cornhill為Nath. Brooks印製，一六五八年。

◎附記

華特・羅利爵士的露酒祕方值得一試，雖説4.5公升（8品脫）草莓用600毫升（1品脫）烈酒浸泡，草莓的分量好像多了些。有一年我試過用伏特加來浸泡，600毫升（1品脫）酒泡1公斤（2磅）水果。泡了兩三天之後，草莓的色香味都化到酒裏了。濾出草莓之後，還是得要再過濾伏特加，要用咖啡濾紙和玻璃罐。這個濾酒過程很慢，但出來結果很好，只是我想我失策沒放糖，放一點糖浸泡出來的效果會更好。

我想可以認定這個露酒祕方的確出於羅利，起碼這祕方可以照做。我們都知道，華特爵士囚於倫敦塔期間依然有辦法弄到調配露酒所需的蒸餾器材以及其他必備用具，而他也寄情於此道，並與同在塔中的獄友交流祕方以及他那種種新發明的「特效」❽。露酒的「特效」被視為有醫藥療效，而非刺激性提神功效，例如草莓酒是「清血功能極佳；可以預防並治療黃疸病，清脾；調和體質，恢復精神。如有上述症狀需要改善時，每次服用1匙此劑可見功效。」❾

---

❽ 作者注：見《Home life under the Stuarts 1603～1649》，Elizabeth Godfrey著，1925年於倫敦出版，第231頁；《A Choice Manual》或稱《Rare Secrets in Physick and Chirurgery》，由已故肯特伯爵夫人蒐錄並實習，1687年第19版（1653年初版），第190頁。

❾ 作者注：見《A Choice Manual》，第195頁。

杏仁漿草莓・Composta di Fragole al Latte di Mandorle

*

這美味甜品的食譜是我從一本一八四六年在杜林出版的書中找到的，當時的杜林是薩伏伊王室（House of Savoy）的首都。

500公克（1磅）草莓需要配以200公克（7盎司）杏仁——最好是買去殼未去衣的；此外還需要3～4粒苦杏仁（不然就用4滴很純的杏仁精）、200毫升（7盎司）水、糖。

做法如下：用滾水燙過去杏仁衣，放在冷水中浸2小時，再取出搗成糊狀，搗時要加幾滴水，若有玫瑰露亦可改爲加玫瑰露，以免搗的過程中因杏仁出油而油化。然後將杏仁糊與水混勻（這些工夫可用攪拌機取代）。

接著要用細布擰絞過濾杏仁漿2次，其實這工夫沒有聽起來那麼費事，不過要花一點時間倒是眞的。最後擰出來的應該是（而且也的確是）像牛奶一樣無渣的杏仁漿。杏仁渣可以留下來做別的菜，因爲杏仁實在太貴了，千萬不要浪費。（還有一個省錢省時的方法：乾脆加大匙杏仁末到300毫升／10盎司稀奶油裏，過1～2小時後再濾出杏仁末。）

摘掉草莓蒂，將草莓排在玻璃或白瓷果盤、果盅裏若要方便個人取用的話，就分別放在高腳杯或小盅裏，撒上糖，等到要吃之前——絕對不可以提早，將杏仁漿倒在草莓上淋遍草莓周圍。

摘自夏普梭特（Francesco Chapusot）的《健康、經濟又精緻的當季菜式》

（La Cucina sana, economica ed elegant, secondo le stagione），

一八四六年於杜林出版。

◎附記

夏普棱特曾任英國駐薩伏伊王朝大使館的主廚。雖然他有法國姓氏，但卻似乎是生長於皮埃蒙特的當地人，只是皮埃蒙特（尤其是首府）很靠近法國，因此某些方面很法國化。夏普棱特的作品分印成薄薄四冊，每冊以一個季節為主，食譜與菜單都跟該季節有關（杏仁漿草莓是在春季這冊裏），代表了頗具法國風格的義大利烹飪派，不過卻是異常精緻的手法。他出人意表地也很克制那種使節排場風格，從書裏的圖說看來，那些裝飾性菜餚以及加以點綴的菜餚都很清淡而且非常雅致，菜單在當時來說可謂相當簡單。其中一份菜單有為草莓和杏仁漿定位，以下會加以引述。總而言之，夏普棱特似乎的確實踐了他書名應允的「根據季節而做出健康、經濟又精緻的菜式」。

這道杏仁漿草莓在菜單上是定位成「打獵時吃的午餐」（pranzo di cacciatore）。其他料理則依序如下：炸春雞小洋蔥、冷盤烤牛肉、模烤夾心鮪魚餡餅、蘆筍沙拉、火腿炒蛋。這並非是一頓全部吃冷盤的野餐，可想而知午餐是在狩獵居亭裏吃的，所以有人負責炸雞以及炒蛋。沒有幾個大廚會認為有必要或值得寫下像炒蛋這種食譜，然而夏普棱特的確寫下來了。

草莓布丁・Crème de Fraises

*

重$\frac{1}{2}$塞提爾（250公克／8盎司）去蒂的草莓洗淨瀝乾水分，放到乳缽裏搗爛。另外用$1\frac{1}{2}$塞提爾（750公克／$1\frac{1}{4}$品脫）的鮮奶油加$\frac{1}{2}$塞提爾（250公克／8盎司）牛奶和一些糖煮滾，煮到水分蒸發掉一半，然後再煮一下就放進草莓泥，仔細攪勻。等到草莓奶糊涼到微溫程度時，稀釋一粒咖啡豆大小的凝乳酵素（rennet）加到奶糊裏，跟著就把草莓奶糊用細篩過濾到高腳果盤裏。果盤最好是可以擺在炭火上而不怕燒裂的那種，以便可以放在幾塊熱煤塊上，並用蓋子蓋住果盤，在蓋頂上也放幾塊熱煤塊。等到布丁凝結了，就改放到涼爽處或者冰鎮到端上桌爲止。

〔Menon〕

《La Cuisiniere Bourgeoise de l'office etc.》新版第381頁。

A Bruxelles chez Francois Foppens, Imprimeur-Libraire，一七八一（一七四五年初版）。

◎附記

我發現這道草莓布丁（或者應該稱為乳凍甜食）食譜非常有意思，有如當今非常暢銷的水果口味優格的前身。這食譜在當時也很不尋常。不過那種上下加溫布丁的手法如今已不復見，因為燒木炭和煤塊的爐灶已經消失，因此連帶這種廚技也跟著失傳了；還有那種可以放熱煤塊在頂上的特有器皿也消失了。然而這種頂上加熱的手法，卻正是許多最著稱的布丁、焦糖布丁、蛋奶糊等甜品所以特別好吃的竅門所在。烤箱始終就是無法取代從前的塔餅模(tourtière)，在義大利稱為「testo」，所以在微溫的草莓奶糊裏放了凝乳酵素後，我就把它擺到溫熱處，就像做其他乳凍甜食一樣，等它凝結後再改放到冰箱裏。

白雪奶油・Snow Cream

*

取一個大而深的盤子，在盤裏撒上好糖霜，然後擺滿草莓。取一些迷迭香細枝，選一根最大枝的插在中央，其他的環繞周圍插上，布置成樹狀。然後取1.2公升（2品脫）你能買到的最稠的鮮奶油，加上8～10個生蛋白，打1/2小時，直到奶油蛋白變成很濃厚的泡沫狀，然後放置10分鐘。接著用適當工具舀出泡沫奶油甩到迷迭香小樹上，使泡沫奶油遍覆整盤草莓，如果手法好的話，做出來會是很大一堆甜品。

《宮廷與民間甜品師傅》(The Court and Country Confectioner)，

又名《管家指南》(The Housekeepers Guide)，新版。

現任西班牙駐英國大使館甜品大師傅Borella著。

一七七二年倫敦出版。

◎附記

Borella先生這道令人傾倒的白雪鮮奶油是從十七世紀流傳下來的，當時迷迭香枝葉經常為人使用，一如他所描述的用法。

發表於《膳食瑣談》第五期，一九八〇年五月

食譜

塞維亞橙布丁・Seville Orange Cream

*

2個塞維亞橙、300毫升（½品脫）高脂濃厚鮮奶油、4個生蛋黃、4大匙精製白砂糖、2大匙柑橘白蘭地（Grand Marnier）。

將橙皮薄薄地削下來，煮10分鐘，濾出橙皮，搗成糊狀。然後加入柑橘白蘭地、煮橙皮的水、糖和生蛋黃，攪打10分鐘。接著一點點逐漸加進煮滾的鮮奶油，一面不停攪打到變涼為止。把這蛋奶糊分別倒入茶杯或酒杯裏，吃時配1片biscuit餅乾。這道食譜的份量足夠4人份。

擁有攪拌機的人做這道甜品會發現攪拌機功能極佳，無論是把橙皮打成泥或是攪拌其他材料皆然。

《柑橘白蘭地運用小冊》，未註明日期

柑橘白蘭地杏桃慕斯・Apricot Mousse with Grand Marnier

*

材料是250公克（½磅）杏脯、90公克（3盎司）糖、4～5個生蛋白、2大匙柑橘白蘭地。

杏脯先浸泡一晚，然後放在鍋裏加水用慢火煮軟。倒出煮杏脯的水，將杏脯榨濾成糊狀，加入糖和柑橘白蘭地。等到杏糊涼得差不多了，就把已經打成濃厚泡沫的生蛋白加到杏糊裏攪勻，然後趕快倒入酥浮類烤模裏，應該到裝滿的程度才對。接著把烤模放在一鍋水中，放在火爐上隔水蒸35分鐘左右，然後連鍋帶水轉移到烤箱裏，用低溫（150°C／300°F／煤氣爐2檔）烤20分鐘，直到慕斯表層轉爲淺金黃色、觸感很結實爲止。

這道甜點冷熱皆可食用。如果是後者，就在熄掉烤箱後將慕斯繼續擺在烤箱底層，或者放在抽取式烤盤裏，讓慕斯逐漸冷卻。要是驟然置於冰冷空氣中，慕斯反而會塌掉。

《柑橘白蘭地運用小冊》，未註明日期

香料醃洋梅乾・Spiced Prunes

*

做這道味道絕佳且用途廣泛的甜品，得要用形狀完整的香料，磨碎的香料一點都做不出應有的效果。

醃500公克（1磅）肥大洋梅乾所需的香料爲：2段5公分（2吋）的肉桂或桂皮（cassia bark）、2小平匙芫荽籽、2片肉豆蔻衣、4粒丁香。

把洋梅乾和香料放在大碗或砂鍋裏，用冷水淹過，放置一晚。第二天用砂鍋煮洋梅乾，不用蓋鍋，可以放在低溫烤箱裏，或直接放在火爐上用文火煮到洋梅乾漲大卻不軟爛。煮的水大約蒸發掉一半後，再取出洋梅乾去核。

把煮洋梅乾剩下的水和香料加熱，煮到有點狀似糖漿，然後過濾淋到洋梅乾上。

這道甜品要吃冷的，可加鮮奶油或優格，或者用來做第124頁的包心菜料理。

◎附記

一、桂皮是肉桂的一種，兩者很容易混淆。肉桂是長條翎管狀，表面光滑而邊緣捲曲，桂皮則大片且表面粗糙。雖然一般都認為桂皮不如肉桂，但也有人不這樣想（包括某些巴基斯坦廚子）而認為桂皮更勝一籌。的確，桂皮也最常出現在印度泥爐炭烤餐廳料理中，起碼在倫敦是如此，然而還是會引起混淆，因為巴基斯坦香料商和廚子都堅稱桂皮才是肉桂。

二、肉豆蔻衣是包住肉豆蔻的那層美麗橙色網狀外皮，乾了之後就轉為淺棕黃色而且很硬，銷售時則是破開一條條，稱之為「片」，烹飪時會散發出美妙的香氣。可惜大多數人都是買粉末狀的肉豆蔻衣，所以對肉豆蔻衣的真正特質完全沒有概念。做這香料醃洋梅乾就一定要用整片肉豆蔻衣，沒得取代。

三、還有另一個運用香料醃洋梅乾的方法：烤箱熄掉後不要立刻取出煮好的洋梅乾，而讓它們繼續留在烤箱裏逐漸冷卻，等到烤箱涼透了，洋梅乾也差不多吸乾了全部水分，漲得很肥大。可以直接食用，不用去核，就當飯後甜點。

未曾發表過，一九七九年一月

亞美尼亞米飯甜點・Gatnabor

*

用600毫升（1品脫）牛奶煮90公克（3盎司）圓粒米，並削2條檸檬薄皮一起煮，還要放60公克（2盎司）蘇丹娜葡萄乾。要用大而厚重的煮鍋，煮時不蓋鍋。用文火煮25分鐘後米應該會變軟，牛奶也差不多都被米吸收了。

加90公克（3盎司）白糖、2大匙玫瑰露、600毫升（1品脫）含大量奶油的鮮奶到鍋裏跟米飯攪勻。

然後就把這鍋米飯放到冰箱裏。要吃之前取出檸檬皮，另加60公克（2盎司）烘烤過的杏仁瓣，以及1小玻璃杯（30～45毫升）百家得蘭姆酒（Bacardi rum）。要冰得很透才會好吃。

這食譜取自倫敦肯辛頓教堂街W8的亞美尼亞餐廳，是道非常可口的甜點。最好的吃法似乎是先分別盛滿在玻璃杯或盅裏冰起來，要吃時每人一盅；米飯應該沉在底部，飯面淹了薄薄一層牛奶，而烘烤過的杏仁瓣則點綴在最上面。

我認爲不一定非要放蘭姆酒不可。而要是沒有玫瑰露的話，改用橙花露也可以，或者索性改爲放半根香草莢跟米一起煮也行。

未曾發表過，一九七〇年代初期

麗口塔⑩布丁・Budino di Ricotta

*

我的《義大利菜》一書中有這道食譜，但以下做法卻是新版本。雖說是布丁，其實更像素淨鬆軟的蛋糕，事實上則是最好、最可口但少了酥皮的乳酪蛋糕餡。

材料爲：400公克（14盎司）麗口塔乳酪、1大匙滿過匙面的麵粉、4個雞蛋、4大匙糖、1小撮鹽、1大匙糖漬橙皮或檸檬皮、1小片檸檬皮刨碎、3大匙蘭姆酒、2小匙肉桂粉。

---

⑩ 麗口塔：ricotta，此爲音譯。義大利乳酪名，原意爲「再度煮過」。做法是把做乳酪剩下的乳清加一點鮮奶再度煮過，做成新鮮的凝乳乳酪，柔軟如豆腐，帶有甜味，經常用於義大利烹飪。

先用不銹鋼或尼龍細篩榨濾麗口塔乳酪（這步驟不過花1～2分鐘），然後攪入麵粉、1個雞蛋、3大匙糖、鹽、檸檬皮、糖漬果皮、1小匙肉桂粉等。把其餘3個雞蛋的蛋白和蛋黃分開；蛋黃加蘭姆酒打勻，再把混了佐料的麗口塔跟蘭姆酒蛋黃攪勻化爲一體。準備好容量爲1.5公升（2½品脫）的平面蛋糕模，最好用不沾底的那種，先在蛋糕模內抹上牛油並撒點麵粉。將烤箱調至中溫預熱，溫度爲180°C／350°F／煤氣爐4檔。

趁這空檔把蛋白打到可以堆積起來的結實泡沫狀，迅速混入之前混好的麗口塔裏，倒入烤模內。然後捧住烤模往桌上頓幾下，以消除暗藏的氣泡。烤的時間爲45～50分鐘，放在烤箱中央偏下層烤。

烤時會膨脹（所以要使用看起來似乎過大的烤模），但應該只是轉爲淺金黃色，而不是烤成棕色。凝乳乳酪糊很容易烤焦，前25分鐘要仔細看著火候，必要的話可把烤箱溫度降低。見到蛋糕布丁有點脫離烤模四周就是烤好了，等涼了才倒出來放在盤裏或扁平碟子裏。這布丁要吃冷的，上桌之前，把其餘的糖和肉桂粉混合，撒在蛋糕布丁上。這道甜點足夠4～6人份。

◎附記

一、這道蛋糕布丁冷卻時體積會收縮是正常的，不過為了確保收縮得很均勻，最好放在溫暖處讓它散熱冷卻。

二、至於糖漬果皮，我個人倒是偏好採用糖漬當歸混合新鮮刨碎橙皮。也可試試糖薑或糖漿泡的薑，雖然很不正宗卻很新穎有趣。

三、麗口塔布丁有很多種做法。上述做法是根據阿妲・波尼所著《羅馬菜》（一九四七年於羅馬初版）裏的食譜而寫的。

未曾發表過，寫於一九七〇年代

南瓜派・Tourte a la Citrouille

*

這是我收錄在《法國鄉村美食》裏的食譜，但這道是新做法。這是道吸引人的甜點，有點奇特。我發現黃色南瓜跟黑色洋梅乾搭配的結果既美麗又出乎意外的好。

要準備的材料包括：500公克（1磅）削皮去籽的南瓜、60公克（2盎司）糖、150毫升（5盎司）鮮奶油、20個經浸泡、煮過且去核的洋梅乾、60公克（2盎司）牛油。餅皮材料則爲125公克（4盎司）中筋麵粉、60公克（2盎司）牛油、1小撮鹽。

把麵粉、牛油、1小撮鹽加足量冰水做成柔軟的油酥麵團，揉成球狀，放置2小時。

南瓜切塊，加牛油煮爛，幾乎成爲糊狀時就加入糖和鮮奶油，接著加洋梅乾。

把油酥麵團擀成直徑18公分（7吋）的餅皮，在大小合適、底部可抽取的派餅烤盤裏抹上牛油並撒上麵粉，然後把餅皮放進烤盤，再放入餡料，並在面層上撒點糖。先將烤箱燒得頗熱，溫度爲220°C／425°F／煤氣爐7檔，把南瓜派放在中層烤15分鐘，然後改爲用190°C／375°F／煤氣爐5檔烤20～25分鐘。

還有一個變化做法是不用南瓜而改用黃蜜瓜或青蜜瓜。但由於蜜瓜不像南瓜會煮到收乾水分成爲糊狀，因此只需要用350公克（3/4磅）分量就夠了，一個一般大小的蜜瓜可以做成兩個派餅。

未曾發表過，寫於一九七〇年代初期

檸檬紅糖蛋糕・Lemon and Brown Sugar Cake

*

這蛋糕和維多利亞傳統那種油膩難消化的水果蛋糕截然不同，所以我認爲應該會很受歡迎。它不僅有最清新的風味，口感怡人，而且做起來一點也不麻煩，甚至連我這種不太愛做蛋糕的人也認爲不麻煩。

材料爲250公克（1/2磅）中筋白麵粉、125公克（1/4磅）牛油、125公克（1/4磅）德麥拉拉蔗糖、125公克（1/4磅）無子葡萄乾、1個大檸檬刨下的皮以及榨出並濾過的汁、125毫升（4盎司）溫熱牛奶、2個雞蛋、2小平匙小蘇打。烤蛋糕用的模具爲直徑17～18公分（6 1/2～7吋）的英式圓形蛋糕模，高8公分（3吋）。（我用的是不會沾底的那種）

將軟化的牛油切成小粒混入麵粉中攪拌，直到成爲很細碎的麵粉粒爲止。加入刨碎的檸檬皮、糖、葡萄乾，並將小蘇打篩到其中。牛奶加蛋打勻，加檸檬汁混合。然後迅速將這汁和麵粉等混合好，倒入模具內。捧著模具貼住桌邊輕撞幾下，以便散出麵糊裏的氣泡，接著就送進已燒熱的烤箱裏，溫度設在190°C／375°F／煤氣爐5檔，烤50分鐘左右。等蛋糕完全發起來後，用串扦試著戳到底，如果取出來後串扦很乾淨未沾有麵糊，就是烤透了。烤好之後先放涼幾分鐘，然後才從模具內倒出來。

◎附記

一、德麥拉拉蔗糖很重要。用巴巴多斯黑糖⓫做這種蛋糕糖蜜味道會太重。

二、最近這些年我採用的葡萄乾是帶點紅色的小粒無子葡萄乾，產自阿富汗。這種葡萄乾既不需要事先泡水，也不用其他準備工夫，直接加到蛋糕麵糊裏就可以。可在全營養食品店買到。

三、一加了蛋、牛奶和檸檬汁等混合之後，就要趕快把蛋糕送進烤箱裏烤，這點很重要。因為檸檬汁和小蘇打一結合會馬上產生作用，要是沒有馬上烘焙，酸鹼所起的膨脹作用會喪失掉一部分，蛋糕就會發不好。

四、我這道食譜是根據北愛爾蘭婦女會於一九四四年出版的小冊《北愛爾蘭飲食》裏的（狩獵蛋糕）而來。這蛋糕的材料組合令我刮目相看，除了德麥拉拉蔗糖之外，原本用來使小蘇打產生作用的塔塔粉或酸質也改用檸檬汁代替，而採用刨碎的檸檬皮更可省掉常用的其他香料。

未曾發表過，寫於一九七八年十二月

瑪德蓮小糕餅・Madeleines⓬

*

瑪德蓮小糕餅可說是法國小糕點（petit four）中最鬆軟又令人陶

⓫ 巴巴多斯黑糖：Barbados sugar，或稱Muscovado sugar，產於南美洲國家巴巴多斯的蔗糖，顏色較紅糖深，帶有糖蜜味道。

醉者之一。從前有個時期是做成各種不同大小，用花俏模子製成各種形狀，如今大都只做成扇貝狀——當初起源於洛林省康梅爾西市的瑪德蓮就是這種形狀，也就是在普魯斯特筆下成爲不朽糕點的那種瑪德蓮小糕餅⓭。不管採用多小的模具，法式瑪德蓮小糕餅所用的麵糊烘焙起來非常簡單（切勿把法式瑪德蓮小糕餅跟英國用椰子點綴的城堡布丁⓮狀的瑪德蓮蛋糕混爲一談）。

做20～24個瑪德蓮小糕餅（數量多寡視所用的模具容量而定，差距頗大）的材料爲：中筋麵粉、牛油和糖各125公克（4盎司）；2個雞蛋、1小匙烘焙粉、2小匙橙花露或鮮榨檸檬汁、½個檸檬皮刨碎、1小撮鹽。

先把烤箱燒熱，溫度設在200°C／400°F／煤氣爐6檔。

把麵粉放在大碗中，撒下烘焙粉和鹽，加入糖和刨碎的檸檬皮。將蛋黃和蛋白分開，蛋黃攪入麵粉中，加入橙花露或檸檬汁。

牛油放在小煮鍋或大碗裏，擺在爐上用最小的火熱到它變軟，但切勿讓它融化或變成流質油狀。先預留1大匙牛油，準備用來抹在模具裏，其餘牛油則混入麵糊。用糕點刷蘸留下的牛油，刷在每個小模具裏（可以去買烤小糕餅的板模，每塊上面有6或12個小餅模）。

⓬ 據說這名稱來自路易十五岳父的廚娘Madeleine Paulmier。

⓭ 普魯斯特（Marce Proust）所著的《追憶似水年華》，曾描述因爲吃這種小糕點而勾起童年回憶，追憶起過去時光。

⓮ 城堡布丁：castle-pudding，利用模具所蒸烤成的一種布丁。

接著把蛋白打成結實雪白的泡沫狀，然後跟麵糊混勻。

用1支中匙舀麵糊到糕餅模裏，每個餅模放到半滿程度即可，不可再多。這是烤瑪德蓮小糕餅最天人交戰的時刻——因爲實在很難相信那麼一點麵糊可憐兮兮擺在餅模裏會發起來，膨脹成漂亮形狀，印出模具的扇貝紋。這個關頭很需要信心，要是餅模裏放滿麵糊的話，發起來就會溢出，結果會一場糊塗。

所有餅模都放了麵糊之後，就立即放進烤箱裏，擺在中層架上，最好是放在鐵烤盤裏。14～15分鐘左右瑪德蓮就烤好了。

烤第一批的時候，就繼續在第二批餅模裏刷上牛油並把其餘麵糊分別放到餅模裏。要是只有一塊餅模烤板，就只好等到第一批烤好才能做第二批。雖說拖慢了過程，但這短暫等待還不至於影響到麵糊。

烤到14分鐘時，若見到這些小糕餅已經發起呈淡金黃色，就從烤箱裏取出，先放幾秒鐘，然後才用小刮刀挖出來，擺到糕餅散熱架上待涼。瑪德蓮小糕餅的底部應該是很細膩的金沙色。涼透之後即可食用，而且這時味道也最好。要重新熱過也可以，要用慢火烤，而且只能烤幾分鐘。

迷你瑪德蓮・Madeleinettes

*

不用說，很明顯地這就是具體而微的瑪德蓮。用上述分量可以做出80個左右，使用的餅模烤板每塊有20個餅模，不用烤14分鐘，烤12分鐘就可以了。

◎附記

做瑪德蓮放檸檬皮是很不正統的做法，但我發現檸檬皮可加強滋味。如果你喜歡遵循傳統做法的話，就不要放檸檬皮。

未曾發表過，寫於一九六九年與一九七一年

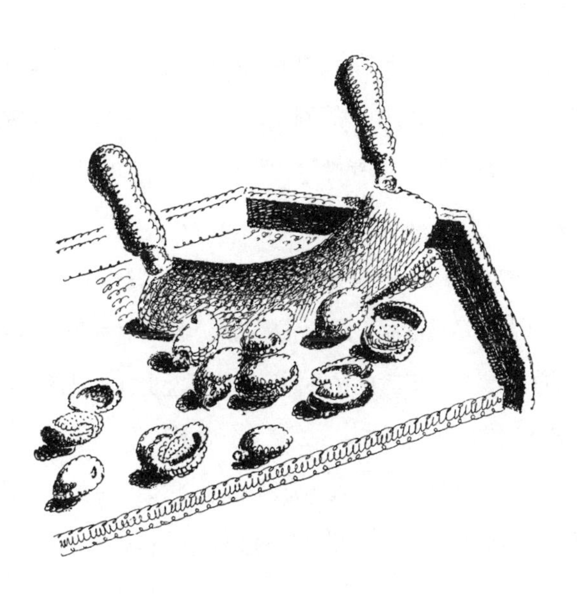

配冰淇淋吃的杏仁油酥餅乾・Almond Sables to Serve with Ices

*

材料為150公克（5盎司）中筋白麵粉、90公克（3盎司）糖霜或細白糖、75公克（2½盎司）杏仁、125公克（4盎司）牛油、2個生蛋黃、檸檬汁。

將麵粉篩到和麵糊用的大碗裏。小煮鍋裏的水燒開之後，放杏仁到滾水裏，隨即把鍋從火上移開，約1分鐘後才用漏杓撈出杏仁，快速剝掉杏仁衣，把杏仁放在耐高溫的盤裏，放進低溫烤箱烤5～7分鐘烘乾水分，不要烤太久以免杏仁變色。然後取出杏仁加糖切碎成末狀，或者利用食物處理機絞碎成末狀，放在網篩裏搖動使之落到麵粉中。

預留約1大匙變軟的牛油以便稍後用來刷在烤板上，其餘的牛油則輕輕用指尖揉進麵粉中。等到牛油、麵粉、糖和杏仁末都混成細粒，就在蛋黃裏加1大匙檸檬汁，用叉子快速打勻，然後邊攪邊倒入油酥麵料中，做成麵團。

在撒了麵粉的麵板上將麵團擀成不超過5公釐（¼吋）厚度的麵皮，再切割成各種形狀：圓形、橢圓形、鑽石狀等等，然後擺到抹了牛油的烤板上，或者擺在不沾底的烤板上更好。其餘切割剩下的零碎麵皮則收攏捏成一球。

讓切割好的油酥餅皮放置10分鐘左右，然後放進燒熱的烤箱裏，溫度設在190°C／375°F／煤氣爐5檔，大約需烤7～8分鐘，切勿烤成棕色。

在烤第一批餅乾時，就把剩下的零碎麵皮再擀成整塊，切割成不同形狀烤第二批。重複這過程直到用完麵團為止，應該可以做出3打左右的分量。

未曾發表過，寫於一九七〇年代末期

冰淇淋與雪糕

搜尋冰淇淋

不管是哪一類書籍的收藏者，通常「初版」的版本都深具吸引力，這是毋庸置疑的。然而說到烹飪書籍，花大筆錢買初版版本而忽略後來出的版本，卻會鑄成大錯，此原則尤其適用於那些已有悠久歷史的作品。從我的觀點看來（我不指望書商會同意我的看法），初版版本例如一六六〇年羅柏．梅的《精湛廚師》、一七四七年漢娜．格拉斯的《簡易樸素飲食烹調術》，以及一八〇六年隆戴爾太太的《家常烹飪新法》等，對於致力研究烹飪的人士而言，遠不及後來的版本更令人感興趣。因爲後來的版本往往經過作者重新審訂、校對、補充新食譜、更新烹飪方法，而且還加進了最新引進的食材做法。

擁有初版版本當然（而且也會是）很愜意，可以做出比較，研究作者在某時期的發展以及口味轉變情形，確知在哪個時候某類食譜開始印行，並從這些食譜裏觀微知著，見到隱含的社會史里程小碑。然而其實只要到大圖書館去，就可以有機會研究初版版本，更何況後來的版本以及不算罕見的版本裏往往可由作者的新序、導讀或出版商的吹捧書評看到先後的轉變，任何人只要用心讀的話就不難察覺。

就以《簡易樸素飲食烹調術》來說，十八世紀的烹飪書中再沒有比這例子更好的：既可證明研究前後版本的重要，又說明了若以爲最初的版本必然比後來版本更勝一籌的話，隨時都會墮入圈套。

從一七四七年到一七六五年之間，格拉斯的書總共出了九種版本，一七七○年作者去世之後版本更多，都是不同出版社的盜版。我擁有的最早期（或者似乎如此）版本是一七五一年的第四版。這個版本有整頁鐫版印刷廣告提及「漢娜·格拉斯，威爾斯公主陛下之女騎裝裁縫」，這是此書首次公開把格拉斯太太的簽名 H. Glasse 印在內文首頁的書名下，然而封面卻還是採用早期的傳奇用法，只印了「一位貴婦所著」；此外，這版本也首次出現了長達四頁的附錄。

一七五一年版本附錄裏的少數補充項目，有衆所周知的西印度群島宰殺甲魚法，還有一道覆盆子冰淇淋的做法。其實這不是迄今在英國烹飪書中所見到的最早的冰淇淋做法❶，但是比起伊麗莎白·拉佛德於一七六九年出版的《英國老手管家》裏的杏桃冰淇淋做法卻早了十八年。可惜不久前出版的一本圖文書《古老烹飪書：圖說歷史》中，作者奎爾先生一口咬定拉佛德太太所寫的是最早出現在英國烹飪書中的冰淇淋做法。他怎麼錯過了格拉斯的食譜呢？說到這點，《牛津英語辭典》怎麼也缺錄了呢？

要以格拉斯去說服人當然是頗難的。任何人要是只參考很後期的版本，都會以為是格拉斯太太剽竊了拉佛德太太的著作內容，因為她去世後在一七

---

❶ 作者注：見Nathaniel Bailey所著《Dictionarium domesticum》，1736年出版，C. Anne Wilson所寫的那本令人欽佩的著作《Food and Drink in Britain》有引述，該書於1973年由Constable出版，1976年由企鵝出版。

八四年出版的版本中，原有的覆盆子冰淇淋食譜已被拉佛德太太的杏桃冰淇淋做法取代了。她那本《精湛甜點師傅》雖沒有標明出版日期，但據奧克斯佛判斷大約出版於一七六〇年左右❷。令人感興趣的是，格拉斯太太精心詳述了原有的做法說明，但我認爲她並未「借用」或「抄襲」任何人的著作內容。我倒不是說格拉斯太太絕對沒有剽竊。在《簡易樸素飲食烹調術》一書中，她毫無拘束地摘用前人著作，就跟當時絕大多數其他編纂烹飪書的人做法一樣，而且也無人在意。然而就冰淇淋食譜以及上述篇幅頗長的附錄而言，我認爲很明顯地，她所記述的都是第一手材料，而且偶爾還會出現非常原創迷人的用語。

至於用來冷凍冰淇淋的容器，格拉斯太太採用的是兩個錫鑞（pewter）製的「淺底盆」，一個有蓋子，擺在較大的另一個盆子裏面。做好的冰淇淋料就放在有蓋盆內，再放進另一個裝有冰塊和鹽的大盆內。冰凍45分鐘之後，打開盆內的有蓋盆子，把裏面的冰淇淋攪動一番然後再蓋上，繼續冰上1/2小時，之後「就倒入盤內」。這是她一七五一年那本書裏提到的做法。在《精湛甜點師傅》裏她又重複此做法，但補充說「淺盆應該有三個角，以便一盤內可以有四種顏色；一是黃色，另一是綠色，還有紅色，第四種是白色」。在兩道食譜裏她都告訴讀者這大淺盆是用錫鑞做的，但也補充「有些人用錫鍋來做冰淇淋，並在冰塊裏混以三便士硝石和兩便士明礬，打出來的冰淇淋很好；混以三便士粗海鹽的冰凍效果也好。照上述方式把混鹽冰塊放在冰淇淋

❷ 作者注：B. M.目錄將之列在1770年間。第二版是在1772年。

這是艾米於一七六八年出版的《配膳室製冰淇淋祕訣》卷首插圖的下半部。（上半部因為太過模糊無法複印出來，圖中有斜倚雲朵的仙子，正等著這些小天使為他們做好冰淇淋。）

鍋四周，蓋上粗布冰2小時。」

提到硝石頗令人感興趣，通常硝石都用來降低溫度，至於明礬的作用我就不知道了，要是哪位讀者精通藥劑或化學的話，相信一定可以指點我。至於最早那道冰淇淋做法提到的大淺盆，我後來想到，格拉斯所指的其實就是在法國用來冷凍冰淇淋的高身錫鑞圓筒。一七六八年出版的艾米著作《配膳室製冰淇淋祕訣》卷首插圖就有這器皿的圖示，我多年前也曾在葡萄牙艾瓦斯的客棧裏見過一系列很棒的收藏。至於「做成有三個角的盆」就有點難以明白，我猜想應該是很像楔形而且頗深的盒子或模具，蓋子上有把手，把四盒不同顏色的冰淇淋分別倒入盤內正好湊成一個圓形，就像一個圓蛋糕。吉利耶的食譜名著《法國糖藝師傅》初版版本（一七五一年）第六頁的印版插圖就有這種冰盒，在前幾頁也跟另一個冰淇淋模具並列。

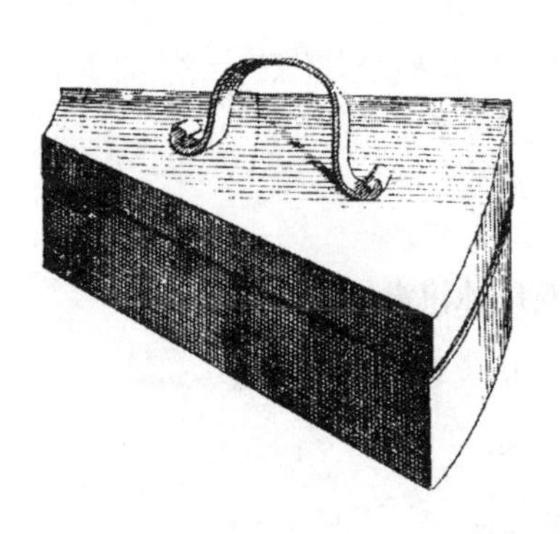

順便一提，有興趣深入知道格拉斯太太的背景和生涯者，可以參考霍普・達茲的探究文章，她是諾森伯蘭郡的地方史學家。最早就是她先寫了一篇文章〈棋逢對手的廚子們〉道出這個奇特的故事，於一九三八年刊登在諾森伯蘭考古協會出版的《艾利安那考古期刊》。諾曼・布蘭普頓先生撮其要旨寫成文章，刊登在一九六二年夏季版第一一四期的《美酒佳餚協會季刊》上。另外，安妮・威蘭在她那本《名廚及其食譜：由泰耶凡到艾斯科菲耶》也有一篇寫得很好的記述，還附了很有意思的插圖以及深入研究。此書引證詳實，但由於出版商缺乏想像力，所以編得頗難讀，書中可以看到威蘭小姐引述的食譜；至於插圖來源也花了些搜尋工夫，但起碼有列出來。相反的，奎爾先生那本書，雖然在寫圖說時會把大部分來源寫進去，但也有所刪除，而且不只是在冰淇淋歷史背景犯錯，更有許多因爲荒謬、粗心大意而造成的其他史實錯誤，這一來就把該書的可靠程度降到幾乎全無了。譬如，爲什麼在那幅半漫畫形式的「很厲害的格拉斯太太」圖說中讀不到出處資料呢？自稱寫歷史卻又做不到引述資料來源，很難令人指望這樣的作者是認眞的。

三道早期的英國冰淇淋做法・

Three Early English Ice Cream Recipes

*

一、摘自貝利的《萬用英語詞源詞典》，一七三六年。

在做冰淇淋的錫筒裏裝滿鮮奶油，哪一種口味皆可，沒加糖或加糖都行，也可以加水果。然後蓋緊筒蓋。做一筒冰淇淋大約要用3磅冰塊，以此爲計，把所需的冰塊敲碎；最上層和最下層則放些大冰塊。

在水桶裏先鋪上一些麥桿，然後鋪上冰塊，在冰塊之間混以1磅粗海鹽，然後把裝了冰淇淋料的錫筒放進冰桶。每個錫筒之間的空隙也要塞滿冰塊和粗海鹽，以免錫筒相連，但錫筒周圍一定要全部放滿冰塊。然後在所有錫筒頂上放大量碎冰，再用麥桿蓋住桶口，放入地窖或陽光、光線照射不到之處，4小時後就會凍結成冰淇淋。可以再冰久一點也沒關係，等到要吃的時候才取出。如果用手抓住冰淇淋的話，冰淇淋會迅速由指縫間滑出。

要是想做水果口味的冰淇淋，譬如櫻桃、醋栗、覆盆子、草莓等等，就先在錫筒內裝水果，盡量使之中空。然後加上用泉水、檸檬汁與糖調成的檸檬水；檸檬水的分量要放足夠，以便筒內水果形成一體。然後按照冷凍冰淇淋的做法來冷凍。

二、摘自格拉斯的《簡易樸素飲食烹調術》，一七五一年第四版。

取兩個錫鑞淺盆，一個要較大，放在大盆內的小盆必須附有可密封的蓋子。有蓋的這盆用來放鮮奶油，並可加覆盆子或其他喜歡的水果，增添冰淇淋的色香味。調好冰淇淋料之後，嘗嘗味道是否合意，然後蓋緊放到大盆內。大盆內要放滿冰塊，還要加1把鹽。冰45

分鐘後打開蓋子，把冰淇淋仔細攪勻，再蓋上蓋子，繼續冰$^1/_2$小時，之後就可倒入盤子裏。這種甜品要用錫鑞容器來做。

◎附記

出自漢娜．格拉斯的《簡易樸素飲食烹調術》，一七五一年第四版，附有補編，第332頁。雖然封面號稱附有補編，但七道新增食譜其實是放在附錄部分。一七五八年出第六版時改稱為「補編」，還加上副標題「如第五版版本」，讓人更感困惑。但第六版中，原來那七道新增食譜卻增加為十道，所以我猜想這多出來的三道已經出現在一七五五年的第五版，但我沒見過這版本。第六版也有新的附錄，長達45頁。

三、摘自伊麗莎白．拉佛德的《英國老手管家》，一七六九年。

12個熟透的杏桃去皮、去核，用滾水燙過，放在大理石乳缽裏搗爛。然後放6盎司細砂糖到杏糊裏，並放1品脫滾燙的鮮奶油，攪勻後用細篩濾過，放入附有密封蓋的錫製容器。把容器擺到放了碎冰的大木桶裏，碎冰裏要放大量鹽。直到冰淇淋料開始在容器邊緣凝結時就加以攪拌，然後再冰到濃稠爲止。等冰淇淋都凍結了，就從容器中取出，改放到打算要用的模具裏，然後加蓋。照之前的方式備妥另一個大木桶，裝滿加了鹽的碎冰，把模具放在木桶中央，上下都要鋪滿碎冰，要冰4～5小時。取出冰淇淋之前，把模具放在溫水中浸一下就可把冰淇淋完整倒出。如果在夏天，一定要等到想吃的時候才倒出來。沒有杏桃的話也可以用任何一種水果，但一定要搗得很細才行。

◎附記

上述內文抄自一七八二年第八版，第249頁。據我了解跟第一版的內文沒有不同之處。這是第十章那四十道食譜的第四道，這一章講的都是奶油類食品、蛋奶糊和乳酪蛋糕，這道是唯一的冰淇淋食譜。

發表於《膳食瑣談》第一期，一九七九年

做冰淇淋

我所吃過最好吃的冰淇淋，有好些是在開羅時雇用的蘇丹廚子蘇來曼做的。他也不知打哪裏借來的老爺冰桶，每次做冰淇淋搖起把手時，發出的冰塊碰撞聲簡直嚇死人，彷彿幾噸煤塊傾瀉到廚房裏似的。老爺冰桶倒是無足輕重，因為它就跟其他稀少的廚具一樣，在戰時的開羅都是各家互相借用，所以幾乎每個人請客吃飯時都習慣聽到這老爺冰桶發出的獨特背景聲音。但我們都知道這是前奏，接著出現的就是某樣可比美柏克萊廣場的宮特茶室或威尼斯的佛羅里安咖啡館❸所做的美味甜品。當年冰淇淋眞的是冰淇淋，是

---

❸ 宮特茶室與佛羅里安咖啡館：前者指Gunter's Tea Shop，位於倫敦柏克萊廣場；後者乃Florian Café，位於威尼斯聖馬可廣場。

請客吃飯和假日才吃得到的，而非到街角店裏買洗潔精可順便買的雜貨。

眞正的冰淇淋是用幾種不同的基本混合材料做成的，其中最主要有兩種類型，一是用純而濃厚的生鮮奶油，加果肉和糖漿做成的；另一種是用牛奶或奶油加蛋黃煮成蛋奶糊，再加果肉或其他口味做成的。後者冰凍出來的黏稠度比用生鮮奶油做成的好，但是像草莓、覆盆子這類生鮮水果用前者方式做的話，我發現蛋黃會有損水果的味道；反而像檸檬或咖啡這類口味就與甜美的蛋奶糊很搭。當然，牛奶和稀奶油的價格也相差一大截，用奶油做冰淇淋的好處是口感更好，而且跟蛋黃一起煮也很快就可以煮成蛋奶糊，比用牛奶快得多，也更見效。總之，要是用牛奶做冰淇淋的話，就得用全脂牛奶。

材料用對，以最簡單的形式呈現，不加巧克力和淋甜品糖醬爲點綴，也不多此一舉加些水果、糕餅之類，這樣的冰淇淋才眞正有助消化，即使吃完了豐盛的飯菜之後，還是令人樂於吃它。

我認爲，用冰箱冷凍出來的冰淇淋，黏稠度和做出來的整體感始終不及老式手搖冰桶，但如果運用得當的話，還是可以利用冰箱做出最好吃的冰淇淋，讓那些只吃過商品冰淇淋的人大開眼界。

利用冰箱做冰淇淋的重點如下：

一、冰淇淋料做好要冷凍之前，先把冰箱的溫度調到最低，等到冰庫夠冷了才放冰淇淋料進去。冰淇淋結凍越快的話做出來的黏稠度也越好。

二、用錫紙蓋住裝滿冰淇淋料的製冰盒，有這層護蓋可免冰淇淋結出冰渣。

三、雖說在冷凍過程中並非絕對需要攪拌，但是如果有攪拌的話，冰淇淋會凍結得較快，形成的黏稠度也較均勻。

四、將冰箱冷凍成的冰淇淋端上桌最容易又最好看的方法是：用窄長的平底盤子，足以把製冰盒裏的冰淇淋整個倒在盤裏不弄碎，吃時切成一份份即可。如果你的冰箱冷凍庫夠大，放得下比冰塊盒更大的容器，那就可以把冰淇淋做成較好看的形狀，譬如用古色古香有花飾的冰淇淋布丁模具或者蛋糕模具。但這容器得要是金屬或塑膠製才行，瓷器或砂鍋類的器皿就不行。

五、天氣炙熱時，冷凍時間要比以下食譜所列出的時間更長。此外，也要很清楚所用冰箱的冷凍功能或毛病，有些冰箱的冷凍過程難免會比其他冰箱長。

六、冰箱冷凍出來的冰淇淋融化得比較快，所以最好等到快要吃的時候才取出。從另一方面來說，好的冰淇淋絕對不是冰到硬如石頭，應該是冰淇淋周圍有點稀稀的快要開始融化似的，因此，必要的話先從冰箱裏取出冰淇淋擺幾分鐘，讓它稍微軟化些才吃。

七、家用冰箱自製的冰淇淋可以冷凍得相當成功，但商品冰淇淋就不行。

八、我也聽過有人說請客吃飯做冰淇淋是難以兼顧的事，因爲那時正好需要用冰塊加到飲料裏。不過，就算沒有冰桶之類的器具可以另外放冰塊，只要把冰塊放在一個大碗裏，並將冰箱的溫度調到最低來冷凍冰淇淋，這碗冰塊照樣可以保存幾小時也沒問題。

九、以下食譜是以容量爲300毫升（½品脫）、600毫升（1品脫）或1.2公升（2品脫）的製冰盒爲計。冷凍時製冰盒最好差不多裝滿，因此要以自家的製冰盒大小來調整分量。

如今大多數常做冰淇淋的人都有冰淇淋機。只要遵照廠商的指示說明，本文的所有做法都可以用冰淇淋機做得很好。我也附了伊麗莎白教人如何用製冰盒來冷凍冰淇淋的說明，以供沒有冰淇淋機的人參考，這些重點很實用。

吉兒・諾曼

檸檬冰淇淋・Lemon Ice Cream

*

材料爲：450毫升（3/4品脫）稀奶油或牛奶、3個大的或4個小的生蛋黃、125公克（4盎司）白糖粉、1個大檸檬刨下的皮以及榨出的汁。

刨下檸檬皮加到奶油或牛奶裏。蛋黃加糖打成很勻的蛋汁，加到檸檬牛奶裏，用很小的火煮成稀薄蛋奶糊狀，過濾後不停攪拌到半涼程度爲止。

涼透之後就加入1/2個檸檬的汁，檸檬汁要濾過。

將冰淇淋料倒入製冰盒裏，用錫紙蓋住，以最低溫冰2 1/2～3小時即成。足夠4人份，而且是最清新可口又悅目的冰淇淋。

咖啡冰淇淋・Coffee Ice Cream

*

這是道豪華冰淇淋：花錢花時間又花工夫，但口感極佳，令人回味無窮。

材料爲600毫升（1品脫）稀奶油、150毫升（5盎司）高脂濃厚鮮奶油、125公克（4盎司）新鮮烘焙的咖啡豆、3個生蛋黃、90公克（3盎司）淡色細紅糖、1條檸檬皮、1小撮鹽、1大匙白糖。

將咖啡豆放在大理石乳缽裏略爲搗碎，放進煮鍋，加入稀奶油、檸檬皮、淡色細紅糖、打勻的蛋黃汁、鹽等。用很小的火邊煮邊攪，直到近似羹狀再熄火，繼續攪動到略爲涼些爲止。然後用細篩濾過。

差不多涼透要冷凍之前，加入高脂濃厚鮮奶油拌勻，奶油要先加白糖粉略爲打過。冰箱的冷凍度要先開到最強，再把混好的冰淇淋料倒入製冰盒裏蓋上，放到冷凍庫裏，大約要冰3小時才會結凍。至於冷凍過程中是否要取出一兩次，把冰淇淋從製冰盒四邊往中央翻攪一下，則是悉聽尊便，視冰箱功能而定。這道冰淇淋足夠四人份。

覆盆子冰淇淋・Raspberry Ice Cream

*

這道冰淇淋最具有覆盆子的色香味。

材料爲500公克（1磅）覆盆子、125公克（4盎司）紅醋栗、125公克（4盎司）糖、150毫升（1/4品脫）水、1/2個檸檬的汁、150毫升（5盎司）高脂濃厚鮮奶油。

摘覆盆子時要很小心，有一點發霉的就要扔掉不用，這點很重要，因爲一個發霉的覆盆子足以毀掉全部冰淇淋料。從梗上摘下紅醋栗。用尼龍或不銹鋼（鐵絲的會使果肉變色）篩器榨濾這兩種漿果。

水加糖煮5分鐘，煮成糖漿，涼透之後把糖漿加到果肉裏，再擠入檸檬汁。

快要冷凍冰淇淋料之前，輕輕把奶油打成濃厚狀，拌入果肉內。

把調好的冰淇淋料倒入製冰盒裏，用錫紙蓋住，以最低溫冰2 1/2～3小時。做出來足夠4人份。

發表於《住家與花園》，一九五九年七月號

冰淇淋食譜

杏桃冰淇淋・Apricot Ice Cream

*

材料爲：625公克（$1^{1}/_{4}$磅）熟透的杏桃（應該有20～24個）、250毫升（8盎司）水、90公克（3盎司）糖、$^{1}/_{2}$個大檸檬的汁、300毫升（$^{1}/_{2}$品脫）高脂濃厚鮮奶油。此外，可隨個人喜好加2～3大匙杏桃白蘭地。

用一塊軟布抹淨杏桃，然後放在耐熱盤裏並加水，先不用放糖。蓋上盤子，放到低溫烤箱（170°C／325°F／煤氣爐3檔）烤35分鐘左右，直到杏桃變軟爲止。涼了之後，把烤出的汁液倒入煮鍋，加糖煮成稀薄糖漿。

將杏桃去核，但要留下幾顆核。把去核的杏桃攪爛成糊狀，淋入涼透的糖漿，並加入檸檬汁。敲破3～4顆杏核，取出核仁壓碎成細末，拌入果肉糊裏，然後用不銹鋼或尼龍細篩把果肉榨濾過，放進冰箱裏冰透。

冷凍之前先嘗嘗夠不夠甜、是否需要再加糖，必要的話再多加點檸檬汁。然後倒入容量1公升（$1^{3}/_{4}$品脫）左右的金屬或塑膠容器裏，放進冷凍庫冰起來。

差不多經過$2^{1}/_{2}$小時後取出，把已經半結冰的果糊倒入食物處理機或高速攪拌機、攪打器裏，打到果糊裏的冰渣消失爲止。如果沒有合用的家電用品，就用大碗和打蛋器或叉子來做這工夫。打好之後加入奶油和杏桃白蘭地，再嘗嘗夠不夠甜。然後就將奶油果糊倒回原先的容器裏，放回冷凍庫。

大約冰3小時以後，冰淇淋應該結凍了，而且黏稠度吃起來正好。如果想要口感更細膩的話，祕訣是在吃之前（大約10分鐘之前），把冰淇淋用攪拌機或食物處理機再快速攪拌一下。如此便能恢復好冰淇淋應有的稠滑口感，打完後就可改放到準備端上桌的盤子裏，再放回冷凍庫冰15分鐘左右。另外一個做法是在冰淇淋凍結到2/3的程度時，就取出來做第二次攪打工夫，然後再改放到樸素或有花飾的模具裏，擺回冷凍庫讓它凝結。

◎附記

一、講到敲破杏核，我發現那種很普遍也最基本的老式金屬胡桃鉗最好用。

二、也可以不用杏核仁，而改用義大利的薩隆諾苦杏小餅（amaretti di Saronno），用1～2個壓碎來代替杏核仁。這種用糖果紙包住的杏仁小餅其實是用杏核仁做的，而非如一般人以為的是用苦杏做的，這點直到規定甜食包裝要注明成分才讓人明白。但並非是薩隆諾人故意隱瞞真相，當地人告訴我，這種苦杏小餅向來都是用杏核仁做的。

未曾發表過，寫於一九六〇年代

杏仁冰淇淋・Almond Ice Cream

*

這是一道非常清淡可口的冰淇淋，而且冰淇淋料可以再加入別的口味，例如草莓、橙、覆盆子等。

材料爲60公克（2盎司）杏仁、90公克（3盎司）糖、450毫升（3/4品脫）牛奶、3個生蛋黃、150毫升（5盎司）高脂濃厚鮮奶油、2大匙櫻桃白蘭地。

首先去掉杏仁衣。做這步驟最好的方式是把杏仁放進一小鍋燒滾的水中，然後馬上把鍋從火上移開，用漏杓撈出一半杏仁剝去杏仁衣，然後再撈起另一半照做一次。把去衣的杏仁放在耐高溫的盤子裏，放進烤箱用最低溫烘乾，大約7分鐘就好，剛好烤乾杏仁水分卻不至於烤到香脆地步。之後放在乳缽內搗碎，或用食物切碎器❹磨碎。（除非杏仁烘得很乾，否則這步驟很不好做。）

將牛奶加糖煮滾，在煮的過程中要不停攪動。煮滾後就加進搗碎的杏仁。生蛋黃放在大碗裏打成蛋汁，或用果汁機打好。煮好的杏仁牛奶倒入蛋黃汁裏，快速攪動一番就倒回鍋裏用小火煮，邊煮邊不停攪動，一直煮到蛋奶糊變成羹狀爲止。這時馬上把鍋子從火上

---

❹ 食物切碎器：food chopper，爲直徑約10～13公分的圓形容器，內置W型刀片，頂部的把手每往下壓一次，刀片會往順時鐘或逆時鐘方向略爲旋轉，以切碎食物；如果要切得較碎，就得多壓幾下把手。

移開，再倒入果汁機裏打一下，或者倒入冰凍過的大碗裏打過，然後用細篩過濾，放入冰箱冰透。

放進冷凍庫之前，要加入奶油和櫻桃白蘭地拌勻。

◎附記

一、蛋奶糊開始凝結如羹狀時就熄火，因為煮透的蛋黃在冷凍過程裏不會有漲大作用。

二、如果使用的櫻桃白蘭地是有甜味的那種而非透明烈酒，那麼就把煮蛋奶糊的糖量減為15公克（½盎司）。

三、也可以不用櫻桃白蘭地而改用幾滴純正的苦杏精，但一定要確定那是從苦杏提煉出來的。人工化合的苦杏精做不出好效果。

草莓杏仁冰淇淋・Strawberry and Almond Ice Cream

*

依431頁做好杏仁冰淇淋料之後，再加入草莓泥，做法是用250公克（½磅）摘去蒂梗的草莓加30公克（1盎司）糖和½個橙的汁打成泥狀。這樣做出來的冰淇淋美妙可口無比。

香橙杏仁冰淇淋・Orange and Almond Ice Cream

*

將1個橙的皮刨下，榨出2個橙的汁過濾，加到做好的杏仁冰淇淋料（見431頁）裏。

加入2大匙橙花露，再加150毫升（5盎司）奶油，不要加櫻桃白蘭地，而改加2大匙君度香橙白蘭地（Cointreau）或柑橘白蘭地，這一來冰淇淋的口味會完全不同，變得非常特別。挖一球草莓杏仁冰淇淋，配一球香橙杏仁冰淇淋，兩種混合口味加在一起，可說重現了冰淇淋黃金時代的風貌。

未曾發表過，寫於一九七〇年代

檸檬柑橘白蘭地冰淇淋・Lemon and Grand Marnier Ice Cream

*

2個大檸檬、90公克（3盎司）糖霜、150毫升（5盎司）高脂濃厚鮮奶油、柑橘白蘭地。

將薄薄削下來的檸檬皮加糖霜和125毫升（4盎司）水用小火煮20分鐘。糖漿冷卻之後過濾，加入檸檬汁。等到涼透了就徐徐加到發泡奶油❺裏，邊加邊輕輕攪拌使之均勻平滑。

把混好的冰淇淋料倒入製冰盒裏，用紙蓋住，放到冷凍庫裏用最強冷凍度冰3小時左右，過程中要取出攪拌2次：第一次是冰了1/2小時後，第二次是再過1小時後。要吃之前的半小時，加1小利口酒杯（30～45毫升）迷你小瓶裝的柑橘白蘭地到冰淇淋裏攪勻，再放回冷凍庫。柑橘白蘭地很適合用來跟檸檬混合，它的馥郁口味恰好抵銷了檸檬的酸苦味。

以上列出的分量可以裝滿容量500毫升（18盎司）的製冰盒，若需要改變分量去迎合較小或較大的製冰盒，就按照比例把所有材料分量改過。用冰箱來做冰淇淋時，糖的分量就很重要。用上述方法做出來的冰淇淋不會含有冰渣，口感柔滑鬆軟，可是會很快融化，所以最好一直讓它留在製冰盒裏，要吃時才取出。

一般人吃冰淇淋時習慣配薄脆餅乾，但吃這種冰淇淋可以改用新鮮的迷你黑麵包三明治：用幾滴柑橘白蘭地跟牛油打勻，抹在麵包片上，夾切碎的胡桃仁做成三明治。

《柑橘白蘭地運用小冊》，未注明日期

香橙冰淇淋・Orange Ice Cream

*

如今我做的冰淇淋幾乎全都以西班牙蛋奶糊（natillas）爲底子，在雞蛋和牛奶比例上，西班牙蛋奶糊所用的雞蛋要比法國與義大利

---

❺ 即用高脂濃厚鮮奶油打成泡沫狀。

蛋奶糊少，因此做出來的冰淇淋清淡得多，也更細膩可口。而且一旦掌握了用量比例及做法，就可以做出千變萬化的口味來。我以西班牙蛋奶糊爲基礎，並運用柑橘類果皮和果汁、香料（肉桂尤其好）、蜜餞薑、蜂蜜、橙花露、搗碎的杏核仁小餅等，做出了很多好吃又令人耳目一新的冰淇淋。

先講蛋奶糊做法。做1公升（$1\frac{3}{4}$品脫）分量所需材料爲750毫升（$1\frac{1}{4}$品脫）牛奶、2個雞蛋、2個生蛋黃、60公克（2盎司）糖、1片肉桂皮或1小匙磨碎的肉桂、1條橙皮。此外尚需200毫升（7盎司）奶油、橙皮或橘皮，或者再多一點肉桂。

把牛奶、橙皮條、肉桂和糖放到容量爲1.75公升（3品脫）的厚重煮鍋裏用慢火燒滾。

在大碗裏打好雞蛋，或用果汁機打好蛋汁。把煮好的牛奶過濾到蛋汁裏打勻或不停攪動使之均勻，然後再倒回洗淨的煮鍋裏。

用文火煮這鍋蛋奶糊，還要一面攪動，直到開始濃縮變稠，才把煮鍋從火上移開，繼續不停攪動到逐漸冷卻，要不就再用果汁機攪打。然後放到冰箱裏讓它涼透。

接下來要冷凍成冰淇淋。在放進冷凍庫之前，先把蛋奶糊再用果汁機打一下，並加入200毫升（7盎司）鮮奶油、一點肉桂，以及橙皮末或橘皮末。

◎附記

一、要是沒有夠厚重的淺煮鍋，就用有柄淺碗或蒸鍋，然後放在一鍋水中隔水加熱。切勿用搪瓷鍋來煮牛奶或蛋奶糊。

二、蛋奶糊用糖比例頗小，比起通常煮蛋奶糊所用的較大糖量，少糖做出來的效果好得多。

未曾發表過，無寫作日期

薄荷冰淇淋・Mint Ice Cream

*

材料爲150毫升（¼品脫）水、125公克（4盎司）糖、1把新鮮薄荷葉、1個檸檬的汁、150毫升（5盎司）高脂濃厚鮮奶油。

用文火煮糖和水，煮到糖融化，然後燒滾，接著讓它冷卻一段時間。洗淨薄荷，放進攪拌機裏加入煮好的糖漿。把薄荷打成細末，加入檸檬汁，攪勻後過濾到製冰盒裏。先放在冰箱涼透，然後再放到冷凍庫凍結。

取出製冰盒，把薄荷冰倒入大碗裏，用叉子壓碎，輕輕把打成泡沫狀的奶油拌入，再倒回製冰盒裏，放回冷凍庫冰到凍結爲止。

未曾發表過，寫於一九六〇年代

薑味奶油冰・Ginger Cream Ice

*

照434頁香橙冰淇淋的做法準備蛋奶糊材料，但不需橙皮和肉桂皮。額外的配料是浸在糖漿裏的薑末、4大匙薑味糖漿、2大匙檸檬汁、約150毫升（5盎司）奶油。

按照前述方法做蛋奶糊，冰得涼透後倒回攪拌機裏，加入其他配料攪勻，嘗嘗味道再調整，可能要再加一點薑味或檸檬汁。

快速把上述材料攪勻後，放進冷凍庫裏凍結成冰淇淋。

未曾發表過，寫於一九七〇年代

巧克力冰淇淋之一・Chocolate Cream Ice I

*

巧克力冰淇淋的做法有很多種，以下這個做法做出來的冰淇淋甜而不膩。

材料爲200公克（7盎司）上好的苦巧克力、600毫升（1品脫）全脂牛奶、2個雞蛋、½杯或6大匙不加糖的濃咖啡、150毫升（5盎司）奶油（可有可無）、2～3大匙白蘭地或威士忌、蘭姆酒。

先弄碎巧克力，放在碗裏加入咖啡，把碗擺進低溫烤箱或放在熱水上。與此同時用慢火燒滾牛奶，並將打好的蛋黃汁徐徐注入，打蛋最好用果汁機或攪拌機。巧克力融解後，攪到均勻平滑時再倒入蛋奶內攪勻，用很小的火煮到開始呈羹狀就好。由於巧克力本身有凝結力，因此只要煮到剛開始像稀薄的羹狀即可。放到冰箱裏冰透，再取出放到攪拌機裏加奶油、白蘭地，或者加威士忌、蘭姆酒，打勻之後放進冷凍庫裏凍結成冰淇淋。

請勿再加糖到巧克力裏，因爲巧克力本身已經夠甜了。

這美妙的冰淇淋最宜淋上鮮純的稀奶油，脆薄餅乾或奶油軟麵包片也很適合配這冰淇淋一起吃。

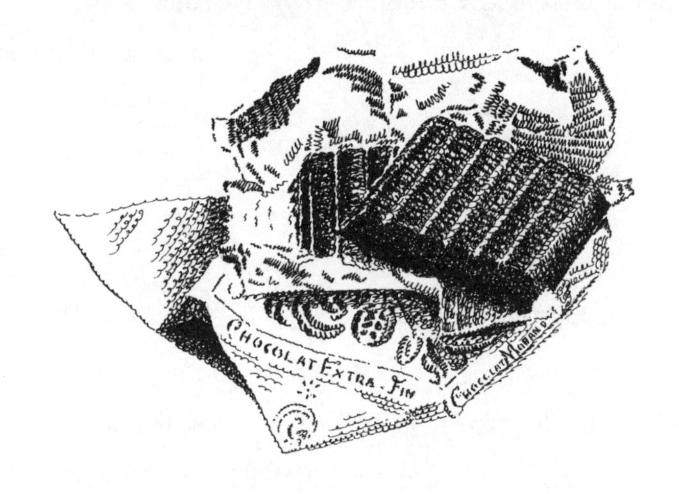

巧克力冰淇淋之二 · Chocolate Cream Ice II

*

如果你買得到烹飪用的無糖巧克力，就以125公克（4盎司）巧克力配以90公克（3盎司）糖的比例，最好用黃砂糖。其他材料則跟上述食譜（見437頁）一樣。

將巧克力刨碎，混以糖和不加糖的濃咖啡或水，溶解之後攪勻成平滑狀，混入上述做法的牛奶加蛋汁。冰到涼透後嘗嘗味道夠不夠甜再做調整。

由於這種未加糖的烹飪巧克力不含香草口味（不管是眞正的香草或人工合成的香草精），因此可以自行決定是否做成其他口味。我喜歡肉桂多過香草，至於肉桂分量應該放多少就很難說，因爲新鮮磨成的肉桂粉比擺在罐裏或香料架上已經兩年多的肉桂粉香氣要濃郁得多。因此，若是用新鮮磨出的肉桂粉，以125公克（4盎司）巧克力分量而言，2小平匙就應該夠味道了；若非新鮮磨出的話，可能要多用1倍分量。不過在煮的過程中香氣會散發出來，所以要加的話就等攪煮巧克力蛋奶糊時才視情況再加，並嘗嘗味道做調整。

另一種可以加到巧克力冰淇淋裏的口味是薑，尤其用糖漿薑塊來做效果更好。可以加浸薑的糖漿而不用加糖來增加巧克力的甜味，並加2大匙糖漿薑塊末，然後再放到冷凍庫裏凍結。

要用天然香草莢來爲巧克力加添口味的話，就把一小塊香草莢或搗或磨成粉末，在煮牛奶前先加1/2小匙，然後才用慢火燒滾。如果想要味道沒那麼濃的話，就把整條香草莢放到牛奶裏，等到燒滾時再取出，然後才加蛋汁、巧克力和糖一起煮。

橙味和巧克力也是很引人的結合。刨下新鮮橙皮，或者用陳皮磨碎，也可以用塞維亞橙皮或糖醃橙皮，以及橙味利口酒例如柑橘白蘭地或君度橙味白蘭地。但用利口酒時用量要少，因為口味很甜。

做布丁、慕斯或冰淇淋時用來溶解巧克力的咖啡，可以用雀巢粒狀即溶咖啡或其他牌子，也可以用新鮮好咖啡豆煮出。但若用煮好擺了太久又淡而無味的咖啡，就不如用滾水剛沖好的雀巢即溶咖啡。可以加少量咖啡口味的利口酒「瑪莉亞阿姨」（Tia Maria），讓巧克力冰淇淋味道更好；但還是要小心控制分量，過量的話反而令人倒胃口。

兩道食譜都未曾發表過，寫於一九七〇年代

黑麵包冰淇淋・Brown Bread Ice Cream

*

從十八世紀中葉開始，黑麵包冰淇淋的做法就已經以不同形式付梓面世。早期有一道做法見於法國甜食師傅艾米於一七六八年出版的精雅小書《配膳室製冰淇淋祕訣》。他的做法要用到黑麥（rye）麵包，當時在法國很普遍，可能到今天還是最適合用來做黑麵包冰淇淋，不過如今更常見的是用全麥麵包來做了。

英國是從十九世紀初期開始風行起黑麵包冰淇淋的，可能是拜柏克萊廣場宮特茶室所賜。名聞遐爾的宮特甜食師傅承辦各種時尚舞會及酒會，溫徹斯特學院的商店也有賣黑麵包冰淇淋，成為特色美食，這所著名學府的學者們都深愛此冰淇淋。大概二十五年前，回憶起一九三〇年代宮特賣的美味黑麵包冰淇淋——承辦戶外派對時，他們一桶桶運到現場——我於是研發出自己的一套做法。這是根據宮特早期一位技藝精湛的甜食師傅賈凌所提供的做法而寫成的，他的食譜收錄在《義大利甜食師傅》裏，此書於一八二〇年初版。我寫出自己的做法後發表在雜誌上，大約過了一年，我非常高興聽到有位很客氣的讀者告訴我，她的義大利廚子照著我的食譜做出了冰淇淋，她先生欣喜萬分地吃了，原來她先生以前是溫徹斯特學院的學者。從那時以來，到現在我採用的做法又有一點改變，內容如下：

用600毫升（1品脫）高脂濃厚鮮奶油做冰淇淋的話，其他所需材料爲180毫升（6盎司）切去麵包皮的全麥或黑麥麵包、200～250公克（7～8盎司）糖。

先把糖加到奶油裏打到開始轉爲濃稠狀就停止，奶油和糖要放在冰涼的大碗裏用手打，但留意不要打過度。打好之後放入金屬或塑膠盒裏冰凍凝結。

將麵包撕成小塊，裝在烤盤裏擺進烤箱用低溫烤到香脆，然後壓碎成粗粒麵包屑，這步驟得用手工。用食物磨碎器或切碎器很易令麵包屑變得過於均勻細碎，然而這冰淇淋要做得好最重要的就是手壓麵包屑所產生的不均勻質感。

用其餘的糖和等分量的水煮出黏稠的糖漿，趁熱將它淋遍麵包屑。

等到奶油冰凍到夠結實了，就取出倒入冰涼的大碗裏。先把奶油打幾秒鐘，然後把加了糖漿的麵包屑混入拌勻。放回冷凍庫之前，先嘗嘗味道夠不夠甜，酌量調整；太甜的話就再加一點奶油。這冰淇淋不宜冷凍過度而變硬，因爲脆脆的麵包粒和柔滑奶油的對比口感，就是這道用料簡單的冰淇淋之特色。

◎附記

一、黑麵包冰淇淋絕對不可加香草口味。而且切勿以為加麵包粒之前沒有先冰凍過奶油也無所謂；因為麵包粒要是直接加到未曾冰凍凝結的奶油裏就會變成爛糊糊的了。

二、可以用裸麥粗麵包（pumpernickel）和全麥麵包混合做出變化口味。由於裸麥粗麵包帶有甜味，因此原有的用糖分量就要減少些。麥芽麵包同樣也頗甜，因為含有麥芽成分，也可以用來做這冰淇淋。賈凌原來的做法是把麵包切成丁，然後放到烤爐烘脆，而不是壓碎成麵包粒，也沒有再進一步教人還可以變出哪些大同小異的做法。

黑麥麵包冰淇淋・Rye Bread Ice Cream

*

這是艾米所寫的十八世紀法國的做法，跟後來宮特的黑麵包冰淇淋做法大相逕庭。

首先要做出基本的蛋奶糊，用1品脫（約1公升）奶油（當時巴黎的品脫等同32盎司，等於現在美國的2品脫）、4個生蛋黃、約1/4磅（125公克）糖。（這分量比例頗奇怪，肯定需要再做調整。）你得要很小心煮這蛋奶糊，不然就會煮成了蛋花，所以即使得要攪煮1小時，「你也要鍥而不捨煮到奶油變稠」，然後再加入1塊切掉麵包皮、弄成碎屑狀的黑麥麵包，跟蛋奶糊煮到化爲一體。再用木匙將之從細篩榨濾過，等待它冷卻，但不時要攪動一下，以免表層凝結出一層奶皮。要按照凍結其他冰淇淋的方法冷凍，也就是說，在木桶內放滿冰並且加鹽，裝了冰淇淋糊的圓筒則置於冰桶中。

對十八世紀的甜食師傅來說，做冰淇淋料並將其冷凍成冰淇淋相當費手工。艾米的做法說明包括：冰淇淋開始在圓筒內壁凝結時，要將之刮下去，還要不停搖轉沉重的圓筒15分鐘，這兩件事要交替進行。刮下凝結的冰淇淋後，還要一面用右手混勻筒內的冰淇淋，同時左手依然不停搖轉圓筒。艾米認爲熟能生巧，不用說，他本人做起冰淇淋是經驗豐富又手藝高明，在當時必然屬一屬二。他寫的冷凍方式說明是憑藉很多詳盡觀察而來的，包括天氣對整個冷凍過程造成的影響效應、不同等級的甜食在冷凍過程中所用的冰塊和鹽分比例、是做成雪狀還是冰凍乳酪狀？是口味濃郁的還是清淡的？諸如此類等等。因此我很肯定艾米是個卓越不凡的實踐者，也是很有文才的作者。

兩篇都未曾發表過，寫於一九八四年左右

石榴紅

十五年前，西班牙地中海區的三個省慕西亞、瓦倫西亞和阿利坎特仍有大約一百個商家經營石榴（Pomegranates）以及石榴糖漿——在歐洲幾乎每個酒保都知道的grenadine。如今還有多少個這類石榴商家依然生意鼎盛我就不知道了，不過當年最令我難以忘懷的強烈對比，是一方面見到石榴原來在商業上有這樣重要的價值，另一方面卻見到鄉下人一點也沒把石榴放在眼裏——至少阿利坎特省的村民是如此。當時我曾在那裏待過，後來也常去，見到村裏石榴果實累累，沉甸甸垂在枝頭，可是村民似乎全都懶得去摘取。

承襲波斯文化的阿拉伯人曾經占據過西班牙和西西里島，爲西班牙和義大利烹飪帶來很多貢獻，從而在歐洲留下深遠影響，但是烹飪上用到石榴這一點卻沒有流傳下來，倒是很奇怪的事。至今在中東地區還是很常用到石榴，甜鹹皆宜的石榴汁常用來做爲調味品或辛辣佐料，主要都是用來煮肥肉或油膩食物，例如用橄欖油或牛油煮鴨、肝、蛋等時。石榴汁的酸味可以去膩，一如檸檬汁、醋、酸葡萄汁等。酸葡萄汁是用一種特別的酸葡萄榨汁發酵澄清而成，中世紀期間曾大量運用在烹飪上。

十五、十六世紀的西班牙廚子無疑習慣在廚房裏運用石榴，不論是石榴汁或籽都經常出現在他們的食譜裏，當時英國、義大利、法國的烹飪書也常見到這兩樣食材；縱然石榴在英國和法國相當罕見，然而這兩個國家對石榴倒是知道得不少，一世紀之後更是有過之而無不及。

舉例來說，十七世紀中期有個名爲呂因的名廚，曾在不同豪門裏擔任過管家，包括蒙特巴松公爵赫丘爾德侯昂府、奧爾蘭女公爵府等。呂因寫了一本烹飪書，書名就叫做《廚師》，於一六五六年在巴黎由皮耶・大衛出版社出版。書中有很多菜式和食譜都屬「西班牙風」，因而有人推測此君原籍是西班牙人。看來似乎很有可能，但未必盡然。那時期，隨著大使和貴族往還、透過王室聯姻，以及在西班牙異端裁判所的迫害下逃亡的猶太難民所帶來的廚子（他們重新引進並更新了烹飪法），使得英、法豪門的烹飪仍然很受從前西班牙和義大利的影響。此外烹飪書籍廣譯爲不同語言的風氣也很盛，例如義大利文烹飪書譯成法文和英文，法文則譯成英文和義大利文，西班牙文譯成義大利文或反之等等。當時歐洲貴族豪門的烹飪必然就像二十世紀希爾頓大飯店的餐廳一樣充滿國際色彩。

呂因的食譜無疑地帶有很強烈的大都會風味，有些則流露出明顯的阿拉伯影響，例如甜食、香料、鑲丁香檸檬等的運用，尤其可見的是用石榴籽來點綴裝飾菜式，就跟英國烹飪每隔一道菜就用一簇簇晶瑩紅色小檗果散放在盤裏爲點綴一樣，放在閃亮的大銀盤裏一定看起來異常悅目。石榴籽也有同樣效果。

呂因最引人的食譜之一是（羅馬風味石榴蛋），名稱有點令人費解，內容是用18個生蛋黃加肉桂、鹽、橙花露打勻，每次用¼分量，分別做成蛋餅或煎蛋卷狀，每份撒點糖漬檸檬皮碎片、杏桃、開心果仁等，再加上杏仁餅乾屑、一點奶油還有「香露」。這道精美甜點的第四層（也是最後加上的一層）就是用石榴籽點綴，並撒以佛羅倫斯肉桂。

呂因的另一道雞蛋食譜（蛋黃堆）就很明顯地帶有西班牙甜食師傅大量用蛋黃的風格（直到如今，西班牙甜食以及果仁脆糖〔turron〕依然用上大量蛋黃)。做蛋黃堆要先用糖和白酒煮成糖漿，然後加入約2打分量蛋黃煮到蛋凝結而脫離鍋邊。「煮好後，加一點帶麝香味的橙花露以及檸檬汁，然後用網形粗布過濾到要用來上菜的盤裏，點綴以石榴籽以及浸過熟糖的檸檬皮」。我想這裏說的「熟糖」大概是指很濃的糖漿。這甜點的名稱也夠貼切，任何人要是曾經吃過西班牙或葡萄牙那些甜膩到令人難以置信的甜食和甜點，大概就可想見這道甜點吃起來是什麼味道了。

呂因的食譜口味都很重、奇特又花俏。例如用未滿週歲的小野兔做英國式派餅時，是做成橢圓形狀或新穎地做成野兔形狀。首先用肥豬肉嵌入小野兔，並加入鹽、胡椒、肉豆蔻、肉桂和搗爛的培根或醃豬肉調味。另外再做配料，運用檸檬皮、椰棗和普羅旺斯梅子等，全部切片，加上白酒、糖、肉桂、胡椒，青枸櫞皮一起煮。看起來有點像英式酒蛋麥粥❻的做法，只不過沒有放蛋而已。等到派餅烤好了，撒上糖霜和橙花露之後，就揭去餅皮，把煮好的佐料汁倒入。吃時還要加檸檬汁和石榴籽（大概是撒在派餅內切開的小野兔上)，然後把餅皮蓋回去。

另一種派餅則是「葡萄牙風味餡餅」，用的餡是珠雞胸肉和牛髓，加上常用香料、乾果和糖漬果、切碎的開心果仁以及培根等。餅皮是千層油酥，做成兩隻海豚狀，尾對尾。烤好後撒上糖霜的派餅要加糖醋汁，但要用檸檬汁和糖來做，然後按照淋在小野兔派的方式來淋汁，而且在上菜時同樣點綴以

---

❻ 酒蛋麥粥：caudle，熱酒、蛋、糖、香料等與麥片粥熬成的營養品，供產婦或病人補身。

石榴籽。

這些都是很美妙的手法，不過現在的廚子大概用不上了，但也許有人會想試試日耳曼和羅馬菜式更動版本的做法。我個人在石榴烹飪上倒也有點小貢獻，那時正巧見到大量待寄售的以色列或西班牙石榴，於是我在西班牙經過多次實驗做出了雪糕和冰淇淋，每次實驗都在我做客那家人雇用的兩名村姑女傭之驚異眼光下完成。

石榴冰，或稱石榴雪・Pomegranate Water Ice or Snow

*

你要有600毫升（1品脫）新鮮石榴汁（在西班牙時，我發現那裏的石榴非常多汁，所以4個石榴榨出的汁就夠這分量了），外加300毫升（1/2品脫）紅酒、1個大橙的汁，還要很濃的糖漿。做法是用180公克（6盎司）糖加1/2高身玻璃杯的水，即90～120毫升（3～4盎司），先煮成糖漿，再把所有材料混合後冰凍；除了糖漿要煮之外，其他全都不用煮。

這道冰的名稱來自吉利耶所著的《法國甜品師傅》，該書出版於一七五一年。他曾任斯坦尼斯拉斯的甜食師傅兼蒸餾師傅，斯坦尼斯拉斯是波蘭國王，也是最後一任巴爾與洛林公爵，而且是法王路易十五的岳父。吉利耶的石榴冰名稱為「石榴雪」（Neige de Grenade），美味而清新，顏色深紅又帶有肉紅色，會變化而且呈一縷縷狀。吃時可用厚而透明清澈的高腳玻璃杯（goblet）盛冰。

石榴冰淇淋・Pomegranate Ice Cream

*

先煮蛋奶糊，用300毫升（10盎司）奶油加3個生蛋黃汁以便煮稠，並加125公克（4盎司）糖使它有甜味。等到蛋奶糊涼透了，加2個大石榴的汁到蛋奶糊裏。這冰淇淋凍結好之後會呈現出頗神祕的杉紅色，而且有一股難以辨認的微妙滋味。

Abigail Books，目錄，一九七九年冬季

雪糕❼食譜

草莓冰沙❽・Strawberry Granita

*

如今我們幾乎一年到頭都可以買到草莓了，因此草莓雪糕似乎是最容易學會的基本做法。我這個做法是義大利式的，含有橙汁，更能突顯草莓風味，混合後的結果使得香氣更為濃郁，但是一定要用從園裏新鮮採摘、最好的草莓來做才有這種效果。

材料爲1公斤（2磅）草莓、½個檸檬的汁、½個橙的汁、250公克

（8盎司）白糖、150毫升（1/4品脫）水。

摘去草莓蒂，用攪拌機打成泥，然後用不銹鋼或尼龍篩榨濾過（鐵網篩會令草莓變色）。加入濾掉渣的橙汁和檸檬汁。

糖加水煮7分鐘，煮成稀薄糖漿（如果要做成有黏稠度的雪糕就煮10分鐘，直到糖漿開始變濃稠），煮好之後待其冷卻後加入草莓泥。

先放到冰箱裏冰涼了，然後才倒入製冰盒裏放到冷凍庫凍結，用普通製冰溫度的話，大概要冷凍2～2 1/2小時。冷凍過程中要用錫紙緊密蓋住製冰盒。要切開準備端上桌之前，先從冷凍庫取出製冰盒，改放到冰箱裏溫度較高的地方擺10分鐘。

誠如其名，這冰應該有點粗粒口感，就像剛剛凍結成的冰。分量應夠6～8人份。吃時配以法式手指餅乾或海綿手指餅乾。

---

❼ 雪糕：sorbet，原爲阿拉伯人發明的果汁飲料，傳入歐洲轉變爲冰品。類似冰淇淋，主要差別在於雪糕以果汁做成，通常不含牛奶或奶油。

❽ 冰沙：granita，義大利文。法文稱 granité，英文則稱 ice，以水、糖及某種口味如果汁或咖啡、酒等做成，比例爲4份液體配1份糖，在冰凍過程中需不時取出輕輕攪碎。

草莓奶油雪糕・Strawberry and Cream Sorbet

*

據艾斯科菲耶的看法，果汁冰加了發泡奶油依然屬於雪糕，唯有利用蛋黃煮濃稠的蛋奶糊做底的冰才能成爲冰淇淋。管它叫什麼名稱，反正這種類型的冰很清爽又美味可口。先按照做冰沙的方法做好混合料，不過糖漿要煮久一點，以增加黏稠度。

以1公斤（2磅）草莓配150毫升（5盎司）高脂濃厚鮮奶油爲計，輕輕把奶油打到發泡狀，徐徐拌入已經冰透的糖漿草莓泥，倒入製冰盒並蓋住，放入冷凍庫，用最強冷凍度冰2～2½小時。由於用錫紙蓋住，所以應該不需要做攪拌步驟。

覆盆子紅醋栗冰沙・Raspberry and Redcurrant Granita

*

夏日風味的精華可說盡在這混合的材料裏了。趁著季節趕快做這道冰，而且一做好就要吃掉。因爲它雖然可以放在冰庫冷藏，但是擺久了香濃味道會散發掉。

分量比例和做法就跟做草莓冰沙一樣，只不過把橙汁改換成新鮮榨出的紅醋栗汁，做500公克（1磅）覆盆子要用125公克（¼盎司）紅醋栗汁。

檸檬香橙雪糕・Lemon and Orange Sorbet

*

材料爲：4個橙、1個大檸檬、125公克（4盎司）糖、150毫升（1/4品脫）水、3個生蛋白、125～150毫升（4～5盎司）高脂濃厚鮮奶油。

刨下1個橙和檸檬的皮，加到糖和水裏，煮成稀薄糖漿。糖漿冷卻之後過濾，跟濾掉渣的橙汁混合，按照冷凍草莓冰沙的方式冰凍。

把凍結的果汁冰倒入大碗裏，用叉子壓碎攪成冰沙狀，然後很快拌入打成結實泡沫狀的蛋白，攪勻後倒入製冰盒裏並蓋上，放到冰庫裏用最低溫冰1小時左右。

檸檬蘭姆酒雪糕・Lemon and Rum Sorbet

*

雖然我不會在果汁冰裏亂加些利口酒或其他花樣，然而檸檬雪糕倒是可以加點別的口味。譬如要吃的時候在每一份雪糕上淋1～2匙白蘭姆酒，口味會更加誘人。做果汁冰時，切勿在混合材料裏加利口酒或烈酒，不然放入冰庫根本就不會凍結。

愛德華時期的雪糕・The Edwardian Sorbet

*

「吃雪糕時有專用雕花小玻璃杯，放在銀托盤裏送到廳房，然後一杯杯擺在餐几上的小碟裏。碟邊擺有專門吃雪糕的調羹，擺好後才送到每位客人面前。

雪糕全部都端給客人之後，總管或侍應就捧著一大盒俄國菸分別向在座者敬菸，另一人則拿著點燃的酒精燈或小蠟燭跟著點菸。」

《現代承辦筵席者百科》，J. Rey著，
Carmona and Baker出版，一九〇七年左右，
發表於《Nova》，一九六五年。

桑葚冰・Mulberry Water Ice

*

《第十位謬斯》是現代烹飪書籍中最文雅又有原創性的作品之一。作者哈瑞・路克爵士認爲桑葚做出的果汁冰是最好吃的，桑葚也是他最愛的水果。

按照第448頁草莓冰沙的做法來做桑葚冰，但是不加橙汁，做出來的確美味又美麗。

未曾發表過，寫成日期不詳

芒果雪糕之一・Mango Sorbet I

＊

要做1公升（$1\frac{3}{4}$品脫）可口的芒果雪糕，需要用4～5個熟透的好芒果；還要用60公克（2盎司）糖加150毫升（$\frac{1}{4}$品脫）水煮成的稀薄糖漿、150毫升（5盎司）鮮奶油、約2大匙檸檬汁。

芒果削皮後把果肉削到大碗裏，要盡量削到芒果核上不剩果肉。然後用攪拌機把果肉打成泥，打出來的分量應該有650～700公克（22～24盎司）。加入冷卻的糖漿以及檸檬汁，拌入鮮奶油後立即放進冰庫裏冷凍。

芒果雪糕之二・Mango Sorbet II

＊

做法如上，但是不加鮮奶油，改爲再多加1個芒果來增加果肉分量，但也要再多加一點檸檬汁。

未曾發表過，寫於一九七〇年代

柿子雪糕・Persimmon Sorbet

*

材料爲4～5個熟透的柿子、125公克（4盎司）糖、150毫升（$\frac{1}{4}$品脫）水、$\frac{1}{2}$個小甜橙的汁、150毫升（5盎司）高脂濃厚鮮奶油。

柿子削皮後，放到攪拌機裏打成柔滑泥狀，應該有600毫升（1品脫）柿子泥。糖加水煮5分鐘，煮成稀薄糖漿，冷卻後放到冰箱冰透，然後加到柿子泥裏拌勻，並加入濾掉渣的橙汁。放到攪拌機裏再打一下，接著加入奶油，拌勻了隨即放進冰庫冷凍。

這分量做出來的雪糕不到1公升（大約$1\frac{1}{2}$品脫），非常好吃而且也很悅目。

未曾發表過，寫於一九七〇年代

洛根莓雪糕・Loganberry Sorbet

*

材料爲500公克（1磅）洛根莓、125公克（4盎司）糖、250毫升（8盎司）水、1個橙的汁。

把糖加水煮成稀薄糖漿。將洛根莓放入攪拌機或果汁機裏，倒入尙溫熱的糖漿打成泥狀。打好後用細篩榨濾掉果泥中的籽，然後加入濾掉渣的橙汁，放到冰箱裏冰到涼透。

由於洛根莓通常都很酸，因此糖漿的糖量也要頗多。在放到冰庫裏冷凍之前，先嘗嘗味道夠不夠甜，必要的話就再加點糖，或者加點鮮奶油以柔化酸勁。

放到冰庫裏結凍成雪糕，冰出來的雪糕應該有600毫升（1品脫）分量。

未曾發表過，寫於一九七〇年代

榲桲蜂蜜雪糕・Quince and Honey Sorbet

*

做這道雪糕很費工，但是對著迷於榲桲奇特滋味以及美妙香氣的人而言卻很值得。

先把6個中等大小熟透帶皮的榲桲放在不加蓋的鍋裏，擺入低溫烤箱（140°C／280°F／煤氣爐1檔）內烤軟，不要加水。這個初步烘烤大概要花1～1½小時。

接著削皮、去核蒂，但削下來的果皮和核不要扔掉，可放在煮鍋裏；果肉瑕疵則挖掉丟棄。

加冷水蓋過果皮與核，水量大約1.2公升（2品脫）。用大火煮滾幾分鐘，煮到榲桲果皮味道和顏色滲入水中，然後用細篩過濾到大碗或大罐裏，再把這榲桲水（會有750毫升／1¼品脫）倒回煮鍋。加入切片榲桲（應該有500公克／1磅）煮10分鐘左右，煮到很軟爲止。此時加入8大匙蜂蜜，煮到汁液轉爲稀薄糖漿，可以從調羹上滴落的程度。

把整鍋煮好的糖漿榅桲用攪拌機打勻，先放到冰箱裏冰到涼透，然後再用攪拌機很快打一下，加入300毫升（10盎司）發泡奶油或者高脂濃厚鮮奶油拌勻，隨即放入冰庫冷凍。

按照上述材料分量做出來的果泥約有1.2公升（2品脫），一次使用小型電動雪糕機來冷凍未免過多，但是每次煮榅桲少於6個的話又不值得花那工夫，最好的解決辦法就是把做好的果泥分成兩部分，要冷凍的部分才加鮮奶油，其餘果泥就放在冰箱裏擺幾天也沒關係，等到要冷凍時才加鮮奶油，加了就立刻放到冰庫裏。

◎附記

可以不放高脂濃厚鮮奶油，不妨試試改用白脫乳❾，又或者自製優格與鮮奶油各½分量。榅桲的味道很強勁，禁得起白脫乳和優格的酸味。

未曾發表過，寫於一九七〇年代

---

❾ 白脫乳：buttermilk，低脂或脫脂奶經過發酵而成。作為烹調用時，可以用其方式取代：例如一茶匙檸檬汁或醋加入一杯鮮奶中，靜置十分鐘左右即成。或以兩份純優酪乳加一份鮮奶調成以代替。

馬黛拉年代

「我天生就浸淫在馬黛拉裏。」寇薩特（Noël Cossart）在不久前面世、引人入勝的《馬黛拉——島嶼葡萄園》（*Madeira：The Island Vineyard*）一書裏如此寫道。此書乃加士得（Christie）拍賣公司美酒叢書所出版。他實在令人豔羨，可喜可賀。該書內容豐富，展現出他對馬黛拉的深厚認識，就像他母親做的糖蜜糕（bolo de mel）一樣甜美濃郁，令人回味無窮。糖蜜糕是道地的馬黛拉糕餅（英國的糖蜜糕雖然好吃，卻非道地的馬黛拉糖蜜糕），這種糕餅裏有糖漬枸櫞、香料、杏仁、胡桃、牛油，要加糖蜜要不就是加糖蜜塊或黑糖蜜做成。做這種糕餅的麵團是經過發酵的，就某方面意義來說，這本書也一樣。每次翻開書，主題的某一面總會清晰呈現。麵包心與麵包皮同樣極為有趣而多樣化。每一章都囊括了一個獨特的故事、島上酒業的面貌或現象、各種酒的屬性，以及它們頗神奇的壽命——半世紀的壽命對島上美酒之一的名釀而言是很平常的。寇薩特先生窮其一生所掌握有關馬黛拉的一切知識：歷史、人民、行業、農業、風俗、建築、飛禽走獸、草木花卉、氣候等，尤其是在島上從事釀酒業五十年的經驗，都盡傾之與讀者分享，態度殷勤從容，行文樸實無華，毫不矯飾。

說起馬黛拉酒，世人應該要感謝葡萄牙王子「航海家」亨利（一三九四～一四六〇）的遠見。十五世紀上半葉，馬姆奇葡萄藤甫由克里特島被帶到西班牙半島時，他就敕令要把這葡萄藤種在大西洋有火山土壤的馬黛拉島上，當時這個島在他治下。結果這種葡萄在島上驚人地欣欣向榮，釀出來的酒極佳。一五八八年，「葡萄牙人」迪耶戈．羅佩斯前往印度時先經馬黛拉島停靠，也忍不住宣稱這島上的馬姆奇甜酒「是全世界最好的，可以帶到印度以及全球很多地方去」。

用馬姆奇葡萄釀出的歐洲酒早已因爲酒質極佳而馳名。文藝復興時期就從克里特島的坎地雅❶引進馬姆奇葡萄藤到義大利，這種葡萄原產於伯羅奔尼薩半島的莫內姆瓦夏（Monemvasia），引進義大利之後，中部的羅馬涅亞（Romagna）、托斯卡尼，南部的坎帕尼亞（Campania）紛紛種植。所釀出的甜美「希臘」酒很快就成了義大利半島上最爲人珍愛的美酒。至於英國，早在十字軍前往聖地東征途中見識到這酒之後，希臘本土以及克里特島所產的馬姆奇甜酒就在英國供不應求。金雀花王朝以及該王朝諸王、貴族、樞機主教等，每逢慶典宴會必飲「希臘酒」。一三九〇年理查二世的御廚記錄了一道〈馬姆奇酒燉雞〉食譜，用雞肉或雉雞肉加很多香料，以及棗子、松子、酒、糖燉成，色香味俱全，而菜名 Mawmenee 就是由馬姆奇酒而來，因爲是用這種酒所燉的。還有，幾百年來有哪個英國學生沒聽過莎士比亞劇中那個不講信義、臨陣逃脫、做僞證以及傳說他可能是死在馬姆奇酒酒桶裏的克拉倫斯公爵？❷

對於十七世紀麇集於印度和遠東的歐洲旅人、殖民者和冒險家等而言，

---

❶ 坎地雅：Candia，即今日克里特島首府伊拉克里翁所在。

❷ 此指莎士比亞劇作《理查三世》的人物及情節。

發現原本在祖國的上等美酒竟然可以在大西洋途中取得，方便之至，想來他們一定覺得是天賜鴻福。他們買下最好的酒以便在旅途上痛飲，還有更多是準備到達目的地後當貨物販賣的。由於過了馬黛拉島之後，再往前去就見不到有哪裏產葡萄酒了，所以馬姆奇酒，稍後還有馬黛拉產的其他上等美酒，例如用 Sercial、Verdelho、Bual、Terrantez、Moscatel 等名稱的葡萄釀成的酒，就成了殖民者常見的酒；包括從亞速群島到印度以及巴西的龐大葡萄牙帝國裏的葡萄牙人；印度、馬來西亞、摩鹿加群島的荷蘭人；孟加拉、馬德拉斯、孟買以及中國的通商口岸（英國人在廣東省用馬黛拉酒換取人參）、西印度蔗園、北美殖民地等的英國人。丹麥貿易商當時有自設的東印度公司，把喝馬黛拉酒的風氣帶回北歐，至今丹麥和瑞典依然是馬黛拉島上等美酒的大市場之一。二十世紀初期，馬黛拉島所產的美酒銷量，俄國占了12%，德國占40%，法國占25%。法國人也購買大量明目張膽貼以「原產馬黛拉酒」以及「馬黛拉島之酒」標籤的葡萄酒，事實上這些酒卻是產自西班牙塔拉岡納（Tarragona）或法國南部的加烈酒。到最後，一九〇〇年間，馬黛拉酒商行布蘭迪（Blandy）兄弟打贏纏訟官司，因爲有一家法國海運公司在勒阿佛爾（Le Havre）卸下西班牙酒時，被其中一個兄弟逮到那些酒貼有馬黛拉酒的商標，因而提出訴訟。自官司打贏之後，就不再出現法國冒牌馬黛拉酒了。

到此爲止，跟我同樣不熟悉馬黛拉酒歷史背景的讀者，接下來見到寇薩特先生祖上馳名的「寇薩特—戈登公司」歷來所供應對象的名單，必然會印象深刻，名單上都是英國和印度軍隊食堂以及俱樂部等。這份名單是在二十世紀初那幾年才逐漸擬出的，似乎遍及英屬印度從馬德拉斯到旁遮普的所有軍隊食堂，以及從孟買到加爾各答、從錫蘭到巴基斯坦的拉瓦爾平第（Rawalpindi）的每一家俱樂部。爲了適應印度的天氣，英國馬黛拉發貨人研發出專銷印度市場的馬黛拉酒，酒質更勝一籌，酒色比著名的「英國市場倫敦專有」馬黛拉酒略淡（這引人注意的名稱曾被狄更斯借用去形容倫敦濃霧，如今只有在福爾摩斯電影裏才見得到這種霧了）。不過總的來說，酒勁較強、飯後喝的馬黛拉酒如 Bual，免不了被軍伍之人命名爲 bull（公牛），而且比起細緻的馬黛拉酒更受到喜愛，每逢忠君祝酒的場合一定喝「公牛」馬黛拉。最常見的雞尾酒喝法則是琴酒和公牛各半混合，加冰塊。下級軍官駐防印度時，傳統任務之一是協助食堂幹事把酒桶裏的馬黛拉酒裝瓶，每大桶酒可以裝成44～45打。

經由十八世紀馬黛拉島和東西印度群島之間的貿易，這些酒的故事散布到全世界，最後又傳回原產地，而且比當初從島上散播出去更倍增價值。這些故事基本上都是眞實的。雖然原產的馬黛拉酒是完全沒有加入烈酒的餐酒，一直到十八世紀中都是如此，而且呈現了很不尋常的堅定性——即使在印度酷熱的夏天也依然可以保持酒味不變；然而往往經過熱帶海域的漫長運送過程後，酒味反而變得更好、更醇美。反之，很多其他歐洲酒在經過一兩年後鮮有仍可飲用的，因此馬黛拉酒的特性也就更難能可貴了。雖然如此，有時這酒還是會變酸。發貨人漸漸領悟到（誠如其中一人所說），在每個馬黛拉大酒桶裏加一兩個水桶分量的白蘭地」，對酒來說不是壞事。建議的分量是每個大酒桶加兩三加崙。這是保持酒不變壞的方法，只用於那些被斷定爲最值得保存的酒。因此我們今天所知的馬黛拉酒就這樣邁入了第一個發展階段。

在長達數月運送到東西印度群島的海上旅程中，酒味所以會變得更醇美，部分影響是來自船身的起伏搖擺，部分則是貨艙裏的溫度所造成。寇薩特提到蒲林尼❸以及後來的塞萬提斯都曾留意到後者。至於起伏搖擺對酒所造成的影響，寇薩特先生也提及了很可愛的故事：達文西把酒倒進淺鍋裏，然後對著酒演奏小提琴。聲波衝擊酒面造成細微波動，雖然肉眼幾乎看不見，但已經足以讓酒產生出醇化效果。不知道達文西有什麼實驗是他找不出時間來做的？

馬黛拉酒商一旦掌握了使酒更醇美的竅門——先在馬黛拉酒裏加上烈酒，之後再經海運到東西印度群島，於是乎藉由來回旅程產生佳釀的生意系統就建立了，這種酒稱為「往返酒」（vinha da roda）。一七八三年十月，一大桶西印度群島的馬黛拉酒在加士得拍賣會上賣得八十三鎊十六先令，而馬黛拉島直接運到倫敦最好的一大桶酒才賣到四十鎊。到了一八二〇年，酒商約翰・格蘭庫存的一批珍品東印度群島馬黛拉酒賣到一打六磅七先令，而馬黛拉本島現賣的Sercial酒二十五先令就可買到一打。

東西印度群島的馬黛拉酒價格和聲譽都高，而且無論在英國和美國都風靡一時，然而發貨人也發現用這種長途海運方式使酒醇化算起來成本很高。正常情況下折損率占5%，加上被竊的話有時高達15%。此外海難沉船或者在

---

❶ 坎地雅：Candia，即今日克里特島首府伊拉克里翁所在。

❷ 此指莎士比亞劇作《理查三世》的人物及情節。

必要時為了減輕負載而得把很多桶酒扔到海上，造成部分損失，也都是一直存在的風險，更別提落到海盜或敵軍船艦手裏。念及於此，何不設計出某種方法，既可以重現熱帶海域旅程的環境條件，但卻不必真的運送酒飄洋過海？

接下來馬黛拉酒的故事與一位觀察入微的男修院住持有關。他很了解陽光射過玻璃所帶來的熱（他一定是個很懂園藝又會釀酒的人），可以在白天很有效地暖熱了酒；而馬黛拉島夜間溫度會急遽下降，這一來又可消除積聚的熱能以免過熱。於是，興建好合適的玻璃溫室後，他就把所釀的大桶酒都遷移到溫室裏，並指揮手下僧侶跨坐在酒桶上，用月桂樹幼苗削成的木棍插入桶內攪動——這景象必然很獨家。這位住持利用溫室（estufa）太陽能來暖酒的系統在馬黛拉島上如何持續了幾十年，後來又如何被利用熱水管控制溫度達到攝氏五十度的熱倉（armazen de calor）取代，以及如今只有最好的馬黛拉酒才用熱倉系統來醇化，而次等酒則放在龐大的混凝土熱缸（cubas de calor）裏藉由溫室系統催之醇化，寇薩特先生在書中〈釀酒過程〉這一章都有詳盡解說。在哪一個階段、不同的酒如何加烈酒強化、種種過程例如從葡萄收成到加熱醇化後如何放置酒，如何注入容器、澄清，每一點都寫得清清楚楚，突顯出這些美酒獨特的錯綜複雜性，令人難忘。

馬黛拉酒的這些錯綜複雜性，而今又加上官方馬黛拉酒協會的嚴格檢查和控制，更不用說還有釀酒商自發地夙夜匪懈監督生產過程的每一階段，但是最有意思的是由寇薩特處獲悉他深信馬黛拉酒在很多方面跟古羅馬人所飲的「法勒納斯酒」❹近似（而且是世上唯一可以這樣宣稱的酒）。這種酒是賀拉斯❺的最愛，被馬提亞爾❻形容為「永垂不朽的酒」。法勒納斯所產的酒亦需加熱處理，跟「熱倉」系統差不多，是以小火堆燒熱通管，傳熱到熱倉裏去。古羅馬人用雙耳酒甕裝酒，用來放酒甕的加溫倉就叫「甕房」。寇薩特先生解釋，馬黛拉島種出葡萄的輕質火山土壤跟蘇漣多山區的土壤近似，而馬黛拉島上一種很重要的釀酒葡萄 verdia（即 verdelho），就是從釀製法勒納斯的釀酒葡萄傳下來的。此外，古羅馬人是在梯田上種葡萄，用支桿撐起藤架，讓葡萄蔓生在架上，這種方法就跟今天馬黛拉島採用的一樣。

到了十九世紀初期，東印度公司業務興旺，那時馬黛拉的溫室醇化系統已行之幾十年，銷往印度的業績驕人。東印度公司的戰士和司令官，勛爵如奧克蘭、達爾豪斯、衛勒斯雷，首席法官，公僕（包括年少氣盛的麥考利❼），顯赫的主教（如寫出讚美詩〈由格陵蘭冰山〉的名人賀伯主教〔Reginald Hbeber〕❽）等人，每逢表示忠君的祝酒場合，慣例必飲馬黛拉酒。這酒必然也會是古羅馬盛世時期帝國的興建者、詩人、制法者都欣賞的美酒，因為跟他們世界裏的法勒納斯酒有關聯，想來這可是很令人開懷的事。

《Tatler》，發表於一九八五年

---

❹ 法勒納斯：Falernian，義大利酒名。法勒納斯為義大利古時坎帕尼亞區一城市名。

❺ 賀拉斯：Horace，西元前65～87年，古羅馬詩人。

❻ 馬提亞爾：Martial，古羅馬詩人，生於西班牙。

❼ 麥考利：Thomas Babington Macaulay，1800～1859，英國政治家、史學家，曾任職於印度總督府最高委員會，後任英國陸軍大臣。

ADERE

致杰拉德·艾夏的信

最親愛的杰拉德：

見到你眞是最大樂事了。那頓在大都會咖啡廳吃的午餐眞美味。謝謝你送的那些好酒。大衛·勒文的確讓這餐廳具備很高的服務水準，不過我但願有什麼辦法可以確保在那裏吃飯時不用忍受雪茄或菸味，而可以好好享受美酒美食。老實說，以前從來沒在那裏碰到這樣的情況，我想只能怪我們那天運氣不好。總而言之，能夠點一杯很好的勃艮地白酒細酌一番可眞是愉快，比喝一般葡萄酒吧裏「買得差、保存差、又差強人意」的松塞爾白酒❶好多了。我也很開心意外見到他們也供應絕佳的 Beaumes de Venise❷酒；至於此酒中的劣等貨則早已成了此間令人厭惡的酒。我也留意到，上次我去舊金山時，艾麗絲·瓦特斯做的燒烤鴿胸肉就是用Beaumes de Venise酒先醃過的，味道非常好。不久前我做豬里肌肉時才用掉了半瓶，而且做出來的肉凍很美味，可是這酒簡直就不能喝⋯⋯。

你說的燻鹹鮪魚是塔蘭泰拉（Tarantella）嗎？我一直努力要想起來的名

---

❶ 松塞爾白酒：Sancerre，法國羅亞爾河流域所產。

❷ Beaumes de Venise：此爲普羅旺斯一村莊名，意爲「威尼斯山洞村」，因該地有很多山洞而得名。

字就是這個。我見到十六和十七世紀的義大利烹飪書裏經常提及這種燻鹹鮪魚，但是直到目前爲止卻從未在義大利見到這字眼（除了用來指拿波里和卡布里的一種舞蹈）或這種燻鹹鮪魚。

以下就是弗婁里歐在他那本一六一一年出版的義英字典裏的說法：「塔蘭泰拉是指整個腹部，也就是包住所有內臟的魚腹部位，但如今這個字用來指鮪魚肚或腹部做成的鹹魚肉，經過鹽醃煙燻，在羅馬和義大利很多地方都用這種鹹魚肉來下酒；這個字也用來指小塔蘭托拉。」順便一提，後者是一種會叮人的蒼蠅，並非會致人於死的毒蜘蛛。弗婁里歐鮮有被冷僻字眼考倒的時候，他解釋 tarantolato 與 tarantato 意謂「被塔蘭托蜘蛛叮到或咬到」，但也指「腫起的疙瘩，譬如很倒楣騎上了有蝨子咬的馬而被叮得皮膚一塊塊的包」。

塔蘭泰拉燻鹹魚還有不同稱法，也許是另一個名稱sorra（雖然可能只是鹹魚而沒有煙燻過）。教皇庇護五世的專用廚師斯卡皮所著的《作品》出版於一五七〇年，就有提到這兩種魚的烹調法：先要用溫水浸過，然後跟粗麥粉（semola）一起煮，煮熟後放到冷水裏，要換水幾次。然後切成一口可吃的大小方塊，不能太大塊，加橄欖油、醋、煮過的發酵葡萄汁或糖調味，用來佐「用好酒煮成的麵食」。我不清楚他說的「麵食」究竟是什麼，大概是指整份東西裏可吃的部分──總之，在另外一章裏，斯卡皮又提到另一道用塔蘭泰拉做的餡餅，而做這料理的鹹魚必須是「沒有走油變味」並且去皮的，要浸水6小時，期間要換水，然後再放在酒、醋和煮過的發酵葡萄汁裏浸2小時。處理好的鹹魚加香料、糖、切碎的洋蔥、洋梅乾、櫻桃乾等做成餡料，塡入派餅殼裏。烤到中途時，還要在頂層餅皮弄一個洞，灌些浸過魚的酒、醋和葡萄酵汁。這餡餅要趁熱吃，但如果要留著稍後再吃，就不要灌醃汁。

眞是一大堆沒用的資訊！但話說回來，我也慶幸它沒用；我是不會想要經常做這種餡餅的。

關於酒，我有些事要告訴你。四月期間，理查・歐爾內來了，在貝特希一家餐廳裏請朋友吃中飯聚聚。我想是因爲他在倫敦某家酒窖裏還存有些好葡萄酒，所以特此餐聚喝掉它們。他的兄弟詹姆斯也在場（我很喜歡他），總共大概有十四個客人，包括 T. S.艾略特夫人、吉兒・諾曼和她先生，還有位《時代生活》雜誌的女士，她是美國人，很迷人，跟先生一起來（范圖爾肯夫婦吉蒂和東尼），這夫妻倆眞是郎才女貌，儀態優雅，眞教人怨上天不公平，此外還有許多其他嘉賓。理查的葡萄酒實在太好了，特別是在吃肥鵝肝（不然還會是什麼？）時招待我們的那種酒——一九二八年份的Coteaux du Layon，簡直就是瓊漿玉液，眞希望你也能在場喝到。肥鵝肝倒不是我所愛的，不過佐這酒卻是相得益彰。我倒是認爲Coteaux du Layon不宜配有甜味的食物，否則就糟蹋了這酒。我們還吃有很多醬汁的扁魚，喝了更多Layon，接著吃鴨子（很差勁地煮過了頭。換了是其他餐廳的話，理查恐怕會把餐廳屋頂給掀掉），佐以一九六二年份的Pichon-Longueville。吃乳酪配的酒則是一九二八年份的Chateau Rausan Segla，我喜歡這酒。說來Rausan Segla應該是我生平第一次喝到的像樣好酒。在一九三〇年代期間，我住在布盧姆斯伯里區的閣樓公寓，《晨報》編輯H. A.桂恩常去我那裏吃飯，我們都稱他塔菲叔叔，但其實他是我的遠親。「我喜歡你那些朋友，也不介意爬樓梯上來，不過拜託別叫我喝半克朗一瓶的奇安提葡萄酒，」他常這樣說：「哪，這是張五英鎊鈔票，你去海陸軍福利中心買點像樣的酒來。」五鎊哪！我用五先令❸就可以買到一瓶一九二八年份（還是一九二五年的？）的Rausan Segla。我不知道怎麼會選了這種酒的，但結果是皆大歡喜。當然，有這樣一筆錢，算起來請塔菲叔叔來吃飯是很有利潤的。

言歸正傳，再說回理查的飯局。後來吃蘋果塔之類的甜點喝的是一九四二年份的Guiraud。不是我記性特別好，而是我保留了那天的菜單。菜單封面上印了雷諾茲（Reynolds）畫的兒童，戴著荷葉邊軟帽、條條鬈髮如香腸。我想不透爲什麼印這畫在菜單上，但是再瞄上兩眼，我想起來這畫似乎叫做〈單純〉……。哦！有肥鵝肝片佐一九二八年份的Layon這種簡單的午餐，我隨便哪天都有空來吃。不過這頓飯理查也眞的吃得很開心，沒有火爆場面，賓客水乳交融。我坐在一位人很好的美國記者旁邊，他是《先鋒論壇報》的；坐我對面的是艾略特夫人，我很喜歡她。其實我那時身體很不舒服，那天都差點去不成，因爲腿疼得厲害，然而席上良伴加上美酒佳釀，發揮了神奇力量。

誰有空看我寫這些拉拉雜雜的東西？眞是抱歉並致以我的厚愛。

伊麗莎白

一九八四年六月六日

---

❸ 20先令爲1英鎊。

理查·歐爾內將這次午餐的經過情形寫在自己的回憶錄《Reflexions》裏，二〇〇〇年Brick Tower出版社於紐約出版。

吉兒·諾曼

尾聲

杰拉德・艾夏

去年夏天在巴黎時，有一天我跑遍住家附近六、七家青菜水果店都買不到新鮮羅勒，最後終於在春天百貨公司對面的瑪莎公司分店買到了——是英國栽種的。關於這一點，我要謝的是伊麗莎白・大衛，而不是歐洲共同市場。沒有她的話，瑪莎公司根本就不會在倫敦肯辛頓大街賣羅勒，更別說在巴黎的歐斯曼大道了。

在過去四十多年裏的英國，只要是跟食物有關的，伊麗莎白・大衛所盡過力的部分已經很難再誇大了。即使不是直接跟她有關（她的書雖在英國賣出一百多萬本，還是不可能每個家庭都有一本），也依然受到了她的影響，例如餐廳經營者以及其他寫食經的人。最明顯可以看到的，莫過於如今我們理所當然可以買到新鮮香草，隨便哪家超市都備有各種香料貨品，以前我們認為屬於異國風情的蔬菜如今很容易買到，還有我們廚房裏也有了好鍋和利刀。現在去旅行的時候不僅會花時間去逛博物館和大教堂，也會花時間逛當地的菜市場和熟肉食店。所有這一切，說來都應該感謝伊麗莎白・大衛。

伊麗莎白・大衛生於一九一三年，是魯伯特・桂恩的四個女兒之一。桂恩是保守黨國會議員，她母親史黛拉則是第一任雷德利子爵的女兒。雷德利家族在政壇上淵源已久，但不是每個家族成員都像十六世紀的尼可拉斯・雷德利那麼敢言——他痛斥伊麗莎白和瑪麗都是私生女❶，支持格雷郡主❷，到頭來和克蘭麥❸以及拉蒂默❹一起在牛津的貝利歐學院遭火刑處死。

不過在我們這年代卻有好幾個這種人，包括史黛拉·雷德利的表親、前任英國大法官黑爾珊勛爵，以及戴卓爾夫人❺那位有時很不圓通的同盟者尼可拉斯·雷德利，此君倒是跟伊麗莎白·大衛同輩。

伊麗莎白在寄宿學校念到十六歲，就被送去念巴黎大學，住在法國寄宿家庭裏，後來她形容寄宿家庭侯貝托為「出奇貪心又出奇吃得好」。不過等到她回到英國之後，才領悟到這家人已經深深灌輸了她法國文化中不可或缺的愛吃精神。

「學富五車的巴黎大學教授們，熟讀過的大量拉辛作品，還有從未親身參觀過但卻熟記的大教堂平面圖，以及拿破崙流放聖海倫島上最後歲月的故事，老早都扔到腦後去了，」她在著作《法國地方美食》裏寫道：「留在記憶深處的是截然不同於以往我所知的美好食物味道。從那時開始，我一直極力想重溫那些逝去的日子，或許當時我真應該多留在蕾翁婷（寄宿家庭的廚

---

❶ 此指亨利八世所出的兩個女兒：瑪麗後來登基為女王，被稱為「血腥瑪麗」；瑪麗死後伊麗莎白登基，即伊麗莎白女王一世。

❷ 格雷郡主：Lady Jane Grey，1537～1554，英國的「九日女王」，亨利七世的曾孫女，愛德華六世指定的王位繼承人，被推上王位後僅9天，即被瑪麗一世取代，並控以叛國罪名而斬首。

❸ 克蘭麥：Thomas Cranmer，1489～1556，英國聖公會坎特伯里大主教，支持英王亨利八世推行宗教改革。

❹ 拉蒂默：Hugh Latimer，1485～1555，英國宗教改革領袖，由正統天主教改宗新教，後被天主教徒瑪麗女王以叛逆罪逮捕並以火刑處死。

❺ 戴卓爾夫人：英國前首相Mrs. Thatcher之稱，在香港有正式官方譯法「戴卓爾夫人」，台灣譯法則為約定俗成的「柴契爾夫人」，今從前者。

娘）的廚房裏看她做飯，而不把時間全部花在逛遍巴黎每家博物館和美術館，這樣恐怕對我還更有益吧！」

回國後的伊麗莎白已經長成豔光照人的女郎，在沃斯（Worth）公司做過一陣子售貨員，後來在牛津劇團待過一段時期，曾在攝政公園的露天劇場演出過。一九三〇年代末途經義大利卡布里島，去拜訪了作家諾曼·道格拉斯，然後有伴同行地去希臘一個島上住了下來。隨著時局變化，她跟著一群英僑撤離——這些人包括勞倫斯·杜雷爾、尙·費爾丁、派屈克·利費莫以及奧莉薇亞·曼寧。克里特島淪陷於德軍時，伊麗莎白逃難到了埃及，二次大戰期間就在開羅英國新聞局的戰時資料室做管理員。一九四四年，她嫁給了英國陸軍軍官安東尼·大衛，一九四五年並隨夫前往印度。這段婚姻並不長久，一九四六年她就回國了，當時的英國天寒地凍又處於嚴格配給的年代。

《地中海料理》（出版商約翰·列曼本想把書名取爲《藍色火車》之類）就是在此情況下的產物，也是一種背道而馳的表現，就跟別的事一樣。此書在一九五〇年出版了，附有約翰·明同製作的動人遐思版畫插圖。接著《法國鄉村美食》（一九五一年）、《義大利菜》（一九五四年）、《夏日美食》（一九五五年），以及《法國地方美食》（一九六〇年）相繼出版了，加上她在《時尙》、《住家與花園》、《週日泰晤士報》以及《旁觀者》等報章雜誌上發表的文章，使她那些著作更加提醒了戰後的英國人：遠在多佛港口彼岸別有飲食新天地，不像這邊的英國只有人造奶油以及湊合應付圍城般景況的飲食。除了刺激英國人的胃口，追求橄欖以及杏桃等等久已遺忘的滋味之外，她更成功拓展並復甦了生活本身的滋味。

伊麗莎白敏而好學，更兼具畫家般的天生慧眼，一眼就看得出美好效果。她可以用寥寥數語捕捉住一道菜的色香味或者一個城鎮的環境氣氛，緊扣讀者心弦，帶領讀者深入她要講的主題；文字精湛之外，更兼具清新、博學多聞不容反駁的率直觀點。僅從她介紹隆格多克烹飪的一段文字，就可以看出她如何精心剪裁文章，就像個精明廚師設計菜單時從餐前小點心到主菜很誘人地一道接一道上來。

「面前已經擺了一瓶冰得恰到好處的白酒，」她一開始就引起讀者的胃口：「餐廳中央有張大桌，服務生從桌上端來餐前小菜讓你先吃著以便打發時間，等著廚房裏做好那些更好吃的菜……有分量十足的小蝦，新鮮煮好，鹽放得恰到好處，帶著大海氣息，堆滿在黃色大碗裏；另一碗則裝滿了綠橄欖，還有很好的鹹味麵包，並有大塊牛油堆放在一塊木板上。」

她認爲無論誰選擇這樣的菜式，必然會深具信心，從這兩碗菜筆觸一轉，又細察起接著的那道菜：蒜味番茄白蘭地龍蝦。她所展現的學問無懈可擊，適度加上題外話之後更添趣味；引述資料來源也如行雲流水（「這些細節都有紀錄可尋，可在侯貝庫爾亭先生的著作《最甜的桃子》裏讀到」），而她的明晰和風趣更感染了那些迄今原本不肯放棄開罐器的人，終而情不自禁被吸引。讀者讀到她很熱中到處探尋某道菜的根源時也跟她同樣入迷，並分享了她對某家餐廳獨家烹調手法的好奇，到頭來興致大發，只要書裏一提到有某食譜，他們的手指也飛快翻閱書頁要找出這食譜。

伊麗莎白的活動領域後來擴大很多。一九六五年她在倫敦平利科

（Pimloco）開設了一家與廚事有關的店，爾後仿效者如雨後春筍，英國和美國都有。等到《英倫廚房中的香料》（一九七〇年）以及《英式麵包和酵母烘焙》（一九七七年）出版後，誠如預料，她也從四處採訪的飲食知識者搖身一變爲研究有成的食家。伊麗莎白跟店務的關係維持到一九七三年，但我在一九七〇年前往機場途中去她店裏道別時，她還在店裏經營業務。當時我正要離開倫敦去紐約工作，我知道我會很想念她的。

以後幾年我們只見過幾次面，每次都很短暫，但是在一九八二年，那時我已經住在舊金山，她來小住過一段時間。那是她第一次到加州，我還帶她去優勝美地（Yosemite）玩，並到內華達山脈參觀淘金老鎮，她的慧眼在那裏很快就識出十九世紀冰業貿易的遺跡。她被加州迷住了，以後每年都來，有時住一個月，有時住兩個月，直到去年腿摔斷了無法旅行才沒有再來。

我在倫敦時已經跟她很熟，但卻是在加州才對她認識更深。我們大部分時間都在一起卻又各有自由。她每天的慣例是早上待在床上閱讀、寫作，而我則獨自在廚房後面隱密的辦公室埋首工作。我們午餐吃得很晚，不過總會在這時候聚一兩個鐘頭，有時在家吃（通常就是一兩片加州生火腿、一些乳酪、幾顆義大利黑橄欖再加上一瓶葡萄酒），或者到她最喜歡的那兩三家餐廳的其中一家去吃。她很喜歡那種平靜、光線，以及山丘和海灣的景色——還有舊金山的麵包。

雖然她對加州產的乳酪印象不怎麼樣，但卻很喜歡加州葡萄酒，也對舊金山的年輕餐廳東主大感興趣；而對他們來說，伊麗莎白早已是飲食文化的代表人物。（舊金山最好又大受歡迎的一家餐廳「族尼」，掌廚的茱迪・羅哲斯有一次接受訪問被問及她的烹飪是否法國風格多過義大利風格，她想了幾秒之後回答：兩者皆非，其實是伊麗莎白・大衛風格。）她很愛吃西岸盛產的各式各樣蔬菜水果，也常要求買。我記得有一次很好笑，那次我們沿著海岸開車南下到「魚販鎮」（Pescadero）吃午飯，那是個介於半月灣和聖塔克魯斯之間的漁村。時值十一月，陽光明媚但天寒刺骨，於是我們點了每日精選湯，那天的湯是熱南瓜湯。伊麗莎白聽說半月灣周圍的農場出產的南瓜很有名（那裏每年都舉辦南瓜節），她就好奇心大發，想要問那天我們喝的南瓜湯是用哪一品種的南瓜做的。那位女服務生一點困難也沒有就回答了她：「喔，那是用我們的萬聖節南瓜做的。」她機靈又開朗地講完就忙碌地急忙走開了。

雖然伊麗莎白・大衛的聲譽跟地中海風情分不開（「我們去查查布勞岱❻的書」是伊麗莎白最常用來回答提問的話），而且她最愛吃的（起碼在最近這幾年）是黎巴嫩料理，然而她對英國食物也同樣熱中。我還記得，很多年前是她先介紹我吃阿布羅斯燻魚❼的；不久前她最愛吃的則是上好蘇格蘭燻鮭魚以及農家切達乾酪。上個星期四我幾乎整天跟她在一起，就像以往我去看她的日子差不多，只不過這回她身體已經不怎麼能活動了。我們吃了點東西（她說：「我想樓下冰箱裏還有些魚子醬。」）；我們喝了點酒（「我需要一瓶

❻ 布勞岱：Fernand Braudel，1902～1985，法國史學家，著有《地中海與菲利普二世時期的地中海世界》，是極重要的研究地中海歷史的著作。

❼ 阿布羅斯燻魚：Arbroath Smokie，英國阿布羅斯鎮製作的多種燻魚。

上好Chablis酒」）；我們大笑了好幾回。她很驚訝我竟然對她引用錫德尼勛爵❽的典故無法會意。「你去查查，」她說：「大概是我沒用對。」我從書架上抽出那本《名人錄》。「這本也查不出所以然來。」我告訴她：「裏面沒有提到關於一杯水的出處。」我走時跟她吻別，兩人都還在想著錫德尼勛爵一杯水的典故出處。她知道我下個星期二會來倫敦看她。「我會在星期二之前查出這典故出處。」我應許她。

刊登於《獨立報》的訃聞悼文，一九九二年五月

---

❽ 錫德尼勛爵：Sir Philip Sidney，1554～1586，英國詩人、廷臣、軍人。

中文食譜索引

高湯與湯類

沙拉和第一道菜

蔬菜類

香草和辛香料

開胃醬

芥末醬

蛋類料理

麵食與米飯

海鮮類

肉類料理

家禽與鳥類

麵包與披薩

甜點

冰淇淋與冰糕

其他類

外文食譜索引

高湯與湯類

沙拉和第一道菜

蔬菜類

香草和辛香料

開胃醬

芥末醬

蛋類料理

麵食與米飯

海鮮類

肉類料理

家禽與鳥類

麵包與披薩

甜點

冰淇淋與冰糕

其他類